Lean Content Marketing

Groß denken, schlank starten.
Praxisleitfaden für das B2B-Marketing

Sascha Tobias von Hirschfeld
Tanja Josche

Sascha Tobias von Hirschfeld, Tanja Josche

Lektorat: Ariane Hesse
Korrektorat: Sibylle Feldmann, www.richtiger-text.de
Herstellung: Susanne Bröckelmann
Umschlaggestaltung: Michael Oréal, www.oreal.de unter Verwendung eines Fotos von © iStock ,
GlobalP, ID 93209579
Satz: III-satz, www.drei-satz.de
Druck und Bindung: Media-Print-Informationstechnologie, mediaprint-druckerei.de

Bibliografische Information der Deutschen Nationalbibliothek
Die Deutsche Nationalbibliothek verzeichnet diese Publikation in der Deutschen Nationalbibliografie;
detaillierte bibliografische Daten sind im Internet über *http://dnb.d-nb.de* abrufbar.

ISBN
Print: 978-3-96009-065-6
PDF: 978-3-96010-138-3
ePub: 978-3-96010-139-0
mobi: 978-3-96010-140-6

Dieses Buch erscheint in Kooperation mit O'Reilly Media, Inc. unter dem Imprint »O'REILLY«.
O'REILLY ist ein Markenzeichen und eine eingetragene Marke von O'Reilly Media, Inc. und wird mit
Einwilligung des Eigentümers verwendet.

2. Auflage 2018
Copyright © 2018 dpunkt.verlag GmbH
Wieblinger Weg 17
69123 Heidelberg

Inhalt

Vorwort

Über Content-Marketing wird viel geschrieben und diskutiert. Jeden Tag erscheinen neue Artikel, neue Modelle und Strategien werden entworfen. Wer sich als Einsteiger einen Überblick verschaffen möchte oder gar konkrete Anleitungen für seinen Marketingalltag sucht, hat es hier nicht leicht.

Das vorliegende Buch verdichtet die Theorie aus einer Vielzahl an Veröffentlichungen zusammen mit den Erfahrungen der Autoren aus zahlreichen Marketingprojekten zu einem kompakten Leitfaden für die Praxis. Dabei liegt der Fokus auf den speziellen Anforderungen von Unternehmen, die im Business-to-Business-Geschäft tätig sind. Denn die Marketingkommunikation folgt hier eigenen Regeln, sodass sich erfolgreiche Strategien aus dem B2C nicht ohne Weiteres auf das B2B übertragen lassen.

Zudem soll es in diesem Buch darum gehen, wie man Content-Marketing in Unternehmen nach den Prinzipien des Lean-Startups ressourcenschonend und mit möglichst geringem Risiko einführen und umsetzen kann.

Unser Verständnis von Content-Marketing

Content-Marketing ist eine Marketingtechnik, die darauf setzt, Zielgruppen mit nützlichen Inhalten anzusprechen, um sie vom Unternehmen und seinem Leistungsangebot zu überzeugen und sie als Kunden zu gewinnen. Damit steht Content-Marketing im Gegensatz zu klassischen, eher werblichen Formen des Marketings.

Ziele des Content-Marketings

- Primäres Ziel des Content-Marketings im B2B ist die Generierung und Qualifizierung von Sales Leads. Im Mittelpunkt steht also die Gewinnung von Kunden.
- Darüber hinaus zielt Content-Marketing darauf ab, jeden Kontakt mit dem Unternehmen für den Kunden durch gute Inhalte zum Erlebnis zu machen – auch nach dem Kauf.

Charakteristik des Content-Marketings

- Content-Marketing verschiebt den inhaltlichen Fokus von Produktfeatures auf Problemlösungen, von Werbung auf Inhalte, die Nutzen stiften und Vertrauen schaffen.
- Content-Marketing verbindet das Beste aus Inbound- und Outbound-Marketing, je nach Situation und Marketingziel.
- Content-Marketing ist keine Technik, sondern eine Grundhaltung und Teil der Kultur von Unternehmen.

Umsetzung im Unternehmen

- Content-Marketing ist kein einmaliges Projekt, sondern ein grundlegend neues Verständnis von Marketingkommunikation.
- Content-Marketing kann nicht »nebenbei« miterledigt werden, sondern muss als vollwertiges Geschäftsfeld eines Unternehmens mit Ressourcen ausgestattet werden.
- Der Start ins Content-Marketing kann und sollte nach dem »Lean«-Prinzip ressourcenschonend in kleinen Schritten erfolgen.

Herausforderungen im Markt

- Die Informationsbedürfnisse der Zielgruppen sind heute höchst dynamisch. Unternehmen müssen sich flexibel und schnell an die Erwartungen und Ansprüche der Zielgruppen anpassen können.
- Der Wettbewerb um die Aufmerksamkeit der Zielgruppe im Netz nimmt ständig zu. Um die Zielpersonen zu erreichen, müssen Inhalte nicht nur relevant, sondern im Wortsinn »herausragend« sein.

Lean-Content-Marketing

Content-Marketing steht für einen Paradigmenwechsel in der Marketingkommunikation. Mit nützlichen Inhalten zu überzeugen, statt mit Werbung zu überreden – das ist die Devise. Auch wenn die Vorteile dieses neuen strategischen Ansatzes mittlerweile viele Unternehmen erkannt haben, hadern einige noch mit dem Einstieg, weil sie fürchten, den zusätzlichen Aufwand nicht bewältigen zu können. Diesen Unternehmen empfehlen wir den Ansatz des Lean-Content-Marketings, der auf den Ideen des Lean-Startup-Prinzips basiert. Dieses »schlanke« Content-Marketing versetzt jedes Unternehmen in die Lage, die eigene Marketingstrategie schrittweise zu entwickeln und auf die Erfordernisse der Märkte auszurichten. Die Reaktionen der Zielgruppen zu analysieren, ihr Feedback aufzunehmen und daraus zu lernen, sind dabei die entscheidenden Faktoren, um die eigenen Maßnahmen weiter zu optimieren. »Groß denken, schlank starten« bedeutet in diesem Zusammenhang: visionäre Veränderungen in kleinen, realistischen Schritten anzugehen, um so die Basis für nachhaltiges Wachstum zu schaffen.

Blog zum Buch

Content-Marketing entwickelt sich laufend weiter: Fast täglich entstehen neue Strategien und Modelle, neue Tools und Dienste. Unternehmen wenden Content-Marketing an und sammeln Erfahrungen. Ergänzend zum Buch weist das Lean-Content-Marketing-Blog unter *www.lean-content-marketing.com* laufend auf neue Marktentwicklungen, Themen und Trends hin, die Sie als Content-Marketer kennen sollten. Sie können sich über die Website auch in einen Newsletter-Verteiler eintragen, um keine Aktualisierung zu verpassen.

Wir hoffen, dieses Buch ist für Ihre ersten Schritte ins Content-Marketing hilfreich. Möchten Sie Ihre Erfahrungen teilen oder Kritik beziehungsweise Anregungen weitergeben, schreiben Sie uns eine E-Mail an *info@lean-content-marketing.com*. Wir würden uns freuen, von Ihnen zu hören!

Sascha Tobias von Hirschfeld
Tanja Josche

Grundlagen des Content-Marketings

»Hör auf zu verkaufen und fang an zu helfen.«

– Zig Ziglar[1]

Was ist Content-Marketing?

Menschen kaufen Lösungen, keine Produkte. Sie haben ein Bedürfnis, das sie befriedigen möchten, oder ein Problem, das sie lösen müssen. Ein IT-Administrator beispielsweise sucht nach Wegen, um sein Unternehmen bestmöglich vor den neuesten Sicherheitsbedrohungen zu schützen – und nicht gleich nach einem bestimmten Produkt. Immer mehr Anbieter erkennen dies und versuchen, ihre Kunden und Interessenten mit relevanten Inhalten bei der Lösungsfindung zu unterstützen: Das Softwareunternehmen informiert über neueste Verschlüsselungstechniken, der Anlagenhersteller bietet Tipps für die Montage. Wenn Sie den Bedarf der Kunden und den richtigen Ton treffen, werden Ihre Inhalte nicht als Werbung wahrgenommen, sondern als wertvolle Unterstützung. Und Ihr Unternehmen wird in den Augen Ihrer Kunden zum kompetenten und vertrauenswürdigen Anbieter und sogar zum Partner. Das ist Content-Marketing.

Die Perspektive wechseln: vom Produkt zum Kundenbedürfnis

Wer Content-Marketing betreiben will, muss die Perspektive wechseln: weg vom Fokus auf die eigenen Produkte und Dienstleistungen und hin zum Blick auf die Interessen, Vorlieben und Bedürfnisse des Kunden. An die Stelle von Produkten treten nützliche Informationen. So positioniert man sich als kompetenter Anbieter und baut Vertrauen auf.

Wikipedia definiert Content-Marketing wie folgt:[2]

> »Content-Marketing ist eine Marketing-Technik, die mit informierenden, beratenden und unterhaltenden Inhalten die Zielgruppe ansprechen soll, um sie vom eigenen Unternehmen und seinem Leistungsangebot oder einer eigenen Marke zu überzeugen und sie als Kunden zu gewinnen oder zu halten.«

Damit sind zwei wesentliche Merkmale des Content-Marketings auf den Punkt gebracht:

1. Die wichtigste Zutat für das Content-Marketing sind **Inhalte, die einen konkreten Nutzen stiften**. Sie sind auf die Bedürfnisse einer speziellen Zielgruppe ausgerichtet und dienen dazu, diese über für sie relevante Themen auf dem Laufenden zu halten, ihnen Anleitungen und Tipps zu geben, sie zu unterhalten oder sie mit Ideen zu versorgen, die ihnen persönlich oder beruflich weiterhelfen. Im Fokus stehen die Interessen des Kunden, nicht die des Anbieters.

2. Ziel des Content-Marketings ist es, **Kunden zu gewinnen und zu binden**. Es geht darum, eine langfristige Beziehung zu den Zielgruppen aufzubauen, sie von der eigenen Kompetenz zu überzeugen, ihr Vertrauen zu gewinnen und sie bei ihrer Kaufentscheidung zu unterstützen. Interessenten werden so zu Kunden und Kunden zu treuen Kunden.

Wie ist Content-Marketing entstanden?

Content-Marketing ist nicht neu. Unternehmen setzen schon seit Langem auf nützliche und interessante Inhalte, um ihre Produkte zu vermarkten und ihre Zielgruppe zu erreichen. Eines der frühesten Beispiele ist die Zeitschrift »The Furrow Magazine« von John Deere aus dem Jahr 1895. Ziel des Magazins war es, nicht die Produkte des US-amerikanischen Landmaschinenherstellers zu verkaufen, sondern Landwirte über neue Technologien und Methoden zu informieren, die ihnen dabei helfen, erfolgreiche Geschäftsleute zu werden.

Auch Dr. Oetker hat bereits im 19. Jahrhundert Content-Marketing betrieben: 1891 begann der Bielefelder Apotheker damit, auf jedes Backpulver-Päckchen ein Rezept zu drucken. Mit der Zeit wurde daraus eines der weltweit erfolgreichsten Kochbücher. Nicht einfach nur ein Produkt zu verkaufen, sondern den Kunden einen inhaltlichen Nutzen zu liefern, war die Idee. Dabei bedurfte es vor allem eines: sich den Interessen der Kunden zu stellen.

Warum ist Content-Marketing jetzt so aktuell?

Kunden mit Inhalten zu überzeugen, ist somit kein neuer Ansatz. Besonders PR-Fachleute werden darin Grundprinzipien ihrer bewährten Arbeitsweise erkennen. Sie schreiben Case Studies, Whitepapers und Fachartikel, sie konzipieren Kundenmagazine und setzen Geschichten in Texten, Bildern und Videos um. Wenn das Prinzip eigentlich altbekannt ist: Warum ist das Thema Content-Marketing gerade jetzt in aller Munde?

Ein Grund liegt in der Entwicklung digitaler Medien: Durch das Aufkommen von Onlinekanälen wie Blogs und Social Media sowie mobilen Apps hat sich der Markt für Inhalte deutlich verändert. Theoretisch kann heute jedes Unternehmen zum Verleger werden und seine Inhalte einer großen Öffentlichkeit zur Verfügung stellen. Die nötige Infrastruktur bieten Content-Management-Systeme, soziale Plattformen und Suchmaschinen, die zum größten Teil kostenfrei genutzt werden können.

Ein weiterer Grund für die rasante Entwicklung von Content-Marketing in den letzten Jahren ist das veränderte Informationsverhalten. Entscheider in Unternehmen informieren sich heute – ebenso wie die Konsumenten – primär im Internet. Dabei greifen sie nicht nur auf reine Produktinformationen der Anbieter zurück. Für die Kaufentscheidung spielen vielmehr auch Empfehlungen, Bewertungen und Diskussionen eine wesentliche Rolle. Wer als Anbieter wahrgenommen werden will, muss also dort präsent sein, wo Meinungen gebildet werden. Und zwar nicht mit Verkaufsphrasen, sondern mit Inhalten, die auf die Bedürfnisse der Zielpersonen zugeschnitten sind und Antworten auf ihre Fragen liefern.

Und schließlich ist der Aufstieg des Content-Marketings auch darauf zurückzuführen, dass klassische Werbung heute kaum noch wirkt: Anzeigen in Zeitungen und Magazinen, TV-Spots oder Bannerwerbung im Internet haben enorm an Bedeutung verloren. Die Kunden sind gegenüber dieser Form der Werbung nahezu immun geworden. Tag für Tag sind sie mehreren Tausend Anzeigen oder Werbebotschaften ausgesetzt. Sie haben gelernt, diese weitgehend zu ignorieren bzw. selbst auszuwählen, welchen Botschaften sie zu welchem Zeitpunkt ihre Aufmerksamkeit schenken wollen. So meiden heute rund vier von zehn Nutzern in Deutschland Werbung im Internet, und zwar *aktiv,* indem sie beispielsweise Ad-Blocker einsetzen.[3]

Immer mehr B2B-Unternehmen setzen auf Content-Marketing

Um potenzielle Kunden zu erreichen, kommt man heute kaum an Content-Marketing vorbei. Das erkennen auch im B2B-Bereich immer mehr

Marketingverantwortliche und setzen in ihrer Kommunikation auf nutzwertige Inhalte. Laut der aktuellen Untersuchung des Content Marketing Institutes gilt dies in den USA bereits für 89 Prozent aller B2B-Unternehmen.[4]

Eine ähnliche Entwicklung zeichnet sich im deutschsprachigen Raum ab: Unternehmen in Deutschland, Österreich und der Schweiz investieren bereits ein Viertel ihrer Marketingbudgets in Content-Marketing.[5] Bei 72 Prozent der großen Unternehmen in Deutschland ist Content-Marketing »ein fester Bestandteil« oder »eines der zentralen Elemente« in der Marketingkommunikation. Bei den mittleren und kleinen Unternehmen sind es jeweils 59 Prozent.[6]

Inbound-Marketing vs. Outbound-Marketing

Im Gegensatz zur klassischen Werbung werden Interessenten beim Content-Marketing nicht direkt mit Produkten, Dienstleistungen oder Kaufaufforderungen konfrontiert. Stattdessen geht es darum, mit hochwertigen Inhalten gezielt Impulse zu setzen, um mit Interessenten in Kontakt zu kommen. Damit folgt Content-Marketing den Grundprinzipien des sogenannten Inbound-Marketings. Dieser Ansatz zielt darauf ab, dass ein Unternehmen vom Kunden gefunden wird – im Gegensatz zum Outbound-Marketing, bei dem man seinen potenziellen Kunden ungefragt werbliche Nachrichten zuschickt. Die folgende Tabelle zeigt die wesentlichen Unterschiede von Inbound und Outbound auf.

Tabelle 1-1: Inbound-Marketing vs. Outbound-Marketing

Inbound-Marketing	Outbound-Marketing
Interesse und Aufmerksamkeit durch Relevanz verdienen.	Interesse und Aufmerksamkeit durch Kommunikationsdruck erzwingen.
Kommunikation in zwei Richtunge.	Kommunikation in eine Richtung.
Kunden kommen über Suchmaschinen und soziale Medien.	Kunden kommen über bezahlte Werbung.
Marketer überzeugen durch Mehrwert.	Marketer überreden mit Verkaufsphrasen.
Marketer wollen indirekt verkaufen.	Marketer wollen direkt verkaufen.

Content-Marketing funktioniert grundsätzlich nach den Prinzipien des Inbound-Marketings. Doch in manchen Situationen kann es sinnvoll sein, diese durch schnelle und direkte Maßnahmen aus dem Outbound-Marketing zu ergänzen. Wenn beispielsweise ein Start-up-Unternehmen kurzfristig eine hohe Reichweite im Markt erzielen möchte, kann bezahlte Werbung in den richtigen Kanälen ein wichtiges und sinnvolles Mittel sein, um dieses Ziel schneller zu erreichen. Erfolgreiches Content-Marketing verbindet somit die Stärken beider Richtungen.

Weiterlesen:

Mehr zur Content-Vermarktung über eigene, verdiente und bezahlte Medien erfahren Sie in Kapitel 5.

Wir halten fest:

Content-Marketing setzt auf nützliche Inhalte statt Werbephrasen, um potenzielle Kunden zu überzeugen. Das Prinzip ist nicht neu, hat jedoch in den letzten Jahren an Bedeutung gewonnen. Grund dafür ist das veränderte Informationsverhalten von Konsumenten und B2B-Entscheidern, das Aufkommen digitaler Kanäle und die geringere Wirksamkeit klassischer Push-Kommunikation.

Was bringt Content-Marketing?

»Content is king«, sagte Bill Gates schon 1996. Heute stimmt diese Aussage mehr denn je: Potenzielle Kunden wollen nicht mehr von bunter Werbung zu einem Kauf überredet, sondern durch relevante Inhalte überzeugt werden. Die Unternehmen sind daher gefordert, kompetente Antworten auf die Fragen und Probleme der Interessenten zu geben. Gelingt das und sind die Inhalte zudem professionell aufbereitet, werden die Leser sie gern konsumieren und in ihrem Netzwerk weiterempfehlen.

Weiterempfehlungen locken mehr Besucher auf Ihre Website, die auch länger verweilen, weil Ihre Inhalte im Netzwerk bereits für gut befunden wurden. Diesen Effekt honorieren wiederum Suchmaschinen, indem sie die Inhalte als nützlich und relevant einstufen. Dadurch verbessert sich Ihre Platzierung in den Suchergebnissen – Ihr Unternehmen wird somit besser im Netz gefunden. Content-Marketing ist daher ein wichtiger Aspekt bei der Suchmaschinenoptimierung. Doch das ist nur einer der Vorteile, die dieser Ansatz bringt. In erster Linie geht es Unternehmen darum, Expertenwissen zu demonstrieren und das Vertrauen der Zielgruppen zu erlangen, um sie als Kunden zu gewinnen und langfristig an das Unternehmen zu binden.

Die folgende Grafik gibt einen Überblick über die Ziele, die B2B-Unternehmen mit ihren Content-Marketing-Aktivitäten verfolgen. Lead-Generierung und Markenbekanntheit stehen demnach ganz oben.

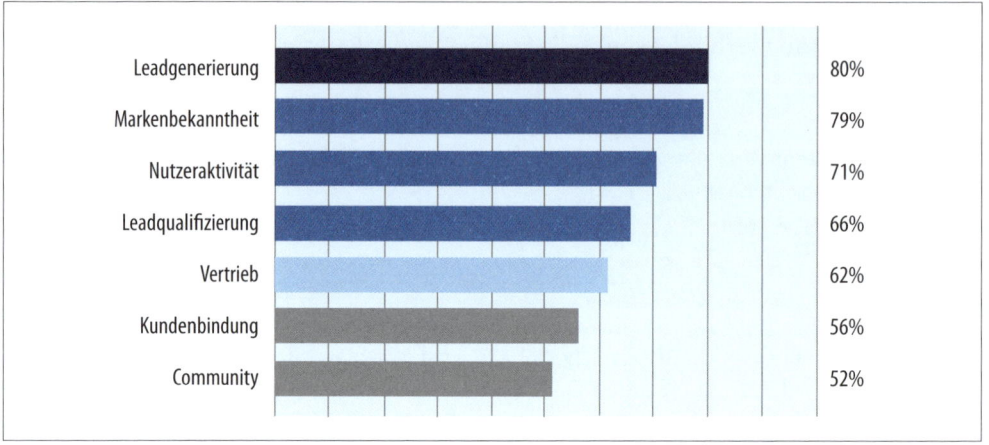

Abbildung 1-1: B2B-Unternehmen wollen mit Content-Marketing vorrangig neue Leads generieren, den Vertrieb ankurbeln und ihre Bekanntheit steigern.[10]

Mehr Sichtbarkeit im Web

Für fast alle B2B-Entscheider ist das Internet die Informationsquelle Nummer eins, wenn es darum geht, eine Kaufentscheidung vorzubereiten. 94 Prozent führen im Verlauf ihres Entscheidungsprozesses eine Onlinesuchanfrage durch.[11] Für Anbieter ist es daher unabdingbar, dass sie im Internet präsent sind und möglichst leicht gefunden werden können. Dazu gehört vor allem, dass sie zu relevanten Suchbegriffen in den Ergebnislisten der Suchmaschinen möglichst weit oben erscheinen. Hier spielen verschiedene Faktoren eine Rolle, deren Gewichtung sich regelmäßig verändert. Content wird dabei eine zentrale Rolle zugeschrieben.

> »Nützlicher und fesselnder Content wird wahrscheinlich eure Website stärker beeinflussen als alle anderen Faktoren, [...]. Nutzer erkennen guten Content, wenn sie ihn sehen, und sie werden oft andere Nutzer darauf aufmerksam machen. [...]. Die natürliche Kommunikation zwischen Menschen hilft dabei, die Reputation eurer Seite sowohl bei Nutzern als auch bei Google auszubauen, und sie funktioniert nur in den seltensten Fällen ohne qualitativ hochwertigen Content.«
>
> *– Google Inc.*[12]

Noch vor wenigen Jahren konnten Unternehmen eine gute Platzierung in Suchmaschinenergebnissen allein dadurch erreichen, dass sie gefragte Suchbegriffe, die sogenannten Keywords, möglichst häufig in Webtexten verwendeten. Doch diese Zeiten sind vorbei. Spätestens seit den Anpassungen des Google-Suchalgorithmus im Jahr 2013 reicht das nicht mehr aus. Wer heute im Google-Ranking weit oben platziert sein will, benötigt gute Webinhalte. »Gut« ist dabei, was für die Nutzer relevant und nützlich ist, was auf ihre konkreten Probleme und Bedürfnisse eingeht. Folgende Kriterien sollten Ihre Inhalte erfüllen:

- Interessant für die Nutzer sein.
- Eine relevante Nische besetzen.
- Antworten auf drängende Fragen der Nutzer geben.
- Themen statt einzelner Suchbegriffe besetzen.

Im B2B-Bereich sind vor allem praxisrelevante Informationen wie Case Studies, Fachartikel oder Marktanalysen gefragt – Inhalte, die nicht das Produkt in den Vordergrund stellen, sondern einen über das Produkt hinausgehenden Mehrwert bieten. Wenn es Ihnen gelingt, solche nützlichen Informationen bereitzustellen, werden die Algorithmen der Suchmaschinen auch dafür sorgen, dass Ihre Inhalte – und auch Ihr Angebot – gefunden werden.

Content-Marketing und soziale Reichweite

Gleichzeitig wirkt sich hochwertiger Content auch auf die »Autorität« Ihrer Website aus. Wenn Nutzer Ihren Content als nützlich bewerten, werden sie ihn auch in den sozialen Medien weiterempfehlen. Und diese Verlinkungen haben dann wiederum einen positiven Einfluss auf die Position Ihrer Website im Ranking der Suchmaschinen. Seit 2010 gehören »soziale Signale« zu den offiziellen Google-Ranking-Faktoren. Mit jedem geteilten Inhalt verbessern Sie somit Ihr Ranking – direkt über die Zahl der Links und indirekt über die bessere Bewertung der sogenannten »Autorität« Ihrer Website. Weisen Sie daher regelmäßig über Twitter, Google+, XING und LinkedIn auf Ihre Inhalte hin, auch wenn dieser nicht mehr brandneu ist. Und publizieren Sie Ihren Content nicht nur auf der eigenen Website bzw. im Blog, sondern auch direkt auf sozialen Plattformen wie SlideShare, YouTube oder Pinterest – und profitieren Sie von den Empfehlungen der Nutzer.

Reputation und Expertenwissen

Beim Content-Marketing geht es vor allem darum, dass Sie mit nützlichen Inhalten positiv auffallen und sich so als Experte für ein bestimmtes Fachgebiet positionieren. Besonders wichtig ist das, wenn Sie im Dienstleistungsbereich tätig sind: Sie haben kein Produkt, das man anfassen oder auf dem man Probe liegen kann. Ihre potenziellen Kunden können daher nicht vorab die Qualität Ihrer Leistungen testen. Stattdessen treffen sie ihre Kaufentscheidung auf der Basis von Leistungsbeschreibungen, Empfehlungen von Bekannten und Freunden oder Kritiken in Bewertungsportalen. Denn niemand kauft gern die Katze im Sack. Ihre Kunden wollen sicher sein, dass sie auch das bekommen, was sie erwarten. Und das gelingt umso besser, je mehr Sie als Experte wahrgenommen werden, dem man vertrauen kann – was sich dann wiederum positiv auf die Kaufentscheidung auswirkt.

Es gibt viele Möglichkeiten, Expertentum zu zeigen. Sie reichen von der inhaltlichen Beteiligung in Businessnetzwerken wie XING oder LinkedIn über das Veröffentlichen von Fachartikeln und das Durchführen von Seminaren und Workshops bis hin zum eigenen Fachbuch. Allerdings unterscheiden sich diese Maßnahmen in ihrem Wirkungsgrad wie auch im Arbeitsaufwand deutlich voneinander.

Kundengewinnung

Neue Leads zu generieren und diese in Kunden zu verwandeln, gehört zu den wichtigsten Zielen und Aufgaben im B2B-Marketing. Unter einem *Lead* versteht man eine Person, die sich für ein Unternehmen bzw. Produkt interessiert und freiwillig seine E-Mail-Adresse oder Kontaktdaten überlässt, damit das Unternehmen sie kontaktieren kann.

Um Leads zu generieren, benötigen Sie attraktiven Content, der Interessenten wie ein Magnet anzieht und auf Ihre Website oder eine Landingpage lockt. Dort tauscht der Interessent seine Kontaktdaten gegen Ihren Content und wird so zu einem Lead. Im Anschluss geht es darum, die Beziehung zum Publikum aktiv zu pflegen und Ihre Interessenten durch gezielte Marketingmaßnahmen weiter zu qualifizieren. Das heißt: mehr über sie und ihren Bedarf zu erfahren. Zeigt ein Lead konkretes Interesse an Ihrem Angebot, ist der Zeitpunkt gekommen, Ihr Produkt oder Ihre Leistung ins Spiel zu bringen.

Die Generierung von neuen Leads für den Vertrieb ist ein wesentliches Ziel – wenn nicht sogar *das* Ziel – von Content-Marketing. Doch nur selten wird dieser Aspekt in der Marketingpraxis entsprechend berücksichtigt. Dabei ist er entscheidend für das alltägliche Geschäft eines Unternehmens. Denn niemand betreibt Content-Marketing zum Selbstzweck. Unternehmen verfolgen damit ein klares Ziel: Sie wollen neue Kunden gewinnen.

Für Ihre Content-Strategie ist es wichtig, zu wissen, in welcher Phase des Vertriebsprozesses sich der einzelne Interessent gerade befindet und welche Ziele Sie verfolgen: Wollen Sie in einer frühen Phase der Kontaktanbahnung Aufmerksamkeit schaffen, vorhandenes Interesse verstärken, um Leads für Ihren Vertrieb zu generieren, oder bestehende Kunden binden? Je nach Phase kommen unterschiedliche Content-Formate, Themen und Distributionskanäle zum Einsatz.

Weiterlesen:

Wie Sie mit Inhalten neue Leads für den Vertrieb generieren, erfahren Sie in Kapitel 5.

Kundenbindung

Viele Unternehmen haben mittlerweile erkannt, dass es nicht nur darum geht, immer neue Kunden zu gewinnen. Wirklich profitabel sind Bestandskunden: Ein Bestandskunde gibt fast doppelt so viel Geld aus wie ein Gelegenheitskäufer und ist dabei deutlich weniger preissensibel.[13] Hinzu kommt, dass zufriedene Kunden auch für die Gewinnung von Neukunden von hohem Wert sind: Wer mit Ihrer Leistung oder einem Produkt zufrieden ist, kauft nicht nur selbst gern bei Ihnen, sondern empfiehlt Sie auch weiter – sowohl im realen Umfeld bei Freunden und Bekannten als auch über soziale Medien. Content-Marketing unterstützt Sie dabei, Ihre Bestandskunden enger an Ihr Unternehmen zu binden. Indem Sie nützliche Informationen und Ideen dazu liefern, wie Ihre Kunden Ihr Produkt optimal einsetzen können, geben Sie ihnen einen Grund, Ihnen die Treue zu halten.

Kundenerlebnis bei jedem Kontakt

Produktqualität, Preis-Leistungs-Verhältnis und Kundenservice hielt man früher für die entscheidenden Erfolgsfaktoren, um Kunden zu gewinnen und langfristig zu binden. Entsprechend haben viele Unternehmen ihre Aktivitäten darauf konzentriert, typische Kontaktpunkte (Touch Points) im Prozess der Kaufanbahnung zu gestalten. Heute weiß man, dass jene Unternehmen klar im Vorteil sind, die den Fokus auf langfristige Kundenbeziehungen legen und die gesamte gemeinsame Reise mit dem Kunden (Customer Journey), von der Kontaktanbahnung bis zum Kauf und darüber hinaus, aktiv gestalten. Sie profitieren nachweislich von:

- höherer Kundenzufriedenheit,
- geringerer Abwanderung (Churn),
- höheren Umsätzen pro Kunde sowie
- höherer Mitarbeiterzufriedenheit.

Content-Marketing kann einen wesentlichen Beitrag zur Gestaltung des Kundenerlebnisses (Customer Experience) leisten, indem Sie Ihre Kunden in allen Phasen des Kundenlebenszyklus mit nutzwertigen Inhalten unterstützen. Content-Marketing ist somit ein wichtiger Teil Ihres Customer-Experience-Managements.

Was kostet Content-Marketing?

Viele Experten empfehlen Content-Marketing als Alternative zum Outbound-Marketing. Sie argumentieren, dass Content-Marketing verhältnismäßig günstig sei – besonders im Vergleich zu aufwendigen Hochglanzbroschüren und Printanzeigen. Bei solchen Gegenüberstellungen ist jedoch Vorsicht angebracht. Denn die Investitionskosten und der Aufwand für die Erstellung von hochwertigen Inhalten können gerade zu Beginn recht hoch sein. Das liegt daran, dass Whitepapers, Infografiken oder Videos zunächst erstellt werden müssen, bevor sie eingesetzt werden und ihre Wirkung im Markt entfalten können. Werbeanzeigen lassen sich dagegen schnell produzieren und umsetzen.

Durch die höhere Lebensdauer der Inhalte ergeben sich jedoch langfristig Kostenvorteile gegenüber bezahlter Werbung. Ein Whitepaper beispielsweise lässt sich je nach Branche und Thema problemlos ein bis zwei Jahre im Markt nutzen. Ein Werbemittel dagegen ist meist im Moment der Veröffentlichung verbraucht. Folglich ist der *Return on Investment* (ROI) von Content-Marketing – langfristig betrachtet – meist höher als bei klassischer Werbung.

Beispiel: Content-Marketing bei Kraft Foods[7]

Der Lebensmittelkonzern Kraft Foods generiert mit Content-Marketing jährlich den Gegenwert von 1,1 Milliarden bezahlten Werbeeinblendungen im Internet und erzielt einen viermal höheren Return on Investment (ROI) als mit bezahlter Werbung. Als wichtigste Erfolgskriterien nennt Kraft:

- einen konsequenten Fokus auf die Nutzwertigkeit der Inhalte,
- die Ausrichtung des Marketings auf einzelne Personen bzw. *Buyer Personas*, nicht auf *Zielgruppen* (siehe Infokasten),

- eine laufende Beobachtung des Markts, um schnell auf Entwicklungen reagieren zu können,
- eine intelligente Verknüpfung von Content und Werbung.

> **Definition:**
>
> Eine Zielgruppe ist eine Gruppe von Personen mit ähnlichen Bedürfnissen. Unter einer Buyer Persona bzw. Zielperson versteht man einen typischen Vertreter einer Zielgruppe, der anhand von Merkmalen wie Alter, Geschlecht, berufliche Position, Motivation, Herausforderungen im Alltag näher beschrieben wird. Mehr zur Definition von Personas im Abschnitt *Wen wollen wir erreichen? – Die Zielpersonen* auf Seite 19.

Die Kosten sind von verschiedenen Faktoren abhängig

Ob Content-Marketing im Vergleich zum klassischen Marketing nun kostengünstiger oder kostenintensiver ist, lässt sich nicht pauschal sagen. Hier spielen zahlreiche Faktoren eine Rolle, wie zum Beispiel die eingesetzten Content-Formate (Videos sind teurer als Blogbeiträge) und die Ziele (Will man die Markenbekanntheit steigern oder Leads generieren?). Auch das Wettbewerbsumfeld hat einen Einfluss auf die Kosten: Bewegt sich das Unternehmen in einem Markt mit wenigen oder eher passiven Wettbewerbern, lassen sich mit relativ geringem Content-Aufwand noch messbare Effekte erzielen, zum Beispiel in Bezug auf die Sichtbarkeit in Suchmaschinen. Mit wachsendem Wettbewerb aber – man spricht hier von einem steigenden »Content Saturation Index«[8] – steigt auch der Aufwand. Den Kampf um die Aufmerksamkeit der Nutzer können Start-ups und kleine Unternehmen in diesem Fall nur dann gegen etablierte Wettbewerber mit großen Budgets gewinnen, wenn sie auf eine intelligente Nischenstrategie setzen.

Kostenblöcke im Content-Marketing

Um die Kosten für Ihre Aktivitäten abschätzen zu können, empfiehlt es sich, diese in vier Kategorien einzuteilen:[9]

1. **Kosten für Strategie und Planung**: Sie müssen festlegen, welche Ziele Sie mit Ihren Maßnahmen erreichen wollen, Ihre Zielgruppe in Form von Personas definieren, Themen recherchieren, einen Themen- und Redaktionsplan anlegen und eine Redaktion organisieren. Wenn Sie damit eine spezialisierte Agentur beauftragen, kann das je nach Unternehmensgröße, Branche und Anzahl der Zielgruppen zwischen 4.000 und 12.000 Euro kosten. Je mehr strategische Vorarbeit Sie intern leisten können, desto niedriger sind die Kosten. Ganz

verzichten sollten Sie aber auf einen externen Spezialisten in dieser entscheidenden Phase nicht.

2. **Set-up-Kosten**: Bevor es losgeht, müssen Sie Vorbereitungen treffen: bestehende Inhalte analysieren, Kanäle für die Verbreitung einrichten, Ihre Website und das Blog adaptieren, gegebenenfalls Tools für eine Automatisierung und das Lead-Management beschaffen und die erste Kampagne planen. Je nachdem, welche Voraussetzungen schon vorhanden sind und was Sie intern leisten können, kann der Aufwand für das Set-up stark variieren. Mit viel Unterstützung von außen sollten Sie mit einer Investition von rund 10.000 Euro rechnen.

3. **Laufende Kosten**: Hier kommt es vor allem auf die Menge und die Art des geplanten Contents an. Wenn Sie klein anfangen und beispielsweise zwei Blogbeiträge pro Monat und etwa alle zwei Monate einen Leuchtturm-Content (Whitepaper, Webinar) veröffentlichen, ist der Aufwand überschaubar. Dann sollten Sie für die ersten sechs Monate rund 8.000 bis 10.000 Euro für Content einplanen. Hinzu kommen gegebenenfalls Kosten für externe Unterstützung und Steuerung sowie Mediakosten für die Vermarktung der Inhalte.

Das »Lean-Prinzip« im Content-Marketing

Ziel des Content-Marketings ist es, wie wir gesehen haben, Kunden mit nützlichen Inhalten zu überzeugen statt mit Werbephrasen zu überreden. Doch wie stellt man fest, welche Inhalte für die Zielpersonen die richtigen sind, wenn man weder Zeit noch Geld für teure Marktanalysen hat? Besonders Unternehmen, die neu ins Content-Marketing einsteigen, tun sich oft schwer mit der Themenfindung. Wir empfehlen hier ein pragmatisches Vorgehen nach dem Prinzip »Build, Measure, Learn«.

Gerade in der Startphase sollten Unternehmen versuchen, mit möglichst geringem Aufwand schnell in den Markt zu gehen, die Reaktionen der Zielgruppe aufzunehmen und darauf basierend die eigenen Maßnahmen Schritt für Schritt zu verfeinern. Wir nennen dies *Lean-Content-Marketing*. Der Ansatz basiert auf dem Lean-Startup-Prinzip, das ursprünglich für den Markteintritt von Unternehmen und Produkten entwickelt wurde (vgl. Lean Startup, S. 56). Um Missverständnissen gleich vorzubeugen: Es geht beim Lean-Content-Marketing nicht darum, Inhalte möglichst »billig« zu produzieren. Vielmehr sollen Geld, Zeit und Personal intelligent eingesetzt werden, um Content zu schaffen, der ins Schwarze trifft. Dazu werden im ersten Schritt mit wenig Aufwand kleine Content-Stücke erstellt, das Feedback der Nutzer ana-

BOOK MEETS BUSINESS

Neue Märkte und Technologien, sich verändernde Kundenbedürfnisse, die digitale Transformation: Auf Unternehmen und Unternehmer warten heute sehr vielfältige Herausforderungen – und das in schneller Taktung. Wer seine Ideen konsequent vorantreiben und weiterentwickeln will, braucht nicht nur Mut und Geschick, sondern muss sich agil und flexibel aufstellen und das Internet und seine Technologien effektiv einsetzen. In unseren Büchern lernen dies sowohl Startups und Freelancer als auch etablierte Unternehmen und Organisationen mit langer Historie.

Und wie von O'Reilly gewohnt: sehr praxisnah und anschaulich. Von Autoren, die ihr Handwerk verstehen und wissen, wie sie es weitergeben sollten, damit Sie, liebe Leserinnen und Leser, umgehend davon profitieren.

BOOK MEETS BUSINESS

Expertenwissen zu Social Media, Wirtschaft und Gründung

Lean Enterprise
Mit agilen Methoden zum innovativen Unternehmen

Jez Humble, Joanne Molesky & Barry O´Reilly

Lernen Sie, wie Sie Lean-Startup- und DevOps-Methoden auf die typischen Aufgabenstellungen von Unternehmen anwenden. Das Buch illustriert das agile Vorgehen anhand zahlreicher Fallstudien und präsentiert einen beeindruckenden Fundus an Strategien, Ansätzen und Methoden. Für Vorstandsmitglieder, Geschäftsführer, Abteilungsleiter oder Produktmanager.

2017, 330 Seiten
Print: 34,90 €, E-Book: 27,99 €
ISBN 978-3-96009-020-5

Running Lean

Suchen Sie eine Methode, um mit Ihrer Innovation erfolgreich zu sein? Dann ist *Running Lean* genau das Richtige für Sie. Ash Maurya knüpft an den Lean Startup-Ansatz von Eric Ries an, wobei *Running Lean* erheblich praktischer und unmittelbar anwendbar ist.

Ash Maurya
2013, 240 Seiten, Print: 24,90 €, E-Book: 19,99 €
ISBN 978-3-95561-127-9

Gamestorming

Wie entstehen innovative Ideen? Wie löst man sich von alten Mustern? *Gamestorming* beweist, dass man nicht hexen muss, um kreativ zu sein – sondern spielen! Die Autoren haben 80 Spiele zusammengetragen, mit denen Sie Denkblockaden überwinden.

Dave Gray, Sunni Brown & James Macanufo
2011, 304 Seiten, Print: 29,90 €, E-Book: 11,99 €
ISBN 978-3-89721-326-5

Das Prezi-Buch

Der praktische Einstieg in Prezi: Diese lebendige, visuelle Einführung erleichtert Ihnen den Zugang zu Prezi. Innerhalb kürzester Zeit erfahren Sie, wie Sie eine Präsentation anlegen, mit Inhalten anreichern und ansprechend gestalten.

Harald Sontowski & Frieder Krauß
2013, 304 Seiten, in Farbe, Print: 19,90 €, E-Book: 13,99 €
ISBN 978-3-86899-851-1

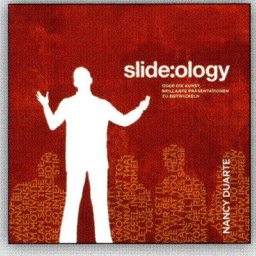

slide:ology

Mit *slide:ology* erreichen Sie, dass Ihre Präsentationen aus der Masse hervorstechen. Das Buch lehrt Sie, visuell zu denken und die Aufmerksamkeit Ihres Publikums auf das zu lenken, worauf es wirklich ankommt: Ihre Ideen und Visionen.

Nancy Duarte
2009, 296 Seiten, in Farbe, Print: 34,90 €, E-Book: 27,99 €
ISBN 978-3-89721-939-7

Storytelling, 2. Auflage
Strategien und Best Practices für PR und Markenting

Petra Sammer

Storytelling hat sich zu einer der erfolgreichsten Techniken der Unternehmenskommunikation entwickelt. Dass es unverzichtbar ist, diese Technik zu beherrschen, beweist Petra Sammer in diesem Buch – unterhaltsam, praxisnah und mit vielen Tipps und Checklisten. Die Autorin zeichnet die Schritte des Kreativprozesses nach und präsentiert eine Fülle inspirierender Beispiele.

2017, 286 Seiten, in Farbe, Print: 24,90 €, E-Book: 19,99 €
ISBN 978-3-96009-055-7

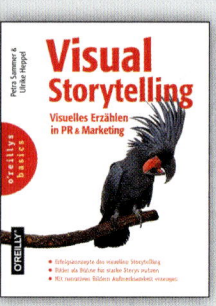

Visual Storytelling

Infografiken, interaktive Grafiken, emotional ansprechende Fotos und Bewegtbild: Dieses Buch zeigt, wie PR- und Marketingschaffende anschauliche Geschichten entwerfen, entwickeln und von Anfang an in ihre Kommunikationsstrategie integrieren.

Petra Sammer & Ulrike Heppel
2016, 344 Seiten, in Farbe, Print: 29,90 €, E-Book: 23,99 €
ISBN 978-3-96009-001-4

Das Buch zur Jobsuche im Social Web

Dieses Buch zeigt, wie Sie Ihre Social-Media-Kanäle (auch) für die Jobsuche nutzen. Es beschreibt, wie Sie Ihr Auftreten auf allen Plattformen in Einklang bringen, eine persönliche Marke ausbilden und sich als kompetente/r Gesprächspartner/in präsentieren.

Larissa Vassilian mit Christine Dingler
2014, 280 Seiten, in Farbe, Print: 19,90 €, E-Book: 15,99 €
ISBN 978-3-95561-502-4

Corporate Blogs

Meike Leopold beschreibt alle Projektschritte von der Überzeugungsarbeit bei der Geschäftsführung über die Kommunikationsstrategie, den Aufbau der Blogredaktion, Erfolgsmessung, Suchmaschinenoptimierung u.v.m.

Meike Leopold
2014, 336 Seiten, Print: 29,90 €, E-Book: 19,99 €
ISBN 978-3-95561-484-3

Social Media Marketing, 4. Aufl.

Das Buch beschreibt die Kommunikation in den sozialen Medien, zeigt die wichtigsten Social Media-Sites und erklärt Strategien, Best Practices und Methoden zu Monitoring und Erfolgskontrolle.

Tamar Weinberg, Corina Pahrmann & Wibke Ladwig
2014, 448 Seiten, in Farbe, Print: 29,90 €, E-Book: 23,99 €
ISBN 978-3-95561-788-2

Lean Content Marketing, 2. Auflage
Groß denken. Schlank starten. Praxisleitfaden für das B2B-Marketing

Sascha Tobias von Hirschfeld & Tanja Josche

Wollen Sie Besucher auf Ihre Website lenken, Leads generieren oder Kunden an Ihr Unternehmen binden? Die Kommunikationsexperten Sascha Tobias von Hirschfeld und Tanja Josche erläutern, wie Sie mit Inhalten statt Werbephrasen überzeugen. Die Autoren führen in das Thema Content Marketing ein und zeigen, wie Sie »schlank« starten und auch mit geringen Ressourcen nachhaltige Erfolge erzielen können.

ab Winter 2017, ca. 300 Seiten, in Farbe, Print: ca. 32,90 €, E-Book: ca. 25,99 €
ISBN 978-3-96009-065-6

Wir machen dieses Social Media

In diesem Buch berichten Praktiker für Praktiker, wie es ihnen im echten Leben beim Einsatz von Social Media ergeht, womit sie Erfolg haben und was nicht so gut geklappt hat. U.a. mit Beiträgen von Opel, Microsoft, der UNO und Greenpeace.

Maline Kruse-Wiegand & Annika Busse
2013, 504 Seiten Print: 34,90 €, E-Book: 23,99 €
ISBN 978-3-86899-976-1

PR im Social Web, 3. Auflage

Dieses Buch zeigt, wie die PR-Disziplinen von Social Media profitieren können. Die Autoren erläutern die veränderten Rahmenbedingungen und wie Sie Online-Kommunikation professionell gestalten können. Inkl. Fallstudien, Praxistipps und Checklisten.

Marie-Christine Schindler & Tapio Liller
2014, 472 Seiten, in Farbe, Print: 29,90 €, E-Book: 23,99 €
ISBN 978-3-95561-626-7

Facebook und Recht

Dieses handliche Buch bringt sämtliche Rechtsfragen in Zusammenhang mit privaten und unternehmerischen Facebook-Auftritten auf den Punkt. Anschaulich und mit Fallbeispielen.

Jan Christian Seevogel
2014, 248 Seiten, Print: 19,90 €, E-Book: 15,99 €
ISBN 978-3-95561-490-4

Social Media und der ROI

Die Autoren erläutern den Aufbau eines Social-Media-Programms inklusive Erfolgsplanung, definieren den Begriff »ROI« und beschreiben konkret, wie sich ein Wertbeitrag errechnen lässt.

Cai-Nicolas Ziegler & Julian Lambertin
2014, 288 Seiten Print: 34,90 €, E-Book: 23,99 €
ISBN 978-3-86899-986-0

Startup mit System
In 24 Schritten zum erfolgreichen Entrepreneur
Bill Aulet

Als Entrepreneur wird man geboren – oder nicht? Bill Aulet glaubt nicht an ein mysteriöses Entrepreneur-Gen. Sein Credo lautet: Eine innovative Idee ist wichtig, aber nur der Anfang. Sie muss in einem iterativen Prozess Schritt für Schritt entwickelt und rigoros getestet werden. In *Startup mit System* beschreibt Bill Aulet seinen 24-Schritte-Ansatz für die systematische Produktentwicklung.

2016, 336 Seiten, in Farbe
Print: 32,90 €, E-Book: 25,99 €
ISBN 978-3-96009-019-9

Das Handbuch für Startups

Das Handbuch für Startups bietet auf Basis des bewährten Lean-Ansatzes eine praxisnahe Anleitung für die Gründung und den Betrieb eines Startups. Das Buch ist die deutsche Übersetzung des internationalen Bestsellers *The Startup Owner's Manual*.

Steve Blank, Bob Dorf mit Nils Högsdal & Daniel Bartel
2015, 512 Seiten, Print: 39,90 €, E-Book: 31,99 €
ISBN 978-3-95561-812-4

Startup-Recht

Das Buch behandelt juristische Fragestellungen und Probleme, die Startups häufig begegnen – von der Gesellschaftsform zum Markenschutz, von der Investorensuche zum Arbeitsrecht. Mit Beispielen, Praxistipps, Musterformulierungen und Checklisten.

Jan Schnedler
ab Herbst 2017, ca. 408 Seiten, Print: 36,90 €
E-Book: ca. 29,99 €, ISBN 978-3-96009-056-4

Einzigartige Grafiken gestalten mit PowerPoint

Anosh Soltani zeigt anhand von Schritt-für-Schritt-Anleitungen und mit vielen Abbildungen, Beispielen, Übungen und Praxistipps, wie Sie mit PowerPoint Grafiken gestalten – angefangen bei einfachen Figuren bis hin zu komplexen Szenen.

Anosh Soltani
ab Winter 2017, ca. 200 Seiten, in Farbe, Print: ca. 19,90 €
E-Book: ca. 15,99 €, ISBN: 978-3-96009-060-1

Weniger schlecht Projekte managen

Alle Aspekte, Fragen und Fallstricke rund um die Rolle und die Aufgaben eines Projektmanagers, so ironisch-lakonisch wie praxisbezogen präsentiert.

Anne Schüßler & Peter Schüßler
ab Frühjahr 2018, ca. 304 Seiten
Print: ca. 24,90 €, E-Book: ca. 19,99 €
ISBN 978-3-96009-014-4

Der Online-Marketing-Manager
Handbuch für die Praxis

Felix Beilharz (Hrsg.)

In diesem Kompendium stellen zwölf versierte Online-Marketing-Manager ihre Aufgabenbereiche vor: E-Mail-Marketing, SEA und SEO, Conversion-Optimierung, Mobile Marketing, Rechtsfragen, Web Analytics u.v.a.m. Sie erklären zentrale Begriffe und Konzepte, erläutern typische Aufgabenstellungen und beschreiben Strategien und Best Practices. Mit Checklisten, Link- und Tool-Tipps sowie Erfolgsstorys.

2017, 576 Seiten, Print: 34,90 €, E-Book: 27,99 €
ISBN 978-3-96009-048-9

E-Commerce mit Amazon

Das Praxisbuch für Händler und Markenhersteller beantwortet sämtliche Fragen: Vendor oder Seller? Wie müssen Produktdaten aufbereitet sein? Welche Marketingoptionen gibt es? Wie erstelle ich Reports? u.v.a.m.

Marc Aufzug
Frühjahr 2018, ca. 304 Seiten
Print: ca. 34,90 €, E-Book: ca. 27,99 €
ISBN 978-3-96009-067-0

SEO mit Google Search Console, 2. Auflage

Diese kompakte SEO-Einführung hilft, Ihr Suchmaschinenranking kontinuierlich zu verbessern. Mithilfe kostenfreier Tools der Google Search Console arbeiten Sie an der Relevanz Ihrer Inhalte, Usability, Performance u.v.m.

Stephan Czysch
2017, 348 Seiten, Print: 26,90 €, E-Book: 21,99 €
ISBN 978-3-96009-031-1

Praxiswissen E-Commerce, 2. Aufl.

Dieses Handbuch zeichnet umfassend und praxisnah den Weg von der Strategie über die Planung, Umsetzung und Erfolgskontrolle eines Online-Shops. Ein Standardwerk für Existenzgründer und Shopbetreiber!

Tobias Kollewe & Michael Keukert
2016, 728 Seiten, Print: 39,90 €, E-Book: 31,99 €
ISBN 978-3-96009-022-9

Technisches SEO

Geballte Expertise für Webmaster und Online-Marketer: Dieses Buch vermittelt, wie Sie Ihren Webauftritt auf technischer Seite so aufsetzen, dass sämtliche SEO-Maßnahmen zünden und Suchmaschinen sowie Nutzer Ihre Website schneller finden.

Stephan Czysch, Benedikt Illner & Dominik Wojcik
2015, 304 Seiten, Print: 29,90 €, E-Book: 23,99 €
ISBN 978-3-95561-716-5

lysiert, das dann wiederum in die Entwicklung neuer Inhalte einfließt. So wird der Content Schritt für Schritt optimiert.

Zuhören und lernen

Lean-Content-Marketing bedeutet, auf die Zielgruppe zu hören: Wie nimmt sie den Content auf? Entspricht der Content dem Bedarf? Es gilt, aus diesen wertvollen Informationen zu lernen, um den eigenen Content inhaltlich gezielt zu verfeinern – und möglicherweise auch die Strategie anzupassen.

Hinter Lean-Content-Marketing verbirgt sich also kein linearer Prozess, sondern ein Zyklus, der vom Feedback der anvisierten Zielgruppe angetrieben wird. Die folgende Grafik visualisiert diesen Zyklus.

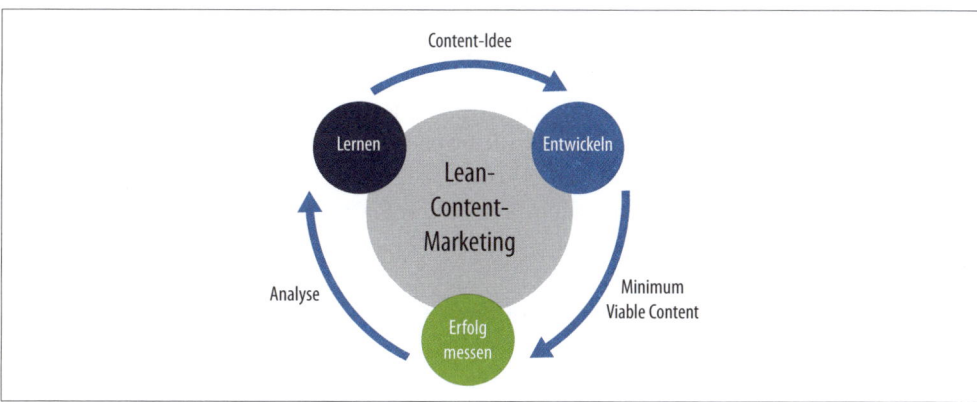

Abbildung 1-2: Lean-Content-Marketing basiert auf einem Zyklus, der vom Feedback der anvisierten Zielgruppe angetrieben wird [14]

Content als Plattform für den Dialog

> »Traditionelles Marketing spricht Menschen an. Content-Marketing spricht mit ihnen.«
>
> *– Doug Kessler[15]*

Es geht beim Content-Marketing nicht darum, die Zielgruppe mit Content zu bombardieren. Ziel ist es vielmehr, Content gezielt einzusetzen, um mit ihr ins Gespräch zu kommen und so mehr über sie zu erfahren. Unternehmen sollten daher jeden Kundenkontakt – egal ob auf der Website, im Blog, in sozialen Medien, in Webinaren oder in Vertriebsgesprächen – dazu nutzen, den Dialog anzuregen, beispielsweise indem man am Ende eines Blogartikels den Leser direkt fragt, wie er zu dem Thema steht und welche Erfahrungen er damit gemacht hat oder indem der Vertrieb ausgewählte Interessenten, die ein Whitepaper heruntergeladen haben, anruft und ihre Meinung einholt.

Entscheidend für einen fruchtbaren Dialog ist, dass er von Mensch zu Mensch geführt wird. Automatisierte E-Mails oder Tweets sowie verkäuferische Nachfassanrufe sind wenig geeignet, das Vertrauen potenzieller Kunden zu gewinnen. Um glaubwürdig zu einem Dialog einzuladen, braucht es eine persönliche Note, Authentizität und Wertschätzung.

Tipp:

So zu kommunizieren, ist aufwendig. Daher empfiehlt es sich, nicht nur bei der Content-Erstellung, sondern auch bei der Wahl der Kommunikationskanäle auf einen schlanken Ansatz zu setzen: Konzentrieren Sie sich am Anfang auf einige wenige Kanäle, die für Ihre Zielpersonen besonders relevant sind.

Jedes Feedback ist ein Geschenk

Jedes Feedback – ob positiv oder negativ – liefert wertvolle Hinweise dazu, in welche Richtung die eigene Content-Strategie entwickelt werden sollte: hinsichtlich der Themen, der Formate und der Distributionskanäle. Hat ein Unternehmen beispielsweise mithilfe ein paar einfacher Blogposts ausgemacht, welche Themen die Zielgruppe besonders bewegen, kann es im zweiten Schritt aufwendigere Content-Formate wie Whitepapers, Infografiken oder Videos produzieren. Das Risiko, mit diesen Inhalten danebenzuliegen, ist gering. Denn die Entwicklung von Content basiert dann nicht mehr auf bloßen Annahmen, sondern auf Erfahrungen. »Validated Learning« nennt das Eric Ries, einer der Vordenker des Lean-Startup-Prinzips. Entscheidend ist, dass Unternehmen diesen Lernprozess möglichst schnell starten und laufend verfolgen – und dass sie jederzeit bereit sind, die eigene Strategie zu ändern, wenn dies erforderlich ist.

Wir halten fest:

Schnell loslegen und experimentieren widerspricht dem Perfektionismus und dem hohen Anspruch vieler Marketer. Doch gerade für Unternehmen, die mit geringen Ressourcen auskommen müssen, lohnt es sich, schlank zu starten und die eigene Strategie schrittweise anzupassen und auszubauen.

Voraussetzungen für Content-Marketing

Das Prinzip des Lean-Content-Marketings lautet zwar, möglichst schlank zu starten und die eigene Strategie schrittweise zu verfeinern. Doch auch Learning by Doing kommt nicht ohne Vorbereitung aus. Bevor Sie mit Ihren ersten Inhalten in den Markt gehen, müssen Sie sicherstellen, dass eine Reihe grundlegender Voraussetzungen gegeben sind: Sie benötigen beispielsweise Mitarbeiter, die sich um die Erstellung und Distribution Ihrer Inhalte kümmern. Sie müssen sich Gedanken über Freigabeprozesse machen und andere Abteilungen ins Boot holen. Sie benötigen eine zentrale Stelle, an der Sie Ihre Inhalte veröffentlichen. Sie müssen einige grundsätzliche strategische Fragen klären, um die richtigen Maßnahmen wählen zu können und keine Ressourcen zu verschwenden. Und Sie müssen gegebenenfalls noch Vorgesetzte und andere interne Stakeholder überzeugen.

Erfahren Sie in diesem Kapitel, welche Hausaufgaben vor dem Start ins Content-Marketing zu erledigen sind.

Strategische Grundlagen

Marketingverantwortliche fühlen sich oft überfordert angesichts der Vielzahl an Content-Formaten und Distributionskanälen, die ihnen heute zur Verfügung stehen. Über welche erreichen wir unsere Zielgruppe am besten? Brauchen wir ein Blog? Informieren sich Entscheider auf Facebook? Sollen wir ein Whitepaper produzieren oder lieber ein Erklärvideo? Mit einer fundierten Strategie lassen sich solche Entscheidungen im Alltag schnell und sicher treffen – und womöglich Fehlinvestitionen vermeiden. Entscheidend ist dabei vor allem, dass Sie ein Verständnis für die Bedürfnisse der Zielgruppe entwickeln. Denn diese ist es, die den Kurs bestimmt: die Themen der Kommunikation, die Kanäle, die Formate sowie Struktur und Inhalte Ihrer Website.

Wo stehen wir? – Der Status quo

Der erste Schritt der Strategieentwicklung besteht darin, sich die aktuelle Situation bewusst zu machen: Wer sind wir? Wo stehen wir? Was unterscheidet uns vom Wettbewerb? Antworten auf diese Fragen finden Unternehmen in der Regel in ihrer allgemeinen Marketingstrategie. Sie bildet den Rahmen für das Content-Marketing.

Bei der Analyse des Status quo geht es aber nicht nur um Ihre Markenpositionierung. Auch Ihren vorhandenen Content und den Status Ihrer Onlineaktivitäten sollten Sie unter die Lupe nehmen: Wie ist Ihre Website positioniert und strukturiert? Welche Inhalte gibt es bereits, die Sie für Ihre Aktivitäten nutzen können? Welche digitalen Kanäle bedienen Sie schon? Viele Unternehmen sind bereits in sozialen Netzwerken wie Facebook unterwegs – oft allerdings, ohne ein konkretes Ziel vor Augen zu haben.

Der Status quo ist der Ausgangspunkt, von dem aus Sie starten und der es Ihnen ermöglicht, Richtung und Fortschritt Ihrer Initiativen zu überprüfen und zu steuern. Für diese Bestandsaufnahme können Sie verschiedene Instrumente einsetzen und kombinieren. Exemplarisch werden im Folgenden zwei Maßnahmen vorgestellt: die SWOT-Analyse und das Content-Audit.

SWOT-Analyse: Wo liegen Chancen und Risiken?

Eine SWOT-Analyse bezogen auf Ihr Content-Marketing kann wichtige Hinweise auf Potenziale und Risiken in Ihrem Unternehmen und im Markt geben, die für Ihre Aktivitäten von Bedeutung sind. Wie eine solche SWOT-Analyse für Ihr Content-Marketing aussehen könnte, zeigt folgende Tabelle.[16]

Tabelle 2-1: Beispiel für eine SWOT-Analyse

	Stärken	Schwächen
Unternehmen	• Guter Content ist vorhanden. • Produkt stößt auf Interesse. • Budget ist vorhanden. • Starke eigene Medien (SEO). • Hohe Markenbekanntheit.	• Keine eigenen Ressourcen für Content-Marketing. • Keine »Beziehungen« zur Zielgruppe im Internet. • Jede Abteilung erstellt eigene Inhalte, es gibt wenig Austausch.
	Chancen	**Risiken**
Markt	• Steigende Nachfrage nach Schulungsinhalten. • Virale Verbreitung visueller Inhalte. • Wenig Marktdaten und Studien im Markt vorhanden.	• Starker Wettbewerb. • Negative Meinungsbildung auf sozialen Plattformen. • Suchmaschinen-Updates schwächen das Ranking der eigenen Medien.

Aus der Markt- und Unternehmensanalyse lassen sich verschiedene Strategieoptionen ableiten:

Tabelle 2-2: Strategieoptionen, die sich aus der Analyse ergeben

Chancen und Stärken nutzen	Risiken und Schwächen entgegenwirken
• Content verstärkt in sozialen Medien publizieren.	• Gute Inhalte dort platzieren, wo der Wettbewerb ist.
• Inhaltlichen Fokus auf Schulung von Interessenten legen.	• Ressourcen für die Betreuung sozialer Netzwerke verstärken.
• Beziehung zur Zielgruppe durch visuelle Inhalte in sozialen Netzwerken aufbauen.	• Budget in eigene Ressourcen für Content-Marketing verlagern.
	• Beziehungen zu Multiplikatoren zur Vorbeugung negativer Meinungsbildung stärken.

Content-Audit: Auf welchen Inhalten können wir aufbauen?

Auch wenn Sie bisher noch nicht explizit Content-Marketing betrieben haben, so gibt es in Ihrem Unternehmen sicher eine Reihe von Inhalten, auf denen Sie aufbauen können: Präsentationen, Whitepapers oder die Inhalte Ihrer Website. Um sich hier einen Überblick zu verschaffen, sollten Sie eine Bestandsaufnahme durchführen. Erfassen Sie alle vorhandenen Inhalte und bewerten Sie sie im Hinblick auf Ihre Kommunikationsziele. Ein solches *Content-Audit* ist eine Art Inventur: Der aktuelle Bestand wird erfasst, und es wird überprüft, was davon noch verwendet werden kann, was unbrauchbar ist und was fehlt.

Erstellen Sie am besten eine tabellarische Übersicht, in der Sie Einzelheiten Ihres Contents festhalten, zum Beispiel:

- Speicherort (URL, Server, Ordner)
- Datum der Veröffentlichung
- Content-Format (Blogbeitrag, Video, Whitepaper)
- Phase im Kaufprozess, für die der Content geeignet ist (entdecken, vergleichen, kaufen)
- Umfang (Wortanzahl, Dauer)
- Ziel, das damit verfolgt wird
- Persona, die damit angesprochen wird
- Content-Qualität: wertvoll, wirksam oder nutzlos
- Resultat: behalten, löschen, optimieren oder zusammenführen

Den Kern des Content-Audits bildet dabei die qualitative Bewertung Ihrer Inhalte. Sie zeigt Ihnen, auf welchen Fundus an Inhalten Sie sich stützen können, und ermöglicht Ihnen, den Aufwand für die Optimierung abzuschätzen. Um die Content-Qualität zu beurteilen, gibt es zahlreiche Möglichkeiten. Wir empfehlen hier eine schnelle, pragmatische Kategorisierung in wertvoll, wirksam und nutzlos: »Wertvoll« ist Ihr Content dann, wenn er der Zielperson einen konkreten Nutzen bringt bzw. Antworten auf ihre Fragen liefert und so zum Aufbau Ihres Expertenstatus beiträgt. »Wirksam« ist Content, der von der Zielperson intensiv genutzt wird und sie zum Handeln bewegt – erkennbar an Verweildauer und Downloads. »Nutzlos« ist Content, der diese Kriterien nicht erfüllt.

Folgende Fragen helfen bei der Bewertung der Content-Qualität:

- Sind die Inhalte aktuell?
- Beantworten sie Fragen der Zielpersonen?
- Welcher Content generiert Leads?
- Welcher Content hat eine hohe Verweildauer? Welcher weist hohe Absprungraten auf?
- Gibt es auf Ihrer Website doppelte Inhalte, oder ergänzen sie sich?
- Zahlen die Inhalte auf die Businessziele ein?

Ein schönes Modell für einen schnellen Qualitätscheck liefert auch die sogenannte »Content-Ampel«[17], bei der Inhalte anhand von sieben Kriterien eingeordnet werden:

- Relevanz: Geht der Content auf die Empfängerbedürfnisse ein?
- Timing: Kommt er zur richtigen Zeit?
- Emotion: Berührt er den Nutzer auf einer emotionalen Ebene?
- Beziehung: Erzeugt er eine Bindung und lädt zum Wiederkommen ein?
- Story: Hält er den Empfänger bei der Stange (folgt er einem roten Faden)?
- Nutzen: Verändert er etwas beim Empfänger (z.B. Erkenntnisgewinn)?
- Interaktion: Löst der Content eine Handlung aus?

Nach Abschluss des Content-Audits haben Sie ein klareres Bild von Ihrem Status quo und können die notwendigen Maßnahmen für die Content-Überarbeitung bzw. die Ergänzung neuer Inhalte sowie den damit verbundenen Aufwand besser einschätzen.

Wohin wollen wir? – Die Ziele

Die Ziele für das Content-Marketing leiten sich grundsätzlich aus den Unternehmens- und Marketingzielen ab. Ist es beispielsweise vorrangiges Ziel des Unternehmens, neue Kunden zu gewinnen, um den

Umsatz zu steigern, lassen sich die Steigerung der Markenbekanntheit und die Generierung von Leads als Kernaufgaben des Marketings festlegen. Für Ihre Content-Marketing-Aktivitäten sollten Sie das Ziel der Leadgenerierung noch weiter herunterbrechen und konkretisieren, zum Beispiel so:

> »Wir wollen über unsere Unternehmenswebsite in den nächsten 6 Monaten 2.200 Registrierungen (= Leads) auslösen.«

Weitere mögliche Ziele für Ihr Content-Marketing sind:

> »Wir wollen die Abonnentenzahl unseres Newsletters bis Ende des Quartals um 10 Prozent erhöhen.«

> »Wir wollen die Bekanntheit unserer Marke in der Zielgruppe der Entscheider um 10 Prozent steigern.«

Achten Sie darauf, dass Sie Ihre Ziele grundsätzlich »smart« definieren. Das heißt, sie sollten spezifisch (s), messbar (m), ansprechend (a), realistisch (r) und terminiert (t) sein. Wichtig ist es auch, die Ziele mit anderen Abteilungen, die an der Kundengewinnung beteiligt sind, abzustimmen. Denn nur wenn Einigkeit über Ziele und Messgrößen besteht, können Ziele konzertiert verfolgt werden.

Tabelle 2-3: Ableitung der Content-Marketing-Ziele aus den Unternehmenszielen

	Ziel	Messgröße
Unternehmensziel	Umsatz/neue Kunden	Steigerung in % gegenüber dem Vorjahr
Marketingziel	neue Leads	Anzahl im Jahr
Online-Marketing-Ziel	neue Leads über Website	Anzahl in Q1
Content-Marketing-Ziel	Whitepaper-Downloads	Anzahl in Q1

Wen wollen wir erreichen? – Die Zielpersonen

Von der Zielgruppe zur Persona

Ihr Content-Marketing-Erfolg hängt vor allem davon ab, wie genau Sie Ihre Kommunikation auf die Bedürfnisse und Einstellungen der Zielpersonen ausrichten. Dies wird Ihnen umso besser gelingen, je genauer Sie Ihre Zielgruppen definieren. Viele Marketer begehen noch den Fehler, die Zielgruppen zu weit zu fassen. Sie hoffen, dadurch mehr potenzielle Kunden zu erreichen. Doch eine gezielte Ansprache ist so kaum möglich. Deshalb sind im modernen Marketing an die Stelle der »Zielgruppen« – definiert als »Gruppen von Personen mit ähnlichen Bedürfnissen« – sogenannte »Buyer Personas« getreten. Darunter versteht man typische Vertreter einer Zielgruppe, die man anhand relevanter Merkmale möglichst genau beschreibt: Alter, Geschlecht, Ausbildung, berufliche Position sowie Aufgaben und Herausforderungen im Alltag.

Auch Informationen zur Mediennutzung, dem privaten Umfeld oder den persönlichen Motiven können sinnvoll sein. Entscheidend ist, dass man ein möglichst gutes Verständnis für die Bedürfnisse und Interessen der Zielpersonen entwickelt.

> **Tipp:**
>
> Nutzen Sie jeden Kontakt mit Interessenten und Kunden, um mehr über deren Bedürfnisse zu erfahren. So können Sie Ihre Buyer Personas schrittweise konkretisieren. Fassen Sie die Merkmale übersichtlich auf einem Blatt zusammen, am besten mit einem beispielhaften Foto. Das macht die Person greifbarer. Wichtig ist, dass jeder Mitarbeiter die gleichen Buyer Personas vor Augen hat. Hängen Sie daher Ihre Übersicht für alle Team-Mitglieder gut sichtbar auf.

Tabelle 2-4: Inhaltliche Struktur einer Buyer Persona[18]

Persönlicher Hintergrund Alter, Gehalt, beruflicher Werdegang, Ausbildung, Familienstand	Persönliche Werte und Ziele privat (Kinder, Familie, Freizeit), beruflich (Kollegen, Fähigkeiten und Fertigkeiten)	Tagesablauf im Unternehmen Kundenkontakt, interne Meetings, operative Tätigkeiten
Rolle im Unternehmen Verantwortungsbereich, Aufgaben, Hierarchie		**Informationsverhalten** Newsletter, Fachzeitschriften, persönliche Kontakte, soziale Medien
Unternehmens-information Branche, Umsatz, Mitarbeiter, Wettbewerb, SWOT	**Herausforderungen (Pain Points)** Prozesse, Kosten, Qualität, Sicherheit	**Erwartung als Kunde** Kommunikationswege, Meinungsbildung, Kundenbetreuung

Kaufentscheidungen im B2B

Wenn Sie über Ihre Zielpersonen nachdenken, sollten Sie sich bewusst machen, dass Kaufentscheidungen im B2B oft wesentlich komplexer sind als im B2C. Während sich ein Verbraucher oft spontan oder nach kurzer Onlinerecherche für ein Produkt entscheidet, dauert der Entscheidungsprozess in Unternehmen meist viele Monate. Und häufig sind mehrere Unternehmensbereiche daran beteiligt: Einkauf, IT, Finanzen/Buchhaltung, Geschäftsführung. Sie wirken zusammen in einem sogenannten *Buying Center*, in dem jeder eine andere Aufgabe wahrnimmt. Entsprechend verschieden sind die Informationsbedürfnisse der Beteiligten: Steht ein Unternehmen beispielsweise vor der Anschaffung einer neuen CRM-Software, interessiert sich der Anwender für die zu erwartende Arbeitserleichterung, der Einkäufer für den Return on Investment (ROI) und die IT-Abteilung für die technische Integrationsfähigkeit. Diesen vielschichtigen Bedürfnissen muss Ihr Content-Marketing gerecht werden, indem Sie jeweils passende Inhalte anbieten.

Zudem müssen Sie berücksichtigen, in welcher Phase des Kaufprozesses sich ein potenzieller Kunde gerade befindet: Verschafft er sich einen ersten Überblick über Anbieter im Markt? Oder steht er schon kurz vor dem Kauf und will seine Entscheidung nur noch absichern? Folgende Phasen der *Customer Journey* lassen sich unterscheiden:

- **Entdecken (Awareness)**: Der Interessent hat ein Problem bzw. einen Bedarf erkannt und will die Situation verändern. Ziel des Anbieters ist es in dieser Phase, auf die eigene Marke aufmerksam zu machen.

- **Vergleichen (Consideration)**: Ein potenzieller Kunde vergleicht Anbieter und Lösungen. Hier gilt es, sich als kompetenten Problemlöser zu positionieren und die Kontaktdaten des Interessenten zu gewinnen, um ihn gezielt betreuen zu können.

- **Kaufen (Decision)**: Der Interessent will seine Kaufentscheidung absichern. Er benötigt Inhalte, die signalisieren, dass man als Unternehmen sein Problem besser lösen kann als der Wettbewerb. In dieser Phase ist der persönliche Kontakt sehr wichtig.

Entscheidend ist, dass Sie ein grundlegendes Verständnis dafür entwickeln, wie sich die Reise Ihrer Kunden gestaltet. Denn je nach Phase im Kaufprozess benötigt er ganz unterschiedliche Inhalte.

Weiterlesen:

Mehr über die Rollen der Personen in einem Buying Center sowie darüber, mit welchen Inhalten Sie den Kaufprozess unterstützen können erfahren Sie in Kapitel 5.

Eine neue Generation von B2B-Entscheidern

B2B-Entscheider informieren sich heute in erster Linie online über Anbieter und Lösungen. Und sie nutzen dabei zunehmend auch Plattformen, die bisher als B2C-Terrain galten. So rangiert etwa Facebook neben LinkedIn und Twitter mittlerweile unter den Top 3 der Social-Media-Plattformen im B2B.[19] Einige Studien[20] sehen Facebook sogar bereits auf Platz 1 der Plattformen für B2B-Entscheider: Jeder vierte B2B-Käufer soll demnach Facebook anderen Netzwerken wie Twitter oder LinkedIn bei der Informationsrecherche vorziehen.

Der Grund für dieses veränderte Informationsverhalten ist der Generationenwechsel in den Unternehmen. Denn ein Großteil der B2B-Entscheider gehört heute der *Generation Y* an. Diese Generation, auch Millenials genannt, zeichnet sich durch eine besonders technologieaffine Lebensweise aus. Geboren zwischen 1980 und 1995, ist sie mit dem Internet und der mobilen Kommunikation aufgewachsen. Millenials sind in den letzten Jahren in den Unternehmen angekommen. Schon 2014 war fast die Hälfte der B2B-Entscheider 34 Jahre oder jünger.[21] Zwar waren noch nicht alle von ihnen in Führungspositionen nachgerückt, wurden aber immerhin zu 80 Prozent in Kaufentscheidungen mit einbezogen. Heute dürfte der Anteil der Millenials unter Entscheidern in den Unternehmen noch größer sein.

Diese Entwicklung wirkt sich unmittelbar auf das Marketing, den Vertrieb und den Kundenservice in Unternehmen aus. So geht beispielsweise ein B2B-Käufer der Generation Y davon aus, dass Anfragen umgehend beantwortet werden, unabhängig davon, über welchen Kanal sie gesendet werden. Für Unternehmen ist es daher unverzichtbar, dort präsent zu sein, wo sich die Zielgruppe aufhält, und in der Lage zu sein, in Echtzeit über alle Kanäle in Kontakt treten zu können.

Was kommunizieren wir? – Die Themen

Content-Marketing bedeutet, potenzielle Kunden nicht mit Werbebotschaften zu nerven, sondern sie mit guten Inhalten zu begeistern. Aber was genau macht »gute« Inhalte aus? Die Antwort ist so einfach wie schwierig zugleich: Gut ist, was für die Zielpersonen relevant und nützlich ist, was auf ihre Bedürfnisse eingeht und ihnen im Alltag konkret weiterhilft. Denn wer Antworten auf drängende Fragen bekommt, fühlt sich ernst genommen und gewinnt Vertrauen zu einem Anbieter. Hier die richtigen Themen zu finden, stellt Unternehmen allerdings häufig vor große Herausforderungen. Das zeigt sich daran, dass ein großer Teil des Contents, den man heute im Netz findet, austauschbar ist. Die gleichen Themen, die gleichen Ansätze, kaum neue Ideen. Häufig sind die Artikel sogar noch mit Produktfeatures und werblichen Botschaften übersät. Beides hat mit echtem Mehrwert für den Kunden, um den es im Content-Marketing ja eigentlich geht, nur wenig zu tun.

> »Was wir an Content im Netz sehen, ist meist austauschbar und nicht hilfreich. In diesem Fall wäre es besser, überhaupt keinen Content zu produzieren.«
>
> *– Joe Pulizzi*[22]

Offenbar tun sich die Unternehmen schwer damit, die richtigen Themen für ihr Content-Marketing zu finden. Sie hangeln sich von einem

Blogbeitrag zum nächsten und greifen wahllos jedes Thema auf, das der Markt hervorbringt. Das ist nicht nur mühsam für die Redakteure, sondern auch riskant. Denn wer keine klare Vorstellung davon hat, was er eigentlich sagen will und wofür er steht, kann auch keinen wirklich guten Content produzieren: Content, der das Zielpublikum überzeugt und Vertrauen schafft. Daher sollten Sie sich vorab Gedanken über zwei wichtige Aspekte machen:

- den Informationsbedarf der Zielpersonen und
- Ihr eigenes Expertenwissen.

Die »Pain Points« der Zielpersonen verstehen

Machen Sie sich zunächst klar, dass Ihre Zielpersonen nicht in erster Linie nach Produkten suchen, sondern nach Lösungen zu einem Problem. Versuchen Sie, zu verstehen, was ihre Herausforderungen im Alltag sind, was sie antreibt bzw. welche Informationen ihnen helfen könnten, ihre Arbeit besser zu erledigen. Das Wissen um den Informationsbedarf potenzieller Kunden ist die wichtigste Voraussetzung für erfolgreichen Content. Wer hier danebenliegt, hat keine Chance, als kompetenter Anbieter wahrgenommen zu werden.

Um herauszufinden, welche Themen Ihre Zielpersonen interessieren, gibt es verschiedene Möglichkeiten. Sie könnten beispielsweise eine professionelle Marktstudie durchführen lassen. Das ist allerdings ein sowohl zeit- als auch kostenintensiver Weg. B2B-Unternehmen mit geringen Ressourcen empfehlen wir daher, pragmatisch und ressourcenschonend an die Sache heranzugehen. Hier ein paar Anregungen:

- Fragen Sie Ihre Kunden direkt nach ihren Herausforderungen im Alltag. Gerade B2B-Unternehmen pflegen oft lange, persönliche Beziehungen zu ihren Kunden. Nutzen Sie diesen Vorteil und rufen Sie einen Ihrer Kunden einfach an. Oder fragen Sie ihn am Rand einer Messe oder beim gemeinsamen Mittagessen nach seinen *Pain Points*. Wenn Sie wirklich zuhören, werden Sie viel darüber erfahren, was ihn gerade bewegt.
- Holen Sie Ihre Kollegen aus dem Vertrieb und dem Customer Service ins Boot. Sie haben täglich Kontakt mit Kunden und Interessenten und kennen daher deren Probleme und Bedürfnisse besonders gut.
- Beobachten Sie die Diskussionen in sozialen Netzwerken oder Expertenblogs. Welche Themen werden hier besonders viel kommentiert, welche Fragen werden gestellt? Was wird gelikt und geteilt?
- Analysieren Sie auch die Inhalte Ihrer Wettbewerber – aber nicht mit dem Ziel, diese dann zu kopieren, sondern um Ansätze zu fin-

den, wie Sie sich abgrenzen oder an aktuelle Themen anknüpfen können.

- Auch eine Keyword-Analyse über Google kann Hinweise darauf liefern, welche Art von Informationen Ihre Zielgruppe sucht.

Verschiedene Methoden kombinieren

Bedenken Sie, dass die oben beschriebenen Methoden jeweils nur einen Teil des Gesamtbilds wiedergeben. Nutzen Sie daher verschiedene Quellen, um ein möglichst genaues Bild von den Themen zu bekommen, die Ihr Zielpublikum interessiert. Und berücksichtigen Sie auch die Tatsache, dass im B2B-Bereich meist mehrere Personen an einer Kaufentscheidung beteiligt sind, die jeweils unterschiedliche Informationen benötigen (siehe Abschnitt *Kaufentscheidungen im B2B* auf Seite 20).

Mit Design Thinking neue Ansätze finden

Die bisher genannten Möglichkeiten sind gute Wege, um mehr über die Bedürfnisse der Kunden zu erfahren. Sie setzen allerdings alle bei Bestehendem an. Was aber, wenn das Publikum noch nicht weiß, was es benötigt? Versteckter oder künftiger Bedarf lässt sich auf diese Weise nicht erkennen. Und die Zielgruppe zu fragen, führt meist auch nicht weiter, da sie sich ebenfalls am Status quo orientiert. In solchen Situationen kann Design Thinking weiterhelfen. *Design Thinking* ist eine *Innovationsmethode*, die sich immer dann eignet, wenn das Ziel nicht klar umrissen ist. Man bildet dazu kleine, interdisziplinäre Teams und versucht, sich in den Kunden hineinzuversetzen, um neue, bisher unbekannte Ansätze zu finden. Es ist somit eine Art Brainstorming mit Mitarbeitern aus verschiedenen Abteilungen, die sich untereinander austauschen, gemeinsam Ideen visualisieren und experimentieren. Der letzte Punkt ist dabei entscheidend: Design Thinking zeichnet sich durch ein iteratives Vorgehen aus. Mit kleinen Versuchsballons tastet man sich an die Themen heran, zum Beispiel indem man zu einer ersten Idee für ein Thema einfach ein paar Posts in den sozialen Netzwerken veröffentlicht, die Reaktionen darauf beobachtet und die Ideen dann weiterentwickelt. So hilft die Methode dabei, bessere, weil kundenzentriertere Inhalte zu entwickeln.

> **Weiterlesen:**
> Mehr über Design Thinking sowie die Abgrenzung zum Lean-Startup-Ansatz erfahren Sie im Abschnitt *Agile Methoden* auf Seite 45.

Erkenntnisse zusammentragen

Wenn Sie einige Erkenntnisse über den Bedarf Ihrer Zielpersonen gewonnen haben, tragen Sie diese anschließend zusammen. Dazu eignet sich eine einfache Tabelle, in der Sie für jede Persona festhalten, welchen Informationsbedarf sie in welcher Phase des Kaufprozesses hat. So entsteht ein guter Überblick über relevante Themenfelder für Ihre Kommunikation. Die folgende Tabelle zeigt dies exemplarisch für eine Marketingabteilung, die über den Einkauf von Agenturleistungen nachdenkt.

Tabelle 2-5: Beispiel für unterschiedliche Informationsbedarfe in den Phasen des Kaufprozesses.

	Entdecken	Vergleichen	Kaufen
Problem	Die Frequenz neuer Artikel im Blog ist zu gering.		
Aufgabe	Problem erkennen und verstehen, Anforderung an eine Lösung definieren	Lösungsmöglichkeiten abwägen, Vorauswahl treffen	Konditionen verhandeln, interne Abstimmung, entscheiden
Informationsbedarf / Fragen der Personas			
Blogredakteur	Wie kann ich mehr Blogbeiträge produzieren? (effizienter arbeiten, Content wiederverwerten) Wie motiviere ich Kollegen zum Mitmachen?		
Marketingleiter	Wo liegt das Problem? Zu wenige qualifizierte Redakteure? Ist es sinnvoll, die Redaktion auszulagern? Wie lösen andere das Problem?	Was ist besser: Freelancer oder Agentur? Welcher Dienstleister? (Erfahrung in der Branche, räumliche Nähe)	Welche Leistung bekomme ich für mein Geld?
Einkäufer			Lohnt sich die Investition? Sind die Konditionen marktüblich? Wie flexibel ist der Vertrag? (Kündigung, Umfang)

Themenfelder bewerten

Bewerten Sie anschließend die Themenbereiche nach ihrem Potenzial. Gerade bei begrenzten Ressourcen ist es wichtig, sich zu fokussieren. Folgende Fragen können bei der Bewertung hilfreich sein:

- Welche Themen lassen sich mit geringem Aufwand umsetzen?
- Wo herrscht hoher Wettbewerbsdruck, das heißt, welche Themen sind bereits ausgereizt?
- Welche Nischenthemen sind noch »frei«?
- Bei welchen Trendthemen können wir vom öffentlichen Interesse profitieren?

- Bei welchen Themen ist die Wahrscheinlichkeit hoch, dass der Content geteilt wird?
- Zu welchen Themen besitzt unser Unternehmen herausragendes Know-how?

Vor allem die letzte Frage ist für den Erfolg Ihres Contents entscheidend. Denn das ist der Punkt, mit dem Sie sich von Ihrem Wettbewerb abheben können, mit dem Sie einen eigenen Ansatz für Ihr Content-Marketing entwickeln können.

Den Sweet Spot finden

Themen, über die bereits häufig geschrieben wurde, sollten Sie nicht unbedingt in den Mittelpunkt Ihrer Kommunikation stellen. Denn hier ist es nur schwer möglich, noch aus der Masse der Inhalte herauszustechen. Erfolgreicher ist es, einen eigenen Ansatz zu entwickeln. Dies gelingt, indem Sie sich Ihrer Stärken bewusst werden:

- Hat Ihr Unternehmen spezielles Expertenwissen? Einen besonderen Ansatz?
- Gibt es etwas, das Sie besser können als andere Unternehmen? Etwas, dass Ihre Wettbewerber nicht ohne Weiteres kopieren können?

Tragen Sie möglichst viele Aspekte zusammen, die als *Unique Selling Proposition* für Ihr Content-Marketing taugen. Beziehen Sie dabei Mitarbeiter aus verschiedenen Abteilungen ein und entscheiden Sie gemeinsam, welche dieser Stärken Sie besonders stark von anderen Unternehmen unterscheiden.

Nun können Sie beides zusammenbringen: Ihre Stärken auf der einen und den Informationsbedarf Ihrer Zielpersonen auf der anderen Seite. Dort, wo sich beide decken, befindet sich der sogenannte *Sweet Spot*: jenes Themenfeld, zu dem Ihr Unternehmen Content hervorbringen kann, der im Markt als einzigartig und wertvoll wahrgenommen wird.

Abbildung 2-1: Der Sweet Spot befindet sich dort, wo sich Ihre Stärke mit dem Informationsbedarf Ihrer Zielpersonen deckt.

Der Sweet Spot ist somit die inhaltliche Leitidee für Ihre Kommunikation. Hier finden sich die Themen, für die Sie Ihre Ressourcen einsetzen sollten. Wenn Sie Ihren Sweet Spot kennen, fällt Ihnen die anschließende Planung und Erstellung Ihrer Inhalte sehr viel leichter. Sie wissen genau, worin Sie gut sind und worin nicht. So sind Sie besser in der Lage, zu entscheiden, wofür Sie Ihre Ressourcen einsetzen müssen, und produzieren nur solchen Content, der eine maximale Wirkung verspricht.

> **Wir halten fest:**
>
> Konzentrieren Sie sich auf Themen, in denen Sie stark sind und die Ihren Zielpersonen einen echten Mehrwert bieten. Folgen Sie Ihrem Sweet Spot. Dann können Sie sicher sein, Ihre Ressourcen sinnvoll einzusetzen.

Warum kommunizieren wir? – Die Content-Mission

Ein Mission-Statement sagt, warum Sie tun, was Sie tun, nicht, wie Sie es tun.

– Peter Drucker[23]

Der letzte Punkt für Ihre strategischen Grundlagen widmet sich nun noch Ihrem Mission-Statement. Dies ist ein zentrales Element jeder Unternehmenskommunikation, weil es Ihren Mitarbeitern und Dienstleistern bei der Content-Erstellung Orientierung bietet. Eine klare Mission ermöglicht es, eindeutige Ziele für Ihr Content-Marketing zu definieren. Content, der einer Mission folgt, verkauft nicht vordergründig ein Produkt, sondern wirkt mit einem konkreten Wertbeitrag auf ein Zielpublikum ein.

Eigenschaften eines guten Mission-Statements:

- Klar formuliert und für jedermann verständlich.
- Kurz und prägnant, leicht zu merken.
- Kann in einem Satz wiedergegeben werden.
- Anregend und überzeugend.
- Klärt den Zweck des Unternehmens.
- Fokussiert auf eine strategische Ausrichtung.
- Spiegelt die unverwechselbare Kompetenz und Kultur des Unternehmens wider.
- Gibt Raum und zugleich Direktive für die Umsetzung.
- Unterstützt Ihre Mitarbeiter dabei, richtige Entscheidungen zu treffen.

Abschließend hier noch ein Beispiel dafür, wie eine Content-Mission lauten könnte:

> »Wir entwickeln und teilen unser Wissen, um unsere Kunden, Mitarbeiter und Partner bei ihrer täglichen Arbeit zu unterstützen. Mit nützlichen Inhalten und offenem Dialog streben wir langfristige Partnerschaften mit unseren Kunden, Mitarbeitern und Partnern an.«

Die Denke

Der Erfolg Ihres Content-Marketings steht und fällt mit den Menschen in Ihrem Unternehmen. Diese müssen verinnerlichen, dass es von nun an darum geht, Zielpersonen mit Inhalten zu überzeugen, statt sie zu überreden. Diese Grundidee muss in der Kultur des Unternehmens verankert sein. Den neuen Marketingansatz einfach von oben zu verordnen, wird nicht zum Ziel führen. Content-Marketing als ein Projekt unter vielen bliebe dann weit hinter seinen Möglichkeiten.

Content als Produkt verstehen

Das Unternehmen als Verleger

Unternehmen sollten ihren Content so verstehen und behandeln, wie es ein Verleger tut. Dieser veröffentlicht nur solche Inhalte, die seine Zielgruppe als wertvoll und relevant erachtet. Das heißt, Ihr Ausgangspunkt ist immer die Perspektive der potenziellen Kunden: Versetzen Sie sich in ihre Lage und fragen Sie sich, was sie wirklich interessiert. Nur so wird es Ihnen gelingen, Inhalte zu entwickeln, die sich von der allgemeinen Flut an Informationen im Internet abheben. Dabei können Sie sich an folgenden Fragen orientieren:

- Was sind die Bedürfnisse und Fragen der Zielgruppe?
- Wie können Sie diese beantworten und einen Mehrwert für Ihre Zielgruppe schaffen?
- Gibt es im Markt bereits journalistische Angebote, die sich in Ihrem Themengebiet bewegen und von Ihrer Zielgruppe genutzt werden?
- Was können Sie von diesen lernen?
- Wie können Sie sich von diesen Angeboten abheben?

Die Frage nach der Differenzierung könnten Sie in Ihrem Blog zum Beispiel dadurch beantworten, dass Sie Einblicke in den Unternehmensalltag Ihrer Mitarbeiter bieten, den Außenstehende nicht haben. Dies wäre ein informativer Mehrwert, der Nähe schafft.

Betrachten Sie Content als Produkt!

Wenn Sie wie ein Verleger denken, bedeutet das auch, dass Sie Ihren Content wie ein Produkt entwickeln und vermarkten:

- Ein Produkt, das einem Bedürfnis Ihrer Zielgruppe entspricht.
- Ein Produkt, das gegen Konkurrenzprodukte bestehen muss.
- Ein Produkt, das über geeignete Distributionswege zu Ihrer Leserschaft gebracht werden muss.
- Ein Produkt, das vermarktet und beworben werden muss.

Hilfreich ist es, wenn Sie sich für diese Sichtweise das klassische Modell des Marketing-Mix vor Augen führen. Es umfasst in seiner ursprünglichen Variante vier Instrumente, die sogenannten »vier P«: Product, Price, Place, Promotion. Im Deutschen bezeichnet man dies als Produkt-, Preis-, Vertriebs- und Kommunikationspolitik. Das Modell wurde ursprünglich für Produkte entwickelt, lässt sich aber auch auf Inhalte übertragen, wie die folgende Darstellung zeigt.

Abbildung 2-2: Die vier P des Content-Marketings

Product: Die Gestaltung des Contents

Wie muss der Content aussehen, damit er den Bedürfnissen Ihrer Zielgruppe gerecht wird? Oder anders ausgedrückt: Welche Themen sind für Ihre Leser relevant? Welches Vokabular, welcher Ton ist der richtige? Welche Content-Formate bevorzugen Ihre Leser? Welche Botschaften sollen mit dem Content transportiert werden? Soll das Content-Angebot selbst produziert werden, oder sollen fremde Quellen genutzt werden?

Price: Der Preis für den Content

Welchen Preis können Sie für Ihre Inhalte verlangen? Der Preis kann dabei ein tatsächlicher Geldbetrag sein, den Ihre Leser bezahlen (z.B. für ein E-Book), oder eine Gegenleistung, zum Beispiel die Bereitstellung von Kontaktdaten beim Download eines Dokuments oder Empfehlungen über soziale Netzwerke. Auch die Zeit, die der Nutzer in das Suchen und Konsumieren von Informationen investiert, ist aus seiner Sicht ein »Preis«, den er zahlen muss.

> **Tipp:**
> Zeit ist Geld. Ihr Content muss für den Nutzer so wertvoll sein, dass er die investierte Zeit ausgleichen kann.

Place: Die Verbreitung des Contents

Wie gelangt Ihr Content möglichst einfach, schnell und kostengünstig zu Ihrer Zielgruppe? Welche Kanäle, Mittler und Multiplikatoren spielen in der Distribution eine Rolle?

Promotion: Werbung für Content

Wie können Sie Ihre Zielgruppen auf Ihr Content-Angebot aufmerksam machen? Welche bezahlten Werbeformen in Suchmaschinen oder sozialen Medien können die Vermarktung Ihrer Inhalte unterstützen? Wie können Sie diese bestmöglich kombinieren?

Beispiel: Content-Marketing-Mix für Whitepapers

Whitepapers eignen sich im B2B-Marketing besonders gut, um Expertenwissen zu demonstrieren, denn Sie liefern eine konkrete Hilfestellung zu einem Problem oder zum eigenen Produkt. Das Unternehmen FTAPI, Spezialist für Ende-zu-Ende-verschlüsselten File Transfer, entwickelte für seine Kunden eine Reihe von Whitepapers, in denen die Funktionsweise und der Einsatz seiner Software für verschiedene Branchen und Anforderungen beschrieben werden. Der Content-Marketing-Mix für diese Whitepapers sah vereinfacht so aus:

- Product: Die Dokumente sind für den Download auf der Internetseite von FTAPI konzipiert. Die Texte sind kompakt, übersichtlich strukturiert und in einer sachlichen Sprache verfasst. Wichtige Inhalte werden durch einfache Grafiken visualisiert. Der Umfang eines Whitepaper liegt bei drei bis sechs Seiten. Die Whitepapers folgen in ihrer Gestaltung dem Corporate Design des Unternehmens.

- Price: FTAPI bietet die Whitepapers kostenfrei zum Download an. Eine Besonderheit ist hierbei, dass Interessenten die Dokumente herunterladen können, ohne ihre Kontaktdaten angeben zu müssen. Die eigentliche Leadgenerierung erfolgt über eine Testversion der FTAPI-Software, die sich Interessenten kostenfrei herunterladen können.
- Place: Die Whitepapers können nur auf der Internetseite des Unternehmens heruntergeladen werden.
- Promotion: Die Vermarktung der Whitepapers findet über verschiedene Kanäle statt, darunter PR sowie Werbeanzeigen in Fach-Newslettern und auf Businessplattformen.

Eine Content-Kultur entwickeln

Content-Marketing ist ein Commitment, keine Kampagne.

– Jon Buscall[24]

Das Thema Content-Marketing steckt in vielen Unternehmen noch in den Kinderschuhen. Nur 37 Prozent verfügen über eine dokumentierte Content-Strategie.[25] Entsprechend werden die Maßnahmen mehr oder weniger spontan geplant und die Aufgaben vom Marketing »miterledigt«. Wenn Sie mit Content-Marketing echte Erfolge erzielen wollen, müssen Sie sich dem Thema jedoch mit vollem Herzen widmen und das Denken, die Strukturen und Methoden sowie auch die Kultur Ihres Unternehmens verändern. Sie müssen »Content leben«. Grundlage dafür ist eine Kultur, die aktives Mitdenken und eigenverantwortliches Handeln eines jeden Mitarbeiters in Ihrem Unternehmen fördert. In einem solchen kulturellen Umfeld versteht sich jeder Mitarbeiter als »Teilhaber« des Geschäftsfelds Content-Marketing. Er leistet selbst einen aktiven Beitrag zur Erreichung konkreter Ziele im Content-Marketing.

Kulturelle Veränderungen sind für Unternehmen immer eine große Herausforderung, denn ein Standardrezept gibt es dafür nicht. An dieser Stelle ausführlich auf das Thema Veränderungsmanagement (Change Management), einzugehen, würde den Rahmen dieses Leitfadens sprengen. Die folgenden Ausführungen können daher nur grobe Anhaltspunkte dazu liefern, wie Sie in Ihrem Unternehmen die Voraussetzungen für Content-Marketing schaffen können.

Rahmenbedingungen für eine Content-Kultur:

- Jeder Mitarbeiter im Unternehmen kennt die Vision und die Strategie des Unternehmens. Ihm muss klar sein, welchen Zweck das Unternehmen erfüllt und an wen sich sein Angebot richtet.

- Jeder Mitarbeiter versteht die Ziele und Prinzipien des Marketings. Hier müssen Sie gegebenenfalls Vorurteile durchbrechen. Dies gelingt, indem Sie die Arbeit und den Beitrag des Marketings zum Unternehmenserfolg transparent machen und jedem Mitarbeiter die Möglichkeit geben, aktiv mitzuwirken.
- Jeder Mitarbeiter fühlt sich für Marke, Ziele und Ergebnisse mitverantwortlich. Denn wer Verantwortung trägt, ist motivierter, zum gemeinsamen Erfolg beizutragen.
- Jeder Mitarbeiter steuert Inhalte und Ideen zum Marketing bei. Das bereichert das Marketing um neue Perspektiven und Ideen. Steuerung und Kontrolle sollten natürlich in der Marketingabteilung angesiedelt sein.
- Jeder Mitarbeiter erhält Freiräume für eigene Content-Initiativen. Erlauben Sie in Ihrer Content-Kultur ausdrücklich Aktivitäten außerhalb der eigenen Stellenbeschreibung und schaffen Sie Zeit für schöpferische Denkpausen. Die fehlt in deutschen Unternehmen leider häufig, was dazu führt, dass sich der Ideenreichtum der Mitarbeiter nicht entfalten kann.[26]
- Fehler des Einzelnen werden toleriert. Bauen Sie Ängste vor Fehlern oder Versagen ab, die Mitarbeiter daran hindern, die »Komfortzone« ihrer fachlichen Zuständigkeit zu verlassen, um auf fremdem Gebiet aktiv zu werden.
- Entscheidungen werden unter Mitwirkung aktiver Mitarbeiter getroffen. Informieren Sie über Ihr Vorhaben klar und deutlich. Nur wenn Mitarbeiter ausreichend informiert sind und den Gesamtzusammenhang verstehen, werden sie den Wandel hin zu einer Content-Kultur auch mittragen und mitgestalten.

Interne Unterstützer gewinnen

Sie wissen bereits, welche Vorteile eine Marketingkommunikation bietet, die auf nützlichen Inhalten basiert. Doch möglicherweise müssen Sie erst noch wichtige Entscheider in Ihrem Unternehmen überzeugen und als Unterstützer und Botschafter für das Thema gewinnen. Auch Ihre Mitarbeiter müssen Sie ins Boot holen. Vor allem gilt es, das nötige Verständnis für Content-Marketing zu schaffen sowie Vorurteile und Missverständnisse auszuräumen. Hier ein paar Anregungen, wie Sie dabei am besten vorgehen:[27]

1. Formulieren Sie eine Vision für Ihr Content-Marketing, die messbare Ziele und einen konkreten Weg aufzeigt und jeden Mitarbeiter dazu inspiriert, aktiv zu werden. Achten Sie darauf, dass Ihre Vision (be)greifbar und umsetzbar ist.

2. Kleiden Sie Ihre Vision in eine Geschichte: Mit Storytelling erwecken Sie Ihre Content-Marketing-Vision zum Leben, schaffen Identifikation und sprechen die Emotionen Ihrer Mitarbeiter und Entscheider an.

3. Kommunizieren Sie greifbare Vorteile, von denen auch der einzelne Mitarbeiter profitiert, zum Beispiel ein einheitlicher Markenauftritt in allen Kanälen, eine Steigerung der Leadqualität, effiziente Kommunikationsprozesse etc.

4. Liefern Sie Beispiele dafür, was andere Unternehmen mit Content-Marketing erreicht haben. Belegen Sie die von Ihnen skizzierten Vorteile mit konkreten Ergebniswerten und Erfahrungsberichten.

5. Skizzieren Sie einen groben Fahrplan: Legen Sie Meilensteine für die Einführung und Umsetzung erster Initiativen fest. So erhalten die Mitarbeiter eine Vorstellung davon, in welchen Stufen und Zeiträumen Content-Marketing bei Ihnen umgesetzt werden soll.

6. Gewinnen Sie Unterstützer: Sobald Sie das »Go« für den Start ins Content-Marketing erhalten haben, sollten wichtige Entscheider im Unternehmen den Prozess als Botschafter aktiv unterstützen. Diese Unterstützung sollte laufend sichtbar und für alle Mitarbeiter erfahrbar sein.

> **Wir halten fest:**
> Wenn Sie mit Content-Marketing echte Erfolge erzielen wollen, müssen Sie »Content leben« und Ihre Inhalte mit der gleichen Wichtigkeit behandeln wie Ihre eigentlichen Produkte oder Dienstleistungen.

Marketing und Vertrieb in Einklang bringen

Content-Marketing ist nur dann wirklich erfolgreich, wenn Marketing und Vertrieb an einem Strang ziehen. Doch ist dies offensichtlich leichter gesagt als getan: Über 90 Prozent[28] der Marketingverantwortlichen in B2B-Unternehmen geben an, mit dem Vertrieb eine gemeinsame Linie zu fahren, sei für sie die größte Herausforderung beim Erreichen ihrer Marketingziele.

Damit es mit der Zusammenarbeit klappt und beide davon profitieren, sollte der Vertrieb von Anfang einbezogen werden: in die Definition der Zielpersonen und Ziele, die Entwicklung der Themen, die regelmäßigen Redaktionsmeetings. Es gilt, ein Bewusstsein dafür zu schaffen, dass die gemeinsam entwickelten Inhalte und Tools Vertriebsziele direkt unterstützen, beispielsweise Whitepapers und Broschüren, die auch über Apps digital zur Verfügung stehen, oder How-to-Videos, die im Kundengespräch eingesetzt werden können.

Insbesondere der Vertrieb muss hier umdenken. Denn heute ist es der Kunde, der bestimmt, wann und wo er in welcher Form mit dem Vertrieb interagieren will. Bis er das tut, hat er sich bereits umfassend informiert und einen großen Teil seines Entscheidungsprozesses abgeschlossen. Aufgabe des Marketings ist es, den Interessenten dabei zu unterstützen, Vertrauen aufzubauen und den Interessenten somit für den Vertrieb vorzubereiten.

Andererseits kann das Marketingteam von den Erfahrungen des Vertriebs profitieren. Entscheidend für den Erfolg im Content-Marketing ist, die Bedürfnisse der Kunden zu kennen, zu wissen, was sie täglich bewegt. Es kommt darauf an, ihnen zuzuhören und »das Ohr am Markt« zu haben. Diese Eigenschaft ist in Vertrieb und Kundenservice häufig stärker ausgeprägt als im Marketing. Es liegt daher nahe, diese beiden Abteilungen, sozusagen als Stellvertreter für den Kunden, in die Entwicklung von Content mit einbeziehen.

> **Tipp:**
> Überwinden Sie das »Silo-Denken« und holen Sie die Kollegen aus Vertrieb und Kundenservice ins Boot. Sie sind täglich im Kontakt mit Interessenten und Kunden und verfügen über ein Wissen, das bei der Entwicklung der Buyer Personas oder bei der Themenfindung sehr wertvoll ist.

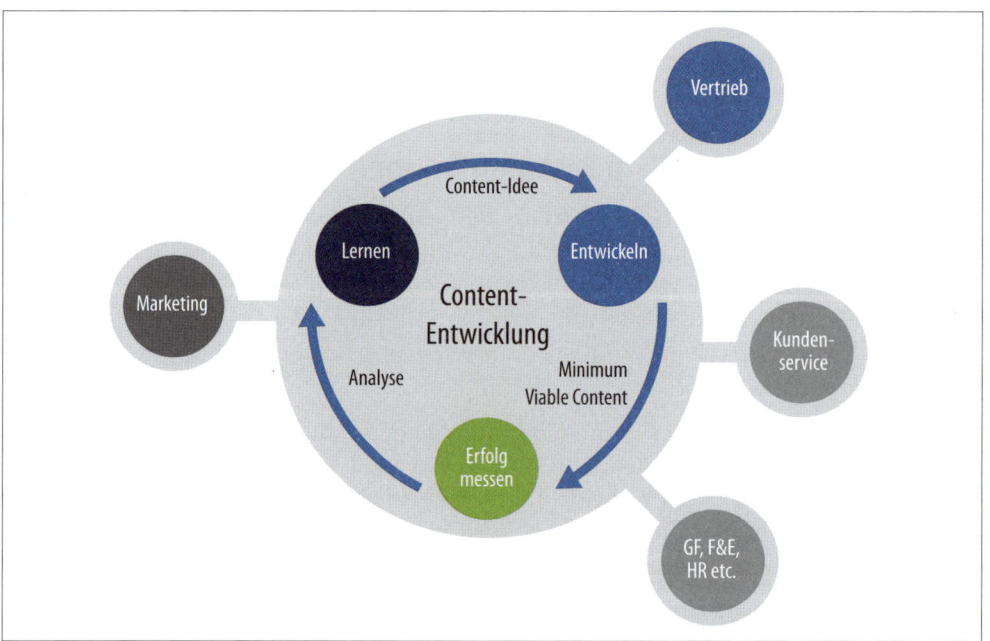

Abbildung 2-3: Lean-Content-Marketing bindet verschiedene Abteilungen in die Content-Entwicklung mit ein. [29]

Organisatorische und technische Voraussetzungen

Wenn Sie Ihren Content als Produkt verstehen, bedeutet das nicht nur, dass Sie ihn wie ein Produkt entwickeln und vermarkten, Sie müssen auch Ihre Strukturen, Prozesse und Technologien gezielt auf das Content-Marketing ausrichten. Im Folgenden erfahren sie, welche organisatorischen und technischen Voraussetzungen in Ihrem Unternehmen gegeben sein müssen, bevor Sie ins Content Marketing einsteigen.

Das Blog als Content-Zentrale

Damit Sie Ihre Inhalte bekannt machen können, brauchen Sie eine eigene Plattform im Internet: eine Wissenszentrale, auf der alle Informationen zusammenlaufen. Dies ist in der Regel Ihre Unternehmenswebsite oder ein Unternehmensblog. Ein Blog ist eine Art Onlinemagazin, in dem Sie Beiträge publizieren, die dann chronologisch oder nach Kategorien sortiert aufgelistet werden. Blogs lassen sich sehr schnell und kostengünstig einrichten und sind daher für viele Unternehmen der Dreh- und Angelpunkt ihrer Content-Marketing-Aktivitäten.

Wenn Sie nur ein geringes Budget zur Verfügung haben, können Sie mit einem Blog ohne Risiko starten. Nicht zu unterschätzen ist jedoch der zeitliche Aufwand für die Pflege eines Blogs, auch wenn ein einzelner Artikel schnell erstellt sein mag. Denn entscheidend ist, dass Sie regelmäßig neuen und hochwertigen Content bieten, um Ihre Leser zu binden.

In diesem Abschnitt erfahren Sie, was Sie bei der Einrichtung eines Blogs beachten sollten.[30]

Die Blog-Redaktion

Zunächst müssen Sie festlegen, wer im Unternehmen am Betrieb Ihres Blogs beteiligt und für die Erstellung der Inhalte zuständig ist. Hier kommen eigene Mitarbeiter, externe Redakteure oder auf Blog-Marketing spezialisierte Agenturen infrage. Welche Variante die richtige für Ihr Unternehmen ist, hängt von Ihrer Zielsetzung, der Betriebsgröße, den vorhandenen Ressourcen und Ihrem Budget ab.

Gerade in kleineren und mittleren Unternehmen ohne eigene Kommunikationsabteilung ist es oft schwierig, geeignete Mitarbeiter zu finden, geschweige denn diese zum regelmäßigen Schreiben von Beiträgen zu motivieren. Sie sind mit ihrer eigentlichen Arbeit meist mehr als ausgelastet. Auch ist Blogging keine Aufgabe für einen Praktikanten, der weder mit der Marketingstrategie vertraut ist noch zielgruppengerecht schreiben kann. Natürlich verfügt nicht jedes Unternehmen über das Budget, einen eigenen Onlineredakteur für sein Blog einzustellen. Allerdings sollte man sich bewusst sein, dass sich mit einem gut gemachten Firmenblog die Investitionen schnell amortisieren können.

Wenn einer Ihrer Mitarbeiter das Blog betreuen soll, achten Sie darauf, dass er sich nicht nur gut mit dem Thema des Blogs auskennt, sondern auch weiß, wie man professionell und zielgruppengerichtet schreibt. Schon allein deswegen sollte man erwägen, externe Redakteure ins Boot zu holen. Reicht Ihr Marketingbudget für einen eigenen fest angestellten Redakteur nicht aus, könnten Sie alternativ eine Agentur beauftragen. Wichtig ist hier jedoch die Qualität dieses Dienstleisters.

Weiterlesen:

Mehr über die Auslagerung der Content-Produktion und Tipps, wie Sie den richtigen Dienstleister finden, erfahren Sie im Abschnitt *Zusammenarbeit mit Dienstleistern* auf Seite 104 ff.

Der Name des Blogs

Wenn Ihr Unternehmensname bereits eine etablierte Marke ist, brauchen Sie sich über die Frage, wie Ihr Blog heißen soll, keine Gedanken zu machen. Dann sollten Sie den Blognamen diesem Markennamen unterordnen. Der Name wäre dann also »IhreFirma-Blog«, wie beispielsweise das DATEV-Blog. Wollen Sie jedoch ein neutrales Fachblog jenseits Ihrer Produktwelt ins Leben rufen, ist ein eigener, aussagekräftiger Name zu empfehlen. Folgende Aspekte sollten dann in die Namensfindung einfließen:

- Was sollen die Leser mit dem Namen assoziieren?
- Welchen Nutzen soll Ihr Blog dem Leser bieten? Idealerweise sollte der Name diesen Nutzen transportieren.
- Welche passenden Domainnamen sind noch verfügbar?
- Wollen Sie die Plattform »Blog«, »Magazin« oder anders nennen?
- Wie heißen Blogs Ihrer Wettbewerber? Grenzen Sie sich mit Ihrem Namen davon ab!
- Welche Namen sind leicht zu merken?

WordPress als Plattform

Damit Sie die Inhalte Ihres Blogs selbst einpflegen und gut in sozialen Netzwerken teilen können, ist eine solide technische Basis erforderlich. Die meisten Blogs basieren heute auf der kostenlosen Blogsoftware WordPress. Das liegt zum einen daran, dass sie sich mit ein wenig technischem Verständnis leicht auf dem eigenen Webserver installieren lässt. Zum anderen gibt es für WordPress zahlreiche nützliche Plug-ins, also Softwareergänzungen, die verschiedenste Aufgaben übernehmen, beispielsweise die Datensicherung oder die Überprüfung der Blogbeiträge auf Suchmaschinentauglichkeit.

Als Unternehmen sollten Sie übrigens ein Blog immer auf Ihrem eigenen Webserver einrichten, nicht auf einer Blogger-Plattform. Dann profitiert Ihre Website durch Streueffekte von den Zugriffen auf Ihr Blog, und Sie haben mehr Möglichkeiten, das Verhalten Ihrer Besucher zu analysieren.

Wenn Sie Ihr Blog mit WordPress einrichten, können Sie für das Layout auf eine Vielzahl von Themes zurückgreifen: vorgefertigte Seitenlayouts, von denen viele kostenlos nutzbar sind oder günstig lizenziert werden können. Achten Sie bei der Auswahl darauf, dass die Gestaltung Ihres Blogs zum CI Ihres Unternehmens passt.

Pflichtelemente eines Blogs

Über das ideale Design eines Blogs lässt sich streiten, doch es gibt inhaltliche und gestalterische Elemente, die die Nutzung und Informationsaufnahme erleichtern und so die *User Experience* (das Erlebnis der Leser) verbessern:

- Eine Übersicht der aktuellsten Beiträge.
- Die Vorstellung der Autoren sowohl auf einer eigenen Seite als auf jeder Beitragsseite, und zwar in Form einer sogenannten Autorenbox, die unterhalb des Texts oder in der Sidebar erscheint.

- Ein Verweis auf andere Profile im Internet, beispielsweise bei XING, Facebook, Twitter oder YouTube. Dies kann über einfache Link-Buttons realisiert werden oder über sogenannte *Social Widgets*, die die letzten Aktivitäten automatisch in die Webseite einbinden.

Abbildung 2-4: Mit Social Widgets lässt Bosch Social Media Posts automatisch auf seiner Website anzeigen.[31]

Nicht unbedingt notwendig, doch auf jeden Fall empfehlenswert sind darüber hinaus die folgenden Elemente:

- Eine Liste »ähnlicher Beiträge« oder »beliebter Beiträge« führt den Leser zu weiteren Artikeln, die für ihn interessant sein könnten.
- Eine Liste »neuester Beiträge« signalisiert Aktualität.
- Eine Verschlagwortung von Artikeln durch sogenannte »Metatags« führt zu einer optimalen internen Verlinkung.
- Die Kategorisierung von Beiträgen auf Themenseiten verbessert das Ranking in Suchmaschinen.

- Eine interne Suchfunktion erleichtert dem Leser die Recherche nach Blogbeiträgen zu bestimmten Themen.
- Eine Kommentarfunktion unterstützt die Interaktion mit den Lesern.

Themenplanung und Umsetzung

Beiträge für das Blog sollten Sie in einem festen Turnus veröffentlichen. Ob das zwei Beiträge pro Woche oder drei im Monat sind, ist letztlich nicht entscheidend. Wichtig ist, dass Sie konstant am Ball bleiben und sich Ihr Publikum darauf verlassen kann, regelmäßig neue, interessante Inhalte vorzufinden. Planen Sie Ihre Themen am besten mit einem Vorlauf von vier bis sechs Wochen. Dabei unterstützt im Alltag ein Redaktionsplan. Er sorgt dafür, dass alle Inhalte termingerecht erstellt und publiziert werden. In diesem Plan sind auch die Zuständigkeiten und Fristen für die Erstellung der Inhalte, für Korrekturen und Freigaben definiert.

Weiterlesen:

Mehr zur Redaktionsplanung erfahren Sie im Abschnitt *Content-Planung: mit den richtigen Inhalten begeistern* auf Seite 98 ff.

Tools und Technologien

Kanäle zur Content-Verbreitung

Content verbreitet sich nicht von allein. Damit Content-Marketing wirksam ist, müssen Unternehmen die Inhalte aktiv unter ihren Zielpersonen verbreiten, z. B. über soziale Netzwerke wie Facebook oder über einen E-Mail-Newsletter. Welche Kanäle für Ihr Unternehmen relevant sind, entscheidet sich danach, welche Ziele Sie verfolgen und in welcher Phase der Customer Journey sich Ihre Zielpersonen befinden. Ist es zum Beispiel Ihr vorrangiges Ziel, die Sichtbarkeit im Netz möglichst schnell zu erhöhen, um die Aufmerksamkeit potenzieller Kunden zu gewinnen, sollten Sie auf reichweitenstarke Medien setzen und dabei gegebenenfalls auch bezahlte Platzierungen in Kauf nehmen (Paid Media). Dagegen eignen sich für die Leadqualifizierung eher eigene Kanäle (Owned Media) wie Newsletter, über die Sie kaufrelevante Informationen bereitstellen und in persönlichen Kontakt mit Ihren Zielpersonen treten. Verdiente Medien genießen hohes Vertrauen und ermöglichen es, ein großes Publikum zu erreichen.

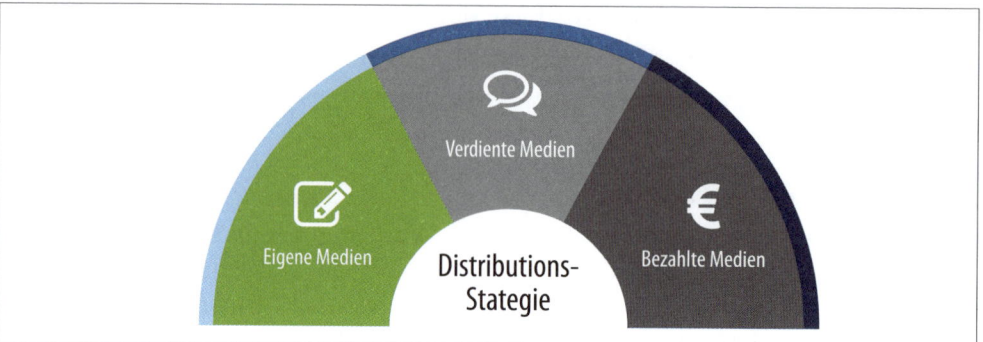

Abbildung 2-5: Distributionskanäle im Content-Marketing

Neben dem Ziel kann auch das Verhältnis von Aufwand und Nutzen als Auswahlkriterium dienen. So steht bei Plattformen wie Facebook die Interaktion mit den Nutzern im Vordergrund. Dadurch eignen sie sich gut, um Beziehungen aufzubauen und Zielpersonen an das Unternehmen zu binden. Das ist aber mit deutlich mehr zeitlichem Aufwand verbunden als das reine Veröffentlichen von Inhalten.

Wenn Sie den grundlegenden Ansatz geklärt haben, geht es um die Wahl der geeigneten Plattformen. Entscheidend ist hier, wo sich die Zielpersonen bevorzugt informieren: In welchen sozialen Netzwerken sind sie aktiv? Welche Newsletter, Blogs und Onlinemedien nutzen sie, um sich zu informieren?

Der nächste Schritt besteht darin, entsprechende Profile auf den unterschiedlichen Plattformen einzurichten und die internen Ressourcen für die Betreuung der Kanäle bereitzustellen.

> **Weiterlesen:**
>
> Mehr über die Kanäle zur Vermarktung Ihrer Inhalte erfahren Sie in Kapitel 4, Seite 139ff.

Ein leistungsfähiges CRM-System

Ein weiteres wichtiges Werkzeug für Ihre Content-Marketing-Aktivitäten ist ein *Customer Relationship Management System* (CRM). Damit können Sie Kontaktinformationen aus verschiedenen Quellen, zum Beispiel vom Downloadformular auf Ihrer Website oder aus Telefonanfragen, automatisiert erfassen und verwalten. Die Daten stehen dann in einem zentralen System zur Verfügung, auf das Ihre Vertriebsmitarbeiter zugreifen können, um die neuen Leads zu bearbeiten. Im CRM-System können auch Daten über das Kundenverhalten analysiert und die Ergebnisse aller durchgeführten Aktionen in regelmäßigen Reportings zusammengefasst werden. So lassen sich Aussagen über den Erfolg Ihrer Kampagnen treffen, die als Grundlage für künftige Entscheidungen dienen.

Für die Wahl eines passenden CRM-Systems sollten Sie zunächst Ihre Anforderungen hinsichtlich Funktionen, Bedienung, Mobilität, Integration, Erweiterbarkeit, Kosten, Rentabilität und Sicherheit klären. Wenn Sie wissen, was genau für Ihr Unternehmen sinnvoll ist – und was nicht –, erleichtert dies die Auswahl des passenden Systems erheblich. Hilfreiche Tipps zur Auswahl und Einführung eines CRM-Systems finden Sie an vielen Stellen im Internet. Herstellerneutral sind die Informationen von Onlinemagazinen wie computerwoche.de oder pcwelt.de sowie der speziell für mittelständische Unternehmen erstellte CRM-Leitfaden des Bundesministeriums für Wirtschaft und Technologie.[32]

Content-Marketing-Tools

Um im Content-Marketing effizient und strukturiert zu arbeiten, braucht es die richtigen Tools. Mittlerweile gibt es eine große Anzahl an technischen Lösungen, die Unternehmen beim Erstellen, Verbreiten und Analysieren ihrer Inhalte unterstützen. Und das Angebot wächst von Jahr zu Jahr. In der »Marketing Technology Landscape«[33] sind bereits über 5.300 Tools und Lösungen für die wichtigsten Anwendungsgebiete im Marketing erfasst. Den zahlenmäßig größten Anteil machen Tools aus dem Bereich Content & Experience aus. Wir wollen im Folgenden eine Auswahl vorstellen, die Sie im Alltag unterstützen könnte. Die Tools sind gruppiert nach Aufgaben und Einsatzbereichen. Welche davon Sie benötigen, hängt in erster Linie von Ihren Zielen, Ressourcen und internen Prozessen ab. Wenn Sie beispielsweise viele Redakteure haben, könnten Sie von einem Content Collaboration Tool profitieren. Falls Content Curation eine wichtige Rolle in Ihrer Strategie spielt, sollten Sie Werkzeuge einsetzen, die Sie beim Kuratieren fremder Inhalte unterstützt.

> **Tipp:**
> Das große Angebot von zum Teil kostenlosen Tools verleitet dazu, viel zu experimentieren. Sie sollten sich aber auf jene Anwendungsbereiche konzentrieren, in denen Ihnen die Technologie schnell einen signifikanten Nutzen bringt.

Tabelle 2-6: Auswahl an Tools für das Content-Marketing

Aufgabe	Tools für den Einstieg	Tools für fortgeschrittene Nutzer
Planung		
Themen finden	Google Trends, Google Alerts	Buzzsumo
Keywords analysieren	Google, Keywordtool.io	Answer the Public, Ubersuggest
Ideen sammeln	Evernote	
Themen planen	Redaktionsplan .xls	CMS-Plug-in (Edit Flow)
Zusammenarbeiten	Dropbox	Slack, Trello
Content-Erstellung		
Webinare	GoToMeeting, Readytalk, Webex	
Präsentationen	Keynote, PowerPoint	Prezi
Infografiken	Canva, Ease.ly, Infogram, Pablo, Visual.ly	
Videos	Animoto, Videolean	
Podcasts	Audacity	
Inhalte kuratieren	Nuzzel, Pocket, Paper.ly, Storify	Curata
Storytelling – Planung	StoryboardThat, Wisemapping, Storyline Creator	
Storytelling – Umsetzung	Story-Features der sozialen Medien	Scrollytelling-Tools: Storyform, Shorthand, StoryBuilder, Storify, Pageflow
Content-Vermarktung		
Social Media	Buffer	Hootsuite
E-Mail-Newsletter	CMS-Plug-in (MailPoet)	Mailchimp
Onlinepräsentationen	SlideShare	Prezi
SEO	CMS-Plug-in (Yoast)	
Shortlinks	Bit.ly Basic	Bit.ly Enterprise
Leadgenerierung		
Website	CMS-Plug-in (Lead Capture)	
Website-Pop-ups	Optinmonster	
Landingpage + E-Mail	Getresponse, Instapage	
Erfolgsmessung		
Website-Analyse	Google Analytics	Crazyegg
Social-Media-Analyse	Sharetally, Socialmention, Sumall	Brandwatch
Datenmanagement		
CRM	Hubspot, Zoho	Salesforce
Komplettsysteme		
Plattform für alle Prozesse	Hubspot, Kapost, Linkbird, Scompler	

Content-Workflows und Team

Guter Content braucht Konsistenz

Viele Unternehmen setzen vor allem in der Anfangseuphorie im Content-Marketing auf Quantität und produzieren unter Hochdruck neue Inhalte. Doch was nützt viel Content, wenn es nicht gelingt, auch die Qualität der Inhalte auf Dauer sicherzustellen? Guter Content braucht Konsistenz, und zwar in allen Phasen seines Lebenszyklus: bei der Themenfindung und Erstellung ebenso wie bei der Distribution, Erfolgsmessung und Wiederverwertung. Egal ob Sie täglich oder zwei Mal pro Monat bloggen: Wichtig ist, dass Ihre Leser wissen, was sie bei Ihnen wie oft erwarten können. Liefern Sie Ihren Content daher in einem festen Rhythmus – und halten Sie diesen auch ein.

Damit das gelingt, ohne dass die Qualität darunter leidet, müssen Planung, Erstellung und Vermarktung stets gleich ablaufen. Definieren Sie daher klare Workflows für das Content-Marketing. Das spart Ihrem Team Zeit und Frust, da es nicht bei jedem Stück Content das Rad neu erfinden muss.

Content-Workflows richtig implementieren

Ein Workflow ist eine Art Fertigungslinie, die jedes Stück Content bis zu seiner Veröffentlichung durchläuft: Er definiert die verantwortlichen Personen, Zeitfenster, Tools und Prozesse. Entscheidend dabei ist, dass ein Workflow reproduzierbar ist, das heißt, dass die einzelnen Schritte nicht nur für eine einzige Kampagne gelten, sondern für verschiedene Themen, Formate und Anlässe.

In der Praxis lässt sich ein Content-Workflow in vier funktionale Bereiche aufteilen: Content-Planung, -Produktion, -Distribution und -Monitoring. Die folgende Grafik zeigt diese Bereiche, die jeweils dafür verantwortlichen Personen sowie einen möglichen Prozessablauf. Dieser Workflow kommt mit wenigen Beteiligten und einfachen Abläufen aus und eignet sich daher besonders für den Start ins Content-Marketing.

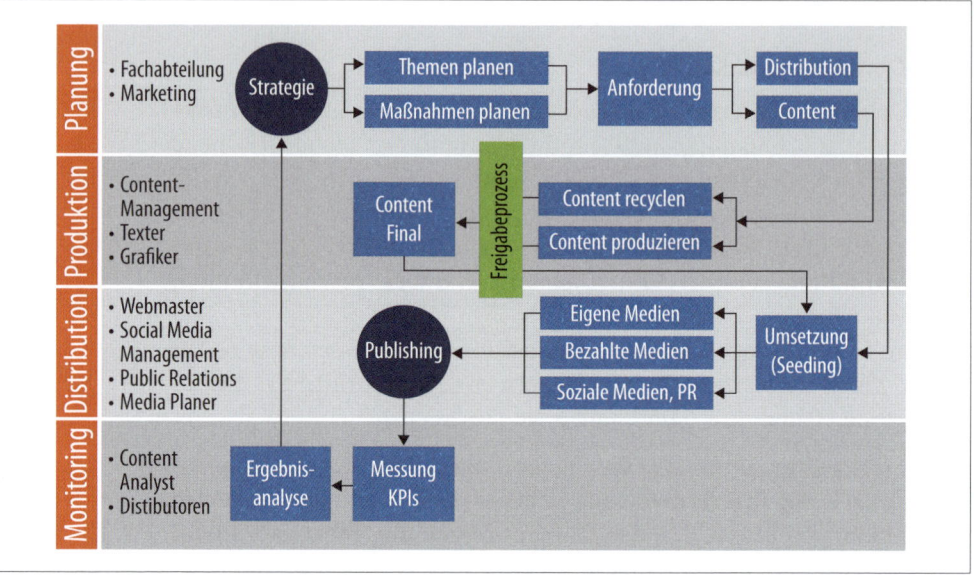

Planung
- Fachabteilung
- Marketing

Strategie → Themen planen / Maßnahmen planen → Anforderung → Distribution / Content

Produktion
- Content-Management
- Texter
- Grafiker

Content Final ← Freigabeprozess ← Content recyceln ← Content produzieren

Distribution
- Webmaster
- Social Media Management
- Public Relations
- Media Planer

Publishing ← Eigene Medien / Bezahlte Medien / Soziale Medien, PR ← Umsetzung (Seeding)

Monitoring
- Content Analyst
- Distibutoren

Ergebnis-analyse ← Messung KPIs

Abbildung 2-6: Workflow für den Start ins Content-Marketing

Um einen solchen Content-Workflow für Ihr Unternehmen zu entwickeln, gehen Sie wie folgt vor:

1. Gewinnen Sie die richtigen Leute für das Content-Team.

Zu Beginn kommt es darauf an, die verschiedenen Rollen zu besetzen, die in den Content-Prozessen von Bedeutung sind. Je nach Größe des Unternehmens und den vorhandenen Ressourcen können diese variieren. In der Praxis sind meist die folgenden Rollen anzutreffen, da sie für einen reibungslosen Workflow essenziell sind:

Tabelle 2-7: Content-Team für den Workflow im Content-Marketing

Rolle	Zuständig für
Content-Stratege	Strategie, Planung, Anforderung
Projektmanager	Steuerung, Koordination, Qualitätssicherung
Texter, Grafiker	Konzeption, Umsetzung
Distributor	Media-Management
Analyst	Erfolgsmessung, Reporting
Workflow-Manager	Prozesse, Compliance

Die genannten Rollen sind prinzipiell in jedem Content-Team anzutreffen, egal ob es sich um einen Großkonzern oder ein Start-up handelt. Doch während bei größeren Unternehmen die Rollen meist auf verschiedene Mitarbeiter verteilt sind, sehen sich bei kleineren Unternehmen und Start-ups oft Einzelkämpfer mit allen Aufgaben konfrontiert. Gerade wer mit geringen Ressourcen ins Content-Marketing einsteigen muss, hat hier kaum eine andere Wahl. Entscheidend ist in diesem Fall nur, dass die Rollenbesetzung regelmäßig überprüft und bei Bedarf angepasst wird.

> **Tipp:**
> Der Workflow-Manager überwacht die Abläufe und koordiniert die Beteiligten. Seine Arbeit sollte durch ein Workflow-Management-System unterstützt werden.

2. Definieren Sie Prozesse und Verantwortlichkeiten für verschiedene Arten von Content.

Egal ob ein Whitepaper, ein Blogpost oder eine Infografik erstellt wird: Die Abläufe von der Planung bis zur Auslieferung ähneln sich bei verschiedenen Content-Formaten durchaus. Dennoch ist es sinnvoll, etwaige Besonderheiten, zum Beispiel die Einbindung eines Grafikers, in dedizierten Workflows gesondert zu berücksichtigen.

3. Starten Sie mit einem Workflow für häufig benötigte Inhalte und skalieren Sie ihn schrittweise.

Nach dem Lean-Startup-Prinzip sollten Sie schlank starten, indem Sie sich zu Beginn auf wenige einfache, aber relevante Content-Formate konzentrieren. Das können beispielsweise Posts im Blog und in sozialen Netzwerken sein. Hier können Sie Ihre Workflows erproben und schrittweise entwickeln, um sie später auf komplexere Formate zu übertragen.

4. Optimieren Sie Ihren Content-Workflow.

Die Prozesse in Ihrem Unternehmen sollten Sie regelmäßig überprüfen, um Unregelmäßigkeiten und Fehler frühzeitig erkennen und beheben zu können. Das gilt auch für Content-Workflows, die Sie laufend anhand bestimmter Kriterien, sogenannter Key Performance Indicators, prüfen und optimieren sollten. Beispielsweise gibt die Dauer des Freigabeprozesses wichtige Hinweise darauf, wie gut die Abstimmung zwischen den Projektbeteiligten funktioniert.

Agile Methoden

Im dynamischen Wettbewerbsumfeld von heute werden jene Unternehmen langfristig erfolgreich sein, die flexibel und innovationsfähig sind und sich kontinuierlich weiterentwickeln. Es kommt darauf an, schneller zu lernen als die Konkurrenz. In der Praxis tun sich Unternehmen jedoch meist schwer damit, von gewohnten Wegen abzuweichen. Das meiste Geld fließt in die bestehenden Prozesse und deren Optimierung, nur ein kleiner Teil wird in Innovationen investiert.

Das gilt auch für die Kommunikation: Die Informationsbedürfnisse der Zielgruppen sind heute höchst dynamisch, und der Content-Wettbewerb im Web nimmt ständig zu. Sich flexibel und schnell an die Erwartungen und Ansprüche der Zielgruppen anpassen zu können, ist daher eine unabdingbare Voraussetzung für modernes Marketing. Für die Content-Produktion bedeutet dies, dass sie einen agilen Ansatz verfolgen und die Interessen der Zielgruppen kennen und in den Mittelpunkt stellen muss: mit Teams, die in der Lage sind, in kurzen Zyklen neue Content-Ideen zu erstellen, zu testen und weiterzuentwickeln. Agile Methoden sowie eine Produktentwicklung nach dem Lean-Startup-Prinzip helfen Unternehmen dabei, sich schnell, effizient und wertorientiert zu entwickeln.

Prinzipien des agilen Marketings[34]

- Oberste Priorität ist es, den Nutzer zufriedenzustellen durch Maßnahmen, die helfen, Probleme zu lösen.
- Das Marketing ist offen für Veränderung und kann schnell auf neue Rahmenbedingungen reagieren. Diese Fähigkeit wird als Wettbewerbsvorteil gesehen.
- Marketingprogramme werden bevorzugt in kurzen Zyklen geplant und umgesetzt.
- Gutes Marketing braucht die enge Zusammenarbeit mit der Geschäftsführung, dem Vertrieb und der Produktentwicklung.
- Marketing lebt von motivierten Mitarbeitern. Diese erhalten die Unterstützung und die Rahmenbedingungen, die sie brauchen, und das Vertrauen, dass sie ihren Job gut machen.
- Lernen wird als zentrale Voraussetzung für Fortschritt gesehen.
- Nachhaltiges Marketing braucht ein gleichbleibendes Tempo und gleichbleibenden Output.
- Fehler sind grundsätzlich erlaubt, denselben Fehler zweimal zu machen, nicht.
- Gutes Marketing basiert auf Einfachheit.

Im Folgenden werden einige agile Vorgehensweisen näher vorgestellt: die Produktentwicklung nach dem Lean-Startup-Prinzip, die Innovationsmethode Design Thinking sowie agiles Projektmanagement.

Lean Startup

> »Lean bedeutet nicht, billig zu sein, sondern effizient mit Ressourcen umzugehen und dennoch große Dinge zu tun.«
>
> *– Eric Ries*[35]

Beim Lean-Startup-Konzept geht es darum, mit möglichst geringem finanziellem Aufwand und einem Minimum an Ressourcen ein erfolgreiches Start-up zu etablieren. Produkte oder Services werden so schnell wie möglich in den Markt gebracht, um früh Erfahrungen zu sammeln und Feedback von Kunden zu erhalten. Mit diesem Feedback wird das Produkt dann Schritt für Schritt weiterentwickelt. Durch dieses Vorgehen soll das Risiko minimiert werden, dass viel Zeit und Geld in die Entwicklung eines Produkts gesteckt werden, das auf fehlerhaften Annahmen basiert.

Lean Startup ist jedoch nicht nur für Start-ups, sondern für jedes Unternehmen geeignet, das Innovationen schaffen will. Begründet wurde die Lean-Startup-Bewegung von Eric Ries mit seinem 2011 erschienenen Buch »The Lean Startup – How Constant Innovation Creates Radically Successful Businesses«. Der Name »Lean Startup« leitet sich aus dem Lean Manufacturing (Toyota) ab bzw. aus dem daraus resultierenden »Lean Thinking«. Lean Startup kommt jedoch nicht von »Lean-Management«, denn es geht um Geschwindigkeit und Lernen, nicht um Kostensenkung.

Lean Startup propagiert also schnelles Starten und Experimentieren. Beides widerspricht der deutschen Ingenieursmentalität und dem hohen Anspruch, den viele Marketer an sich selbst haben. Dennoch kann es sich gerade beim Aufbau des Content-Marketings lohnen, nach diesem Prinzip vorzugehen. Denn so läuft man nicht Gefahr, sich schon vor dem Start mit einem zu detaillierten Gesamtkonzept zu verzetteln. Stattdessen wird die Content-Strategie schrittweise entwickelt und verfeinert.

Prinzipien des Lean Startup im Content-Marketing:

* Start mit einer minimal funktionsfähigen Produktvariante (Minimum Viable Product), um schnell und mit geringem Risiko Erfahrungen zu sammeln.
* Laufendes Prüfen und Analysieren der eingesetzten Formate und Distributionskanäle.
* Ständige Verbesserung der Content-Aktivitäten auf Basis der Erfahrungen und des Kunden-Feedbacks, die im Live-Betrieb gesammelt werden.
* Der Mut, gegebenenfalls den eingeschlagenen Weg komplett zu verlassen und radikal umzudenken.

Design Thinking

> »Oft wissen Menschen nicht, was sie wollen, bis man es ihnen zeigt.«
> — *Steve Jobs*[36]

Design Thinking ist eine Innovationsmethode, um komplexe Probleme schnell zu lösen. Man setzt dabei auf ein hohes emotionales Verständnis der potenziellen Kunden. Es gilt, sich in den Kunden hineinzuversetzen, um neue, bisher unbekannte Lösungsansätze zu finden, die seine Bedürfnisse erfüllen. Denn oft haben Menschen keine Vorstellung davon, was sie für die Lösung ihrer Probleme benötigen. Apples wohl bedeutendste Innovation, das Smartphone, ist hierfür ein gutes Beispiel. Vor dessen Erfindung hätte wohl kaum ein Nutzer gesagt, er möchte sein Handy über den Bildschirm bedienen können. Schon der amerikanische Autofabrikant Henry Ford soll gesagt haben: »Wenn ich die Menschen danach gefragt hätte, was sie wollen, hätten sie nach schnelleren Pferden verlangt.«

Bei der Entwicklung neuer Produktideen reicht das Beobachten und Analysieren von Bestehendem somit oft nicht aus. Technologieführer wie Apple, Google oder IBM setzen deshalb auf Design Thinking und entwickeln damit neue Produkte und Geschäftsmodelle. Und auch Content-Produzenten können von dieser Methode profitieren. So hat beispielsweise Zeit Online den Relaunch seiner Website mithilfe von Design Thinking konzipiert und umgesetzt.[37] Dabei sind neue, nutzerzentrierte Formate entstanden, die es heute nicht geben würde, hätte man nur die Leser gefragt, beispielsweise der »Kartenstapel«: Dabei handelt es sich um Multimedia-Karten, die der Nutzer auch auf dem Handy bequem durchblättern kann. Auf kleinem Raum verschaffen sie Orientierung zu komplexen Themen.

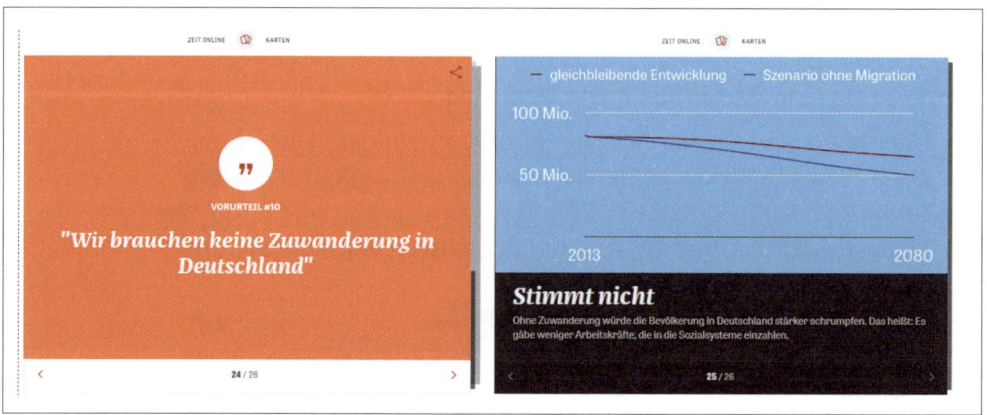

Abbildung 2-7: Die Multimedia-Karten bei Zeit Online wurden mit Hilfe von Design Thinking entwickelt, hier im Beispiel zwei Karten aus dem Stapel »Faktencheck: Flüchtlinge«.

Der Design-Thinking-Prozess

Das Hasso Plattner Institute of Design an der Stanford University lehrt Design Thinking als einen Prozess in fünf Schritten:

1. **Empathise**: Am Anfang steht eine intensive Beschäftigung mit dem Nutzer. Es gilt, seine Probleme, Emotionen und Motivationen zu verstehen. Dazu beobachtet man sein Verhalten im natürlichen Umfeld und führt qualitative Interviews durch. Diese direkte und persönliche Interaktion ist ein wesentlicher Bestandteil und Erfolgsfaktor des Design-Thinking-Prozesses.

2. **Define**: Die Ergebnisse der Empathy-Phase werden anschließend geordnet und zu kurzen Statements verdichtet. So entstehen Persona-Profile, in denen das wichtigste Bedürfnis des Nutzers festgehalten wird.

3. **Ideate**: Ein interdisziplinäres Team entwickelt Ideen und Optionen dazu, wie man die Bedürfnisse befriedigen kann. Ziel ist es, möglichst viele und auch »radikale« Lösungsalternativen zu sammeln. Wie im Brainstorming ist dabei alles erlaubt. Die Fülle an Ideen wird geclustert und nach Umsetzbarkeit und Attraktivität priorisiert.

4. **Prototype**: Die Top-Ideen werden zu Prototypen weiterentwickelt: aus Pappe, mit Lego, auf Papier. Die Form ist egal. Wichtig ist nur, dass die Idee greifbar wird, um sie besser beurteilen zu können. So werden einige Ansätze gleich wieder verworfen, andere weiter konkretisiert.

5. **Test**: Nun kommt der Nutzer ins Spiel: Ihm wird ein besonders aussichtsreicher Prototyp vorgestellt. Ziel ist es, ein kritisches Feedback in Alltagssituationen einzuholen: Was funktioniert, was nicht? Welche Fragen tauchen auf?

Mit den gewonnenen Erkenntnissen werden die Prototypen dann im Sinne des Nutzers verfeinert, erneut getestet und schließlich bis zur Marktreife weiterentwickelt.

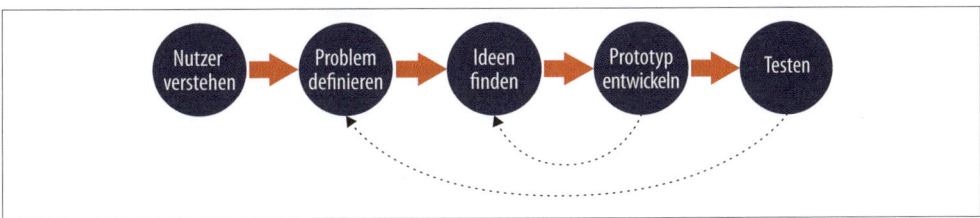

Abbildung 2-8: Die fünf Schritte im Design-Thinking-Prozess[39]

Design Thinking und Lean Startup

Entwickeln, testen, Ideen verfeinern, erneut testen – der zweite Teil von Design Thinking erinnert stark an das Lean-Startup-Prinzip: Auch hier geht es darum, aus dem Feedback der Nutzer und den Erfahrungen, die man sammelt, zu lernen, um das Produkt schrittweise zu optimieren. Der iterative Ansatz ist beiden Konzepten gemein. Es liegt daher nahe, die beiden Methoden miteinander zu verknüpfen: Mit Design Thinking lassen sich die Anforderungen an ein Produkt bzw. an Ihren Content definieren, der anschließend im Lean-Content-Prozess getestet und verfeinert wird. So können Sie das Risiko minimieren, dass Sie unter falschen Annahmen aufwendige Inhalte produzieren, die Ihre Zielgruppe gar nicht benötigt. Stattdessen gehen Sie von vornherein mit einem Minimum Viable Content an den Markt, von dem Sie wissen, dass es im ersten Schritt gemeinsam mit Nutzern erarbeitet wurde. Ihre Inhalte liegen deshalb schon von Beginn an »auf Kurs«.

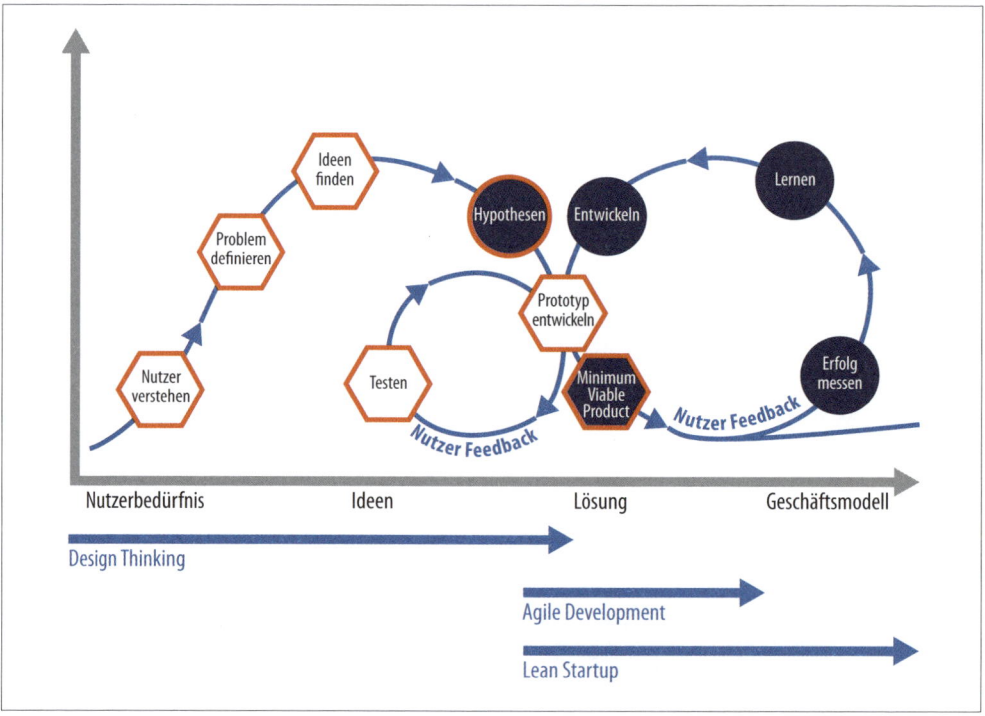

Abbildung 2-9: Design Thinking und das Lean-Prinzip sinnvoll kombinieren[40]

Im Content-Marketing kann eine Kombination der beiden Ansätze dabei helfen, bessere Inhalte zu entwickeln, die zu den tatsächlichen Bedürfnissen der Zielpersonen passen. Wichtig ist jedoch, Design Thinking nicht nur als neue Vorgehensweise zu verstehen, denn das würde weder Empathie noch die Kreativität im Team fördern. Design Thinking ist vielmehr eine Grundhaltung. Oder wie Abraham Taherivand, einer der Vordenker des Design Thinking, treffend feststellt: »Das Wertvolle an Design Thinking ist nicht der Prozess an sich, sondern das Mindset.«[38]

Agiles Projektmanagement

Um Lean-Content-Marketing betreiben zu können, braucht es auf Projektebene Menschen und Methoden, die nach agilen Prinzipien denken und handeln. Es gilt, Marketingprojekte so zu steuern, dass man jederzeit flexibel auf veränderte Anforderungen und Bedingungen reagieren kann. Stellen Sie beispielsweise mitten in der Entwicklung eines Whitepaper fest, dass durch unvorhergesehene Marktentwicklungen ein Teil der Inhalte in der ursprünglich geplanten Form keinen Sinn mehr ergibt, sollten Sie dem Projekt schnell und pragmatisch eine neue Richtung geben können. Im klassischen Projektmanagement würden Sie das Projekt gemäß der ursprünglichen Planung bis zum nächsten Milestone oder gar bis zur Fertigstellung des Whitepaper durchziehen und dann möglicherweise zu spät reagieren.

Agiles Projektmanagement eignet sich für Projekte, wie sie im Marketing häufig vorkommen:[41]

- Es sind schnelle Ergebnisse gefordert, weil es der Markt oder die internen Auftraggeber verlangen.
- Die Anforderungen an das Ergebnis sind unklar oder nur vage formuliert.
- Das Projekt ist laufenden Veränderungen ausgesetzt, auf die flexibel reagiert werden muss.

Typisch für das agile Projektmanagement ist ein iteratives, inkrementelles Vorgehen. Das bedeutet: Jedes Projekt wird in mehrere Etappen unterteilt. Am Ende jeder Etappe steht ein »Produktinkrement«: ein voll nutzbares Zwischenprodukt, das im Markt getestet wird. Es dient dazu, Feedback von Nutzern einzuholen und darauf basierend das Produkt weiterzuentwickeln. Basis dieser Arbeit ist eine zu Beginn entwickelte Produktvision, die jedoch Raum für Abweichungen zulässt. Da das Projekt zu Beginn nicht vollständig ausgeplant wird, ist eine Anpassung an neue Anforderungen und sich ändernde Rahmenbedingungen auch während der Projektlaufzeit noch möglich. Hier zeigt sich deutlich, dass sich im Konzept des Lean-Content-Marketing Formen des agilen Managements wiederfinden.

Bestandteile des agilen Projektmanagements im Content-Marketing[42]

1. **Vision und Zielsetzung für das Projekt**: Hier werden die Anforderungen und Erwartungen aus Sicht des Marketings formuliert, beispielsweise die Durchführung einer Kampagne zur Generierung von Leads mittels Whitepaper und Webinar.

2. **Roadmap mit Projektphasen**: Auf Basis der Aufgabenstellung und Zielsetzung werden Aufgaben und Zuständigkeiten für einzelne Bestandteile des Projekts festgelegt, beispielsweise: Wann steht der Content für die Kampagne zur Verfügung? Wann werden die Landingpages umgesetzt?

3. **Planung von »Sprints«**: Einzelne Komponenten der Kampagnen werden in sogenannten Sprints geplant. Das sind Zeitspannen, in der bestimmte Aufgaben zu erledigen sind. Für das Whitepaper zur Leadgenerierung zum Beispiel würde ein Zeitraum definiert, in dem alle Arbeitsschritte von der Themenfindung über die Konzeption und Umsetzung bis zur Veröffentlichung abgeschlossen sein müssen.

4. **Täglicher Austausch und Team-Updates**: Alle Mitglieder des Teams, die am Projekt beteiligt sind, tauschen sich täglich zum aktuellen Stand der Entwicklung aus. Das kann persönlich in einem kurzen Teammeeting, dem »Stand-up«, oder über eine Plattform wie Slack geschehen.

5. **Sprint-Review**: Nach Abschluss eines Sprints werden alle Aufgaben genauer analysiert, um ein Bild vom Stand der Umsetzung des Projekts zu bekommen. Alle Beteiligten definieren gemeinsam nächste Schritte in der Umsetzung.

Laufende Erfolgsmessung

Wenn Sie viel Zeit und Arbeit in Ihr Content-Marketing gesteckt haben, taucht früher oder später die Frage auf: Lohnt sich der Aufwand überhaupt? Es gilt, den Erfolg Ihrer Aktivitäten mit Daten zu belegen. Im Lean-Content-Marketing ist eine regelmäßige Erfolgskontrolle besonders wichtig. Denn sie liefert Ihnen die nötigen Erkenntnisse, um Ihre Zielgruppe immer besser zu verstehen und Ihre Marketingaktivitäten weiter zu optimieren. So erfahren Sie zum Beispiel, woher Ihre Nutzer kommen, welche Suchbegriffe sie einsetzen, auf welche Themen sie wie reagieren. Das hilft Ihnen dabei, die Wahl der Themen, Formate und Kanäle Schritt für Schritt noch besser an den Bedürfnissen Ihrer Zielpersonen auszurichten.

Durch das Sammeln von Daten allein gelangen Sie jedoch nicht zu diesen Erkenntnissen. Zahlen müssen gefiltert, ausgewertet und richtig interpretiert werden. Daran scheitern viele Unternehmen in der Praxis, weil ihnen das fachliche Wissen oder der nötige Weitblick fehlt. Besonders kleine Unternehmen und Start-ups orientieren sich bei der Beurteilung ihrer Marketingaktivitäten gern an prominenten Messwerten, die ohne viel Aufwand zu ermitteln sind, zum Beispiel Besucher auf der Website, Likes auf Facebook oder Klicks auf YouTube. Doch diese Kennzahlen sagen oft nichts darüber aus, wie erfolgreich die Inhalte aus Businesssicht sind.

Dazu ein Beispiel: Ein Whitepaper auf Ihrer Website wird fünf Mal am Tag heruntergeladen und findet auch in sozialen Netzwerken große Beachtung. Auf den ersten Blick ein voller Erfolg, zumindest was die Vermarktung des Contents betrifft. Ihr Vertrieb gelangt allerdings zu einem ernüchternden Ergebnis: Die Leads, die das Whitepaper in Ihr CRM spült, sind alles andere als qualifiziert. Obwohl es sich gut vermarkten lässt, entpuppt sich das Whitepaper aus Businesssicht als Flop, denn es trägt nicht zum Verkauf Ihres Produkts bei.

Eine Kennzahl allein bildet somit nur einen Teil der Wahrheit ab. Um die Wirksamkeit Ihres Contents wirklich bewerten zu können, müssen Sie verschiedene Kenngrößen im Kontext messen und interpretieren. Und Sie müssen vor allem jene KPIs (Key-Performance-Indicator) wählen, die zu den Zielen passen, die Sie in Ihrer Content-Strategie definiert haben.

Tipp:

Likes auf Facebook oder Klicks auf YouTube sagen oft nichts darüber aus, wie erfolgreich die Inhalte aus Businesssicht sind. Wählen Sie KPIs, die zu Ihren Zielen passen.

Erfolgsmessung mit der Content-Scorecard

Die wichtigsten Kennzahlen für Ihre Erfolgsmessung lassen sich in zwei Bereiche gliedern: Kennzahlen für die Vermarktung des Contents und Kennzahlen für den Kaufprozess.

Kennzahlen zur Content-Vermarktung geben Auskunft über die Nutzung und die Reichweite bzw. die Verbreitung der Inhalte im Netz. Kennzahlen im Bereich Kaufprozess beschreiben dagegen die Kundenkontakte und Verkäufe, die Ihr Content generiert. Um diese verschiedenen Dimensionen zu berücksichtigen werden Kennzahlen üblicherweise in einer *Scorecard* abgebildet. Die folgende Abbildung zeigt eine Content-Scorecard für ein B2B-Unternehmen, das unter anderem Whitepapers und Webinare auf seiner Unternehmenswebsite anbietet.

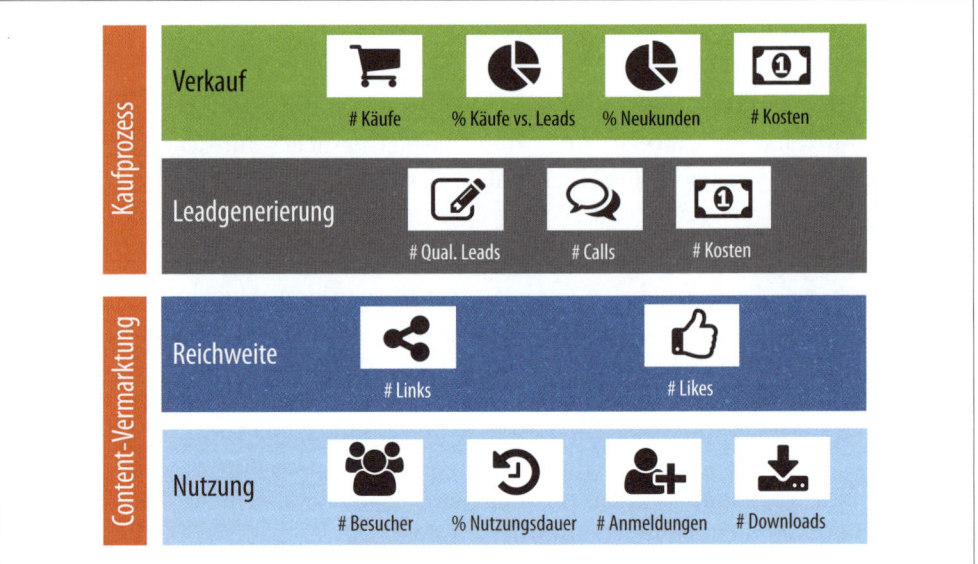

Abbildung 2-10: Content-Scorecard für den Start in die Erfolgsmessung[43]

Eine Content-Scorecard dient als Berichtsbogen, mit dem Sie die Wirksamkeit Ihrer Inhalte messen. Er sollte möglichst »lean« gehalten sein – vor allem wenn Sie gerade erst in die Erfolgsmessung starten. »Lean« steht hier für ein schlankes System, bei dem Sie sich auf wenige, aber aussagekräftige Kennzahlen konzentrieren und diese bei Bedarf schrittweise erweitern und optimieren.

Kennzahlen für den Einstieg

Je nachdem, was Ihre Businessziele sind, legen Sie bei der Scorecard unterschiedliche Schwerpunkte. Geht es Ihnen vor allem um die Reichweite, starten Sie die Messung des Content-Erfolgs auf den unteren Ebenen Ihrer Scorecard beispielsweise mit: Wie wird der Content auf Ihrer Internetseite oder in sozialen Medien konsumiert? Werden Ihre Inhalte in sozialen Medien weiterempfohlen oder verlinkt? Steht bei Ihnen die Leadgenerierung im Fokus, sollten Sie gleichzeitig auch die Wirkung Ihres Contents im Kaufprozess messen, zum Beispiel: Generiert Ihr Content qualifizierte Leads? Fördert Ihr Content Kaufentscheidungen? Die wichtigsten Kennzahlen für Ihre Analyse haben wir im Folgenden zusammengestellt.

1. Kennzahlen zur Nutzung Ihrer Inhalte

Wie viele Personen haben Ihre Inhalte gesehen oder heruntergeladen?

- Anzahl neuer vs. wiederkehrender Nutzer, die Ihren Content pro Tag besuchen.
- Durchschnittliche Zeit, die Besucher bei Ihrem Content verweilen.
- Anzahl Anmeldungen und Teilnehmer für Events, z.B. Webinare.
- Anzahl Downloads (Whitepaper, E-Book).

2. Kennzahlen zum Empfehlungsverhalten der Content-Nutzer

Wie viele Personen haben Ihre Inhalte geteilt oder weitergeleitet?

- Anzahl Links von externen Quellen zu Ihrem Content.
- Anzahl Likes, Tweets, »+1«, Shares auf Facebook und anderen Plattformen.

3. Kennzahlen zur Leadgenerierung

Wie viele Personen, die Ihre Inhalte genutzt haben, wurden zu Interessenten bzw. Leads?

- Anzahl qualifizierter Leads (Marketing-Leads, Sales Qualified Leads).
- Anzahl persönlicher Kontakte mit Ihrem Vertrieb.
- Kosten pro qualifiziertem Lead.

4. Kennzahlen zu Verkäufen

Wie viele Personen, die Ihre Inhalte genutzt haben, haben Ihr Produkt gekauft?

- Anzahl Verkäufe insgesamt (online, offline).
- Anteil Käufer an den gewonnenen Leads.
- Anteil Neukunden an den Käufen.
- Kosten pro Kauf.

Checkliste: Kennzahlen für die Erfolgsmessung

In der folgenden Tabelle sind die wichtigsten Kennzahlen für die Erfolgsmessung noch einmal zusammengefasst. Erklärungen zu einzelnen Termini finden sich im Glossar.

	Pflicht	Kür
Content-Nutzung	• Website-Traffic • Nutzungsdauer • Anmeldungen • Downloads	• Neue Nutzer • Wiederkehrende Nutzer • Inhalte pro Nutzer • Absprungrate • Nutzer-Feedback quantitativ • Nutzer-Feedback qualitativ • Desktop versus mobile • Frequenz der Besuche • Zeitspanne zwischen Besuchen
Reichweite	• Links von extern auf die eigene Website • Social Likes • Social Shares (teilen) • Social Mentions (erwähnen)	• Herkunft Backlinks • Shares versus Views • Größe der Community • Suchmaschinen-Ranking • Reputation • Influencer-Engagement
Kontakte	• Marketing Qualified Leads (MQL) • Sales Qualified Leads (SQL) • Kosten pro Lead • Calls Vertrieb	• Score Marketing Qualified Leads • Score Sales Qualified Leads • Sales Accepted Leads (SAL)
Verkauf	• Verkäufe online, offline • Käufer versus Leads • Neukunden versus Käufer • Kosten pro Kauf	• MQL versus SQL • MQL versus Käufe • MQL versus SAL • SAL versus SQL • Testimonials, Fürsprecher

Zahlen interpretieren und Aktionen ableiten

- **Bewerten Sie KPIs je nach Content-Format anders**: Ob ein Besucher zwei Minuten mit einem Blogbeitrag oder mit einem Whitepaper verbringt, macht einen großen Unterschied.

- **Teilen Sie die Ergebnisse der Erfolgsmessung mit anderen Geschäftsbereichen**: Jeder wird seine eigene Sicht auf die Zahlen haben, und die betreffenden Personen können teilweise besser beurteilen, was gut und was schlecht funktioniert.

- **Geben Sie Ihrem Content Zeit zur Entfaltung**: Reagieren Sie nicht vorschnell, indem Sie Content wieder deaktivieren, nur weil sich die Ergebnisse nicht ad hoc wie erwartet entwickeln. Manche Aktionen und Inhalte brauchen Zeit, um zu wirken.

Checkliste: Bereit fürs Content-Marketing?

Hier finden Sie noch einmal eine Übersicht der wichtigsten Voraussetzungen, die vor dem Start ins Content-Marketing gegeben sein sollten.

Status quo und Ziele

✓ Klare Markenpositionierung, Definition des Produktnutzens.

✓ Analyse des bestehenden Contents, der Aktivitäten in Social Media, Suchmaschinenranking etc.

✓ Ableitung von »smarten« Zielen aus den übergeordneten Marketingzielen.

✓ Priorisierung der Ziele.

✓ Abstimmung mit der Geschäftsführung, um Erwartungen zu klären.

Zielpersonen

✓ Workshop zur Zielgruppenanalyse mit Vertretern aus Vertrieb und Service.

✓ Beschreibung von drei bis vier Personas stichpunktartig anhand weniger Kriterien.

✓ Priorisierung in Abstimmung mit Vertrieb und gegebenenfalls Ländergesellschaften.

Themen

✓ Identifikation der *Pain Points* bzw. Fragen der Zielpersonen im Kaufprozess (z.B. durch Kundenbefragung, Social Media Monitoring, interne Workshops).

✓ Tabellarische Übersicht der relevanten Themenfelder (Persona/Kaufprozess).

✓ Themenbewertung (Wettbewerbsdruck, Umsetzbarkeit etc.).

✓ Definition des *Sweet Spots*.

✓ Testen der Themen mit schlanken Content-Formaten, gegebenenfalls Anpassung.

Kanäle

✓ Definition eines zentralen Content-Hubs (Website, Blog, Magazin).

✓ Festlegung des generellen Ansatzes (Verhältnis von eigenen, verdienten und bezahlten Kanälen je nach Ressourcen und Zielen).

✓ Recherche geeigneter Kanäle.

✓ Bewertung der Kanäle anhand der Relevanz für die Zielpersonen, Eignung zur Zielerreichung, Aufwand-Nutzen-Verhältnis.

✓ Wahl der wichtigsten Kanäle (schrittweise erweitern), Einstieg mit möglichst geringem Aufwand.

Hilfsmittel und Strukturen für die Umsetzung

✓ Erstellung eines Themen- und eines Redaktionsplans.

✓ Festlegung von agilen Projektabläufen einschließlich Standup-Meetings, Sprints und Reviews.

✓ Einführung wöchentlicher Redaktionsmeetings mit Vertretern aus PR, Marketing, Social Media, Vertrieb.

✓ Definition von klaren Workflows für Erstellung, Freigabe, Distribution etc.

✓ Gemeinsames CRM-System für Vertrieb und Marketing.

✓ Automatisierung von Teilprozessen (z. B. Distribution) mithilfe von Content-Marketing-Software.

✓ Erstellung von Vorlagen, Social Media Guidelines etc. für Ländergesellschaften und andere Beteiligte.

Erfolgsmessung

✓ Definition von Kennzahlen in Abhängigkeit von den Zielen.

✓ Festlegen von Timings und Verantwortlichkeiten für die regelmäßige Auswertung und Ableitung von Maßnahmen.

Finaler Check

✓ Die Strategie ist leicht zu verstehen und für die Kommunikation mit anderen Unternehmensabteilungen oder Dienstleistern geeignet.

✓ Die Strategie ist widerspruchsfrei. Die gewählten Aktivitäten passen zur Unternehmenspositionierung.

✓ Die Ergebnisse sind leicht überprüfbar. Die wesentlichen Key-Performance-Indikatoren (KPIs) sind benannt und spiegeln die Ziele wider.

✓ Die Strategie ist flexibel genug, um sie bei Bedarf leicht an neue Anforderungen anpassen zu können.

KAPITEL 3

Content richtig produzieren

In diesem Kapitel:

- Inhalte nach dem Lean-Prinzip entwickeln
- Formate für das Content-Marketing
- Content-Planung: mit den richtigen Inhalten begeistern
- Inhalte selbst erstellen oder erstellen lassen?
- Wie Sie überzeugenden Content schaffen
- Fremde Inhalte nutzen
- Content-Management und -Recycling

Ihre Content-Strategie steht, das Team ist aufgestellt, und auch die übrigen Voraussetzungen für Content-Marketing sind geschaffen. Nun geht es darum, die ersten Inhalte für Ihre Zielpersonen zu erstellen. Wie Sie das ressourcenschonend angehen, welche Content-Formate sich am besten eignen und was »gute« Inhalte ausmacht, erfahren Sie in diesem Kapitel. Außerdem zeigen wir Ihnen, wie Sie auch fremde Inhalte einsetzen, und erklären, wann ein Auslagern der Content-Produktion an externe Dienstleister sinnvoll ist.

Inhalte nach dem Lean-Prinzip entwickeln

Wohl jeder Marketingverantwortliche träumt von Content, den die Zielgruppe liebt, der schnell veröffentlicht ist und dazu noch wenig kostet. Vom »perfekten« Content also. Doch oft bleibt das nur ein Traum, denn Qualität, Kosten und Time-to-Market schließen sich bei der Content-Erstellung meist gegenseitig aus. Konzentrieren Sie sich zu sehr darauf, schnell und günstig zu sein, leidet höchstwahrscheinlich die Qualität Ihrer Inhalte darunter. Der Spargedanke mag zunächst verlockend klingen. Doch angesichts der großen Mengen hochwertigen Contents, die Unternehmen heutzutage veröffentlichen, ist der Ansatz alles andere als sinnvoll. Heute zählt Qualität mehr denn je. Also doch viel Zeit und Geld in die Hand nehmen und den besten Content produzieren? Grundsätzlich ist das der richtige Weg. Doch gerade kleinen Unternehmen fehlen hierfür oft die nötigen Ressourcen. Zudem besteht die Gefahr, dass man Inhalte wochenlang plant, produziert, korrigiert und abstimmt, um dann vielleicht festzustellen, dass sie gar nicht den Nerv der Zielgruppe treffen. Dann hat man nicht nur viel Zeit und Geld verschwendet, sondern vielleicht auch das Vertrauen des

Publikums verspielt. Deshalb empfehlen wir für die Content-Erstellung ein pragmatisches Vorgehen: Starten Sie möglichst schnell, aber mit geringem Aufwand, und entwickeln Sie Ihre Inhalte anhand der Erfahrungen, die Sie im Markt sammeln, kontinuierlich weiter.

Fangen Sie klein an

Konzentrieren Sie sich am Anfang auf kleinere Content-Stücke, die sich mit wenig Aufwand erstellen lassen. Erzeugen Sie zum Beispiel kurze Posts für das Blog oder die sozialen Netzwerke und beobachten Sie, wie sie bei den Zielpersonen ankommen. So finden Sie schnell heraus, ob die von Ihnen gewählten Themen wirklich relevant sind. In weiteren Schritten lassen sich daraus größere Content-Stücke entwickeln. So setzen Sie Geld, Zeit und Personal intelligent ein und schaffen schrittweise Content, der ins Schwarze trifft.

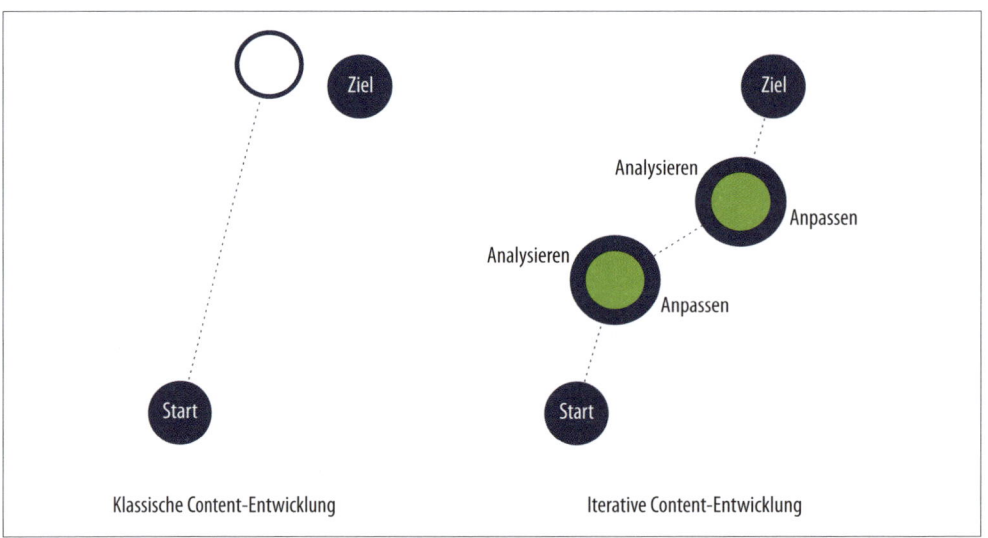

Abbildung 3-1: Die Content-Entwicklung nach dem Lean-Prinzip setzt auf einen iterativen Ansatz: Die Inhalte werden schrittweise weiterentwickelt.

Minimum Viable Content

Der Schlüssel zum Erfolg liegt darin, mit Inhalten zu starten, die nicht perfekt, sondern gerade gut genug sind, um die Bedürfnisse des Publikums zu erfüllen und möglichst schnell Feedback einzuholen. Ziel ist es, daraus zu lernen, um den Content schrittweise zu erweitern und zu verbessern. Solchen Content nennt man *Minimum Viable Content* – in Anlehnung an das *Minimum Viable Product* aus dem Lean-Startup-Prinzip (siehe Glossar). In der Praxis kommen hierfür folgende Formate in Betracht:

- **Social-Media-Posts** auf Twitter, XING oder LinkedIn eignen sich sehr gut, um mit minimalem Aufwand ein Feedback von potenziellen Kunden zu erhalten. Je mehr positive Reaktionen und Likes ein Post erhält, desto relevanter ist das Thema für die Zielgruppe.

- **Kurze Blogposts** sind hervorragende Indikatoren für Themen, zu denen sich größere Content-Einheiten wie etwa Whitepapers, Fachartikel oder E-Books lohnen.

- **Kompakte Inhalte zum Download** geben klare Hinweise darauf, welche Themen Nutzer so sehr interessieren, dass sie bereit sind, ihre Kontaktdaten preiszugeben.

Der Vorteil dieser Formate liegt darin, dass sie auf das Wesentliche reduziert sind und mit geringem Aufwand erstellt werden können. Das spart Zeit und Geld und ermöglicht dennoch einen direkten Link in die Realität des Markts.

Tipp:

Google Ads eignen sich sehr gut dazu, mit minimalen Investitionen die Relevanz von bestimmten Themen und Botschaften bei der Zielgruppe zu prüfen, bevor Sie mit der Entwicklung von Minimal Viable Content starten. Die Ads könnten zum Beispiel zu einer Landingpage führen, die einlädt, Ideen beizusteuern oder sich für einen Newsletter anzumelden, der über künftig zu diesen Themen informieren wird.

Content als Plattform für den Dialog

Es geht beim Lean-Content-Marketing nicht darum, die Zielpersonen mit Content zu bombardieren. Ziel ist es vielmehr, über den Content mit ihnen ins Gespräch zu kommen und mehr über sie zu erfahren. Daher sollten Unternehmen jeden Kundenkontakt – egal ob auf der Website, im Blog, in sozialen Medien, in Webinaren oder Vertriebsgesprächen – dazu nutzen, den Dialog anzuregen. Beispielsweise könnten Sie am Ende eines Blogartikels den Leser direkt fragen, wie er zu dem Thema steht und welche Erfahrungen er damit gemacht hat, oder Sie kontaktieren einen Interessenten, der ein Whitepaper heruntergeladen hat, per Mail oder Telefon und bitten ihn um seine Meinung.

Entscheidend für einen fruchtbaren Dialog ist, dass er von Mensch zu Mensch geführt wird. Automatisierte E-Mails oder Tweets sowie verkäuferische Nachfassaktionen sind somit wenig geeignet. Um das Vertrauen potenzieller Kunden zu gewinnen und glaubwürdig zu einem Dialog einzuladen, braucht es eine persönliche Note, Authentizität und Wertschätzung. Sicher kostet es Zeit und Ressourcen, so zu kommunizieren. Doch auch hier hilft das Lean-Prinzip weiter, denn dies gilt nicht nur für die Content-Erstellung, sondern auch für die Wahl der Kommunikationskanäle. Statt alle möglichen Medien zu bedienen, sollten sich Unternehmen fragen: Wo halten sich meine potenziellen Kunden auf? Wo sind sie besonders »gesprächig«? Verlässliche Antworten finden Sie auch hier am besten direkt im Markt.

Jedes Feedback ist wertvoll

Jedes Feedback – ob positiv oder negativ – liefert wertvolle Hinweise darauf, in welche Richtung der eigene Content weiterentwickelt werden sollte. Hat ein Unternehmen beispielsweise mithilfe von einfachen Blogposts ausgemacht, welche Themen die Zielgruppe besonders bewegen, kann es nun auch aufwendigere Content-Formate wie Whitepapers, Infografiken oder Videos produzieren. Das Risiko, mit diesen Inhalten danebenzuliegen, ist dann deutlich geringer. Denn die Entwicklung von Content basiert nun nicht mehr auf bloßen Annahmen, sondern auf Erfahrungen. »Validated Learning« nennt das Eric Ries, einer der Vordenker des Lean-Startup-Prinzips. Entscheidend ist, dass Unternehmen diesen Lernprozess möglichst schnell starten und laufend verfolgen. Und dass sie bereit sind, die eigene Strategie, wenn nötig, komplett zu ändern.

Tipps für eine Content-Erstellung nach dem Lean-Prinzip

- Greifen Sie Themen auf, mit denen andere Marktteilnehmer bereits erfolgreich waren, und ergänzen Sie sie inhaltlich.
- Planen Sie Ihre Inhalte in kleinen Einheiten als *Short-Form-Content* bzw. *Micro-Content*, bevor Sie sich an große Formate wagen.
- Fokussieren Sie sich zu Beginn auf Texte und einige wenige Bildinhalte und verzichten Sie auf eine spektakuläre Gestaltung und das perfekte Layout Ihrer Inhalte.
- Regen Sie den Dialog mit Ihren Lesern an, um Feedback zu erhalten. Fragen Sie zum Beispiel Ihre Interessenten, warum sie Ihren Newsletter abonniert oder ein Whitepaper heruntergeladen haben.
- Konzentrieren Sie sich beim Tracking Ihrer Inhalte darauf, welche die beliebtesten Inhalte sind und wer Ihre Nutzer sind.
- Starten Sie mit den Inhalten und entwickeln Sie Workflows und Prozesse schrittweise in der Umsetzung.

> **Wir halten fest:**
> Verabschieden Sie sich von Ihrem Perfektionismus und starten Sie mit schlanken Inhalten schnell in den Markt. Verstehen Sie Content als Plattform für den Dialog und perfektionieren Sie Ihre Inhalte schrittweise basierend auf dem Feedback Ihrer Nutzer.

Formate für das Content-Marketing

Eine Vielzahl an Content-Formaten steht Unternehmen heute zur Verfügung, um ihre Inhalte zu transportieren. Die Herausforderung besteht darin, genau jene Formate auszuwählen, die gleichzeitig den Bedürfnissen der Zielpersonen entsprechen, für die Erreichung der Ziele geeignet sind und sich mit den gegebenen Ressourcen umsetzen lassen. Im Folgenden werden einige Formate detaillierter vorgestellt, die besonders für das B2B-Marketing relevant sind.

Ein erster Überblick: Text-, Bild-, Ton-, Video- und interaktiver Content

Grundsätzlich lassen sich fünf Typen von Content-Formaten unterscheiden: Text-, Bild-, Video-, Audio- und der interaktive Content. Jedes Format kann einer dieser Kategorien zugeordnet werden. Sie unterscheiden sich vor allem in ihrer Wirkung und den für die Erstellung benötigten Kompetenzen.

1. **Text-Content** benötigt jedes Unternehmen, das Content-Marketing betreiben will. Text sorgt dafür, dass Ihre Inhalte im Internet gefunden werden, denn Suchmaschinen wie Google werten in erster Linie Textinformationen aus. Zudem lässt sich Text relativ schnell und kostengünstig erstellen. Und er ist sehr vielseitig: Es gibt Langformate wie Whitepapers, die Sie zur Leadgenerierung einsetzen können, oder kurze Texte, sogenannter Micro-Content, der in sozialen Medien für Aufmerksamkeit sorgt.

2. **Bild-Content** hat den Vorteil, dass er sich sehr viel schneller konsumieren lässt als Text. Jeder textbasierte Content sollte daher mit Grafiken oder passenden Bildern aufgelockert werden. Besonders in den sozialen Medien zahlt sich gutes Bildmaterial aus: Facebook-Posts mit Bildern haben eine um 94 Prozent höhere Interaktionsrate als reine Textpostings. Und ein Tweet mit Bild wird zweieinhalb Mal so oft retweetet wie einer ohne.[44]

3. **Video-Content** macht mittlerweile etwa 75 Prozent des gesamten Internet-Traffics aus.[45] Er ist zum festen Bestandteil im Content-Mix vieler Unternehmen geworden, weil er durch die Verknüpfung von Text, Bild und Ton Emotionen ebenso vermitteln kann wie Informationen. Darum werden Videos in sozialen Netzwerken gern geteilt. Allerdings kosten professionelle Videos viel Zeit und Geld. Doch es gibt auch Videoformate, die sich mit weniger Aufwand erstellen lassen.

4. **Interaktiver Content** bezeichnet Inhalte, bei denen der Nutzer selbst aktiv wird. Dazu gehören zum Beispiel Konfiguratoren, Quiz, interaktive Videos und Spiele. Diese Formate können Informationen sehr anschaulich und nachhaltig vermitteln, da sie den Nutzer aktiv einbeziehen.

5. **Audio-Content** wird häufig als Ergänzung zu textbasiertem Content angeboten, findet sich aber heute auch in Form von Podcasts als eigenständiges Format. Ähnlich wie in einem Blog werden hier in regelmäßigem Abstand Interviews oder Beiträge als Audiosequenzen angeboten, die online gehört oder heruntergeladen werden können.

Die wichtigsten Content-Formate im B2B

Die folgende Tabelle listet die wichtigsten Content-Formate mit ihren jeweiligen Besonderheiten auf und gibt erste Hinweise auf mögliche Kanäle für die Verbreitung.

Tabelle 3-1: Die wichtigsten Content-Formate im B2B

Content-Format	Besonderheit bzw. Vorteile	Kanäle zur Verbreitung
Blogartikel	Gut geeignet, um Kompetenz zu zeigen und den Website-Traffic zu steigern. Ideal für den Einstieg, da günstig und inhouse umzusetzen.	eigenes Blog
Whitepapers	Zeigen Kompetenz und generieren Leads, wenn sie über ein Downloadformular angeboten wird.	eigene Website, Expertenplattformen
Case Studies	Bei Entscheidern sehr beliebt, um sich ein Bild von der Kompetenz des Unternehmens zu verschaffen.	Website, Blog, Fachmedien
Präsentationen	Ähnlich wie Whitepapers, aber weniger aufwendig, da Wiederverwertung von Vorträgen etc. möglich, Steigerung der Bekanntheit.	SlideShare, eigene Website
E-Books	Ähnliche Vorteile wie das Whitepaper, steigern Bekanntheit. Nachteil: aufwendig in der Umsetzung, verlangen Spezialwissen.	eigene Website, E-Book-Distributoren (Amazon KDP, ePubli, Xinxii, Neobooks, BoD)
Bilder	Visueller Content ist sehr beliebt und besitzt hohes virales Potenzial.	Social Media wie Pinterest, Instagram, Facebook, Twitter
Infografiken	Werden über Social Media häufig geteilt. Steigern Bekanntheit und Website-Traffic, aber sehr aufwendig in der Umsetzung.	Social Media wie Pinterest, Instagram, Facebook, Twitter, Google+, außerdem Fachportale
Videos	Zunehmende Beliebtheit von visuellen Formaten, unterstützen die Imagebildung, Tutorials/Erklärvideos stellen Kompetenzen dar.	eigene Website, YouTube, Facebook
Webinare	Ideal für die Leadgenerierung (durch Anmeldung), ermöglichen Dialog mit Zielgruppe, sind flexibler und besitzen eine größere Reichweite als »reale« Seminare.	Expertennetzwerke, Fachportale/-Newsletter
Micro-Content	Hohes virales Potenzial, gewinnt aufgrund sinkender Aufmerksamkeitsspannen an Bedeutung, günstig umzusetzen.	Social Media wie Facebook, Twitter, Google+

Tabelle 3-1: Die wichtigsten Content-Formate im B2B *(Fortsetzung)*

Content-Format	Besonderheit bzw. Vorteile	Kanäle zur Verbreitung
Podcasts	Lassen sich als Audioformat nebenbei konsumieren, werden deshalb meist ergänzend eingesetzt. Qualität von Inhalt und Aufbereitung wichtig.	Blog, eigene Website
Interaktiver Content (Konfiguratoren u. Ä.)	Sorgt für ein hohes User-Engagement.	eigene Website

Blogartikel

Viele Unternehmen, die neu ins Content-Marketing einsteigen, starten mit einem Blog. Das hat einen guten Grund: Ein Blogartikel ist mit relativ wenig Aufwand schnell erstellt und veröffentlicht. Doch Vorsicht: Um wirklich nachhaltig Wissen zu demonstrieren und Leser zu binden, bedarf es regelmäßig neuer hochwertiger Inhalte. Der Aufwand für diese Konstanz wird in der Praxis immer wieder unterschätzt. Besonders schwierig scheint es für viele Unternehmen zu sein, sich in ihre Zielgruppen hineinzuversetzen und relevante Themen zu finden. Selbst DAX-Unternehmen bloggen häufig über Themen, die ihre Leser gar nicht wirklich interessieren.[46] Sie gehen primär von den eigenen Bedürfnissen aus und versuchen, diese irgendwie mit den Interessen der Leser zusammenzubringen – was aber nur selten gelingt.

Tipps für die Erstellung von Blogartikeln

- Beginnen Sie immer aus der Perspektive Ihrer Leser. Fragen Sie sich jedes Mal, wenn Sie etwas posten wollen: Ist das für meine Leser wirklich relevant?
- Beobachten Sie, welche Themen funktionieren. Das heißt, schauen Sie sich an, auf welche Beiträge häufig geklickt und welche kommentiert werden.
- Registrieren Sie, welche Fragen gestellt werden, und greifen Sie diese auf. Es geht darum, für Ihre Zielgruppen einen echten Mehrwert zu schaffen.
- In einem Corporate Blog darf es durchaus auch konkret um Ihre Produkte und Dienstleistungen gehen. Nur sollte das nicht in werblicher Form geschehen, sondern stets aus der Perspektive Ihrer Kunden.
- Erzählen Sie Geschichten, die den Einsatz Ihrer Produkte und die Erfahrungen Ihrer Kunden unterhaltsam illustrieren.
- Nutzen Sie das Wissen Ihrer Mitarbeiter aus Vertrieb und Kundendienst, um Themen zu finden. Hier erfahren Sie aus erster Hand, was Ihre Kunden interessiert und welche Fragen und Probleme Ihre Leser bewegen.

Mögliche Themen für Blogartikel

Die folgenden Vorschläge sollen Ihnen eine erste Anregung geben, welche Themen und Formate in einem Corporate Blog möglich sind und gut funktionieren. Die Herausforderung besteht darin, den einzelnen Formaten die nötige inhaltliche Substanz zu geben, die dem Bedarf Ihrer Zielgruppe gerecht wird. Und das ist je nach Branche und Zielgruppe sehr unterschiedlich.

Grundsätzlich sollte jeder Artikel eine klare Ausrichtung und einen eindeutigen inhaltlichen Fokus haben. Das erhöht den Mehrwert für die Leser deutlich. Und bedenken Sie immer, dass jedes Blog von der persönlichen Note des Autors oder der Autoren lebt. Passen Sie die folgenden Vorschläge daher immer an Ihren individuellen Stil an.

1. **Erfahrungen und Tipps teilen**

   Denken Sie sich in Ihre Zielgruppe hinein und überlegen Sie, welches Problem oder welche Fragen sie aktuell bewegen. Greifen Sie diese auf und beschreiben Sie mögliche Lösungswege. Besonders gefragt sind Best Cases und Berichte darüber, wie andere Unternehmen in der Branche in einer ähnlichen Situation vorgegangen sind und welche Erfahrungen sie dabei gemacht haben.

2. **Schritt-für-Schritt-Anleitungen bieten**

   Gern gelesen werden sogenannte How-to-Anleitungen, die genau beschreiben, wie beispielsweise Ihr Produkt möglichst sinnvoll und nutzbringend eingesetzt werden kann. Ziel ist es, Ihren Lesern Erfolgserlebnisse zu verschaffen und Sie als Experten zu positionieren.

3. **Inhalte von anderen Anbietern einbeziehen**

   Sie gewinnen das Vertrauen Ihrer Zielgruppe, wenn Sie mit Kompetenz überzeugen. Dazu eignen sich nicht nur Ihre eigenen, sondern auch fremde Inhalte, die fachlich passen. Natürlich sollten Sie diese nicht einfach übernehmen. Vielmehr geht es darum, sie aufzugreifen und zu ergänzen. Hin und wieder können Sie auch Gastbeiträge von externen Autoren in Ihr Blog integrieren. So entsteht nicht nur ein echter Mehrwert für Ihre Leser, sondern auch ein Mehr an Authentizität und Neutralität für Ihr Blog.

4. **Probleme und Fragen Ihrer Kunden aufgreifen**

   Eine einfache Art, gute Inhalte für Ihr Blog zu erstellen, ist, auf bestehende drängende Fragen, Bedenken, Sorgen und Probleme Ihrer Kunden und Leser einzugehen. Auch im Hinblick auf Suchmaschinen können Sie hier punkten, da hinter jedem Ihrer Leser in der Regel viele weitere stehen, die sich diese Fragen in gleicher oder ähnlicher Form stellen. Wenn Sie wertvolle Antworten liefern, ist daher besonders in fachlichen Nischen die Chance groß, dass diese Personen früher oder später ebenfalls auf Ihrem Blog landen, es weiterempfehlen, posten und mitdiskutieren, was sich schließlich auch auf das Google-Ranking positiv auswirkt.

Weiterlesen:

Wie Sie die *Pain Points* Ihrer Zielpersonen herausfinden können, erfahren Sie im Abschnitt *Was kommunizieren wir? – Die Themen* auf Seite 22.

5. Ein Blick in die Glaskugel

Fast jeder Mensch würde gern einen Blick in die Zukunft werfen und vorab wissen, was auf ihn zukommt. Das gilt auch für B2B-Entscheider, die für Hinweise auf künftige Entwicklungen im Markt als Entscheidungshilfe dankbar sind. Sammeln Sie deshalb Berichte über Trends in Ihrem Fachgebiet und ergänzen Sie diese um eine Analyse und Ihre persönliche Einschätzung.

6. Berichte aus Ihrem Alltag

Auch wenn Sie glauben, es würde niemanden interessieren: Schreiben Sie über Ihre eigenen täglichen Herausforderungen, zum Beispiel darüber, wie schwierig es ist, Fachkräfte zu finden, und welche Lösungsansätze sich in Ihrem Unternehmen bewährt haben. Sie können auch über eine Messe berichten, die Sie besucht haben, oder eine Aktion, die schiefgelaufen ist, und was Sie daraus gelernt haben. Ihre Leser wissen ohnehin, dass nirgendwo alles glattläuft. Wenn Sie ehrlich von eigenen Missgeschicken berichten, wird das positiv ankommen.

7. Orientierung durch Top-Listen

Es kostet einige Arbeit, lohnt sich aber: Recherchieren Sie wichtige Artikel und Tipps zu Ihrem Thema und stellen Sie diese für Ihre Leser in Listenform zusammen. Solche Top-Listen werden – wenn sie gut recherchiert sind – oft verlinkt und als Nachschlagewerke verwendet. Das wirkt sich positiv auf die Besucherzahlen Ihres Blogs aus.

8. Aktuelle Studien und Marktdaten

Studien und Statistiken können die Grundlage für spannende Artikel bilden. Filtern Sie die für Ihre Zielgruppe wichtigen Fakten heraus und bereiten Sie sie in Form eines Artikels oder einer Infografik auf. Inhalte mit einer soliden statistischen Basis stoßen auf großes Interesse und werden gern in sozialen Netzwerken geteilt.

Weiterlesen:

Tipps und Anregungen zur Aufbereitung von Daten durch Storytelling finden Sie im Abschnitt *Daten über Geschichten vermitteln* auf Seite 119.

9. Nutzer in das Blogging einbeziehen

Als *User-generated Content* bezeichnet man alle Inhalte, die Unternehmen nicht selbst entwickeln, sondern Nutzer und externe Autoren, und zwar ohne dass sie dafür bezahlt werden. Ein typisches Beispiel im Blog sind Gastbeiträge von Kunden, Partnern, Experten oder Influencern oder Interviews mit ihnen. User-generated Content hat zwei entscheidende Vorteile: Er gilt als vertrauenswürdig und neutral. Zudem verbreitet der Verfasser »seine« Inhalte häufig aktiv mit, sodass die Reichweite vergrößert wird. Im Gegenzug profitiert er von der Promotion durch das Unternehmen.

Beispiele für erfolgreiche B2B-Blogs

Im Folgenden finden Sie einige Beispiele für Corporate Blogs im B2B-Bereich. Die Herangehensweise der Unternehmen und die Qualität der Beiträge sind durchaus unterschiedlich. Das zeigt, dass letztlich alles möglich und erlaubt ist, Hauptsache, der jeweiligen Zielgruppe gefällt es. Sicher finden Sie dort die eine oder andere Anregung für Ihr eigenes Blog. Auch auf die Blogs von Mitbewerbern, Lieferanten, Geschäftspartnern oder Kunden sollten Sie einen Blick werfen. Überlegen Sie, was Ihnen dort gefällt oder was Sie anders machen würden. Wichtig ist, dass Sie Themenideen nicht blind übernehmen: Finden Sie Ihren eigenen Weg!

Tabelle 3-2: Beispiele für erfolgreiche B2B-Blogs

Unternehmen/URL	Merkmale des Blogs
SAP *blogs.sap.com*	Der deutsche Softwarehersteller SAP betreibt gleich mehrere Unternehmensblogs, auf denen Experten über aktuelle Entwicklungen berichten. Ziel dieser Blogs ist es, das Unternehmen als innovativen Vorreiter der Branche zu positionieren.
Kuka Systems *blog.kuka-systems.com*	Das Blog der Augsburger KUKA Systems GmbH, eines Herstellers von Robotern, ist ein gutes Beispiel für ein gelungenes B2B-Blog. Hier werden interessante Informationen jenseits von Pressemitteilungen und Produktinformationen geboten: Nachrichten und Geschichten aus der Welt der KUKA und ihrer Mitarbeiter ermöglichen dem Leser einen Blick hinter die Kulissen.
Bluhm Systeme *bluhmsysteme.com/blog*	Bluhm ist ein Anbieter von Kennzeichnungslösungen wie Etikettendruckern und Laser-Beschriftern. In seinem Blog bietet das Unternehmen Informatives, Skurriles und Aktuelles aus der Welt der Kennzeichnung – und wird diesem Anspruch in der Tat gerecht. Vor allem die skurrilen Inhalte sind es, die bei den Lesern gut ankommen, wie beispielsweise die Serie »Etiketten können mehr«, in der nicht ganz ernst gemeinte Einsatzmöglichkeiten für Etiketten vorgestellt werden.
Krones *blog.krones.com*	Der Hersteller von Getränkeabfüllanlagen Krones gilt schon seit Langem als Vorreiter in Sachen Social Media. Das Unternehmen schafft es, die trockene Thematik einer Produktion im B2B-Bereich mit Texten, Bildern und Videos abwechslungsreich zu präsentieren.

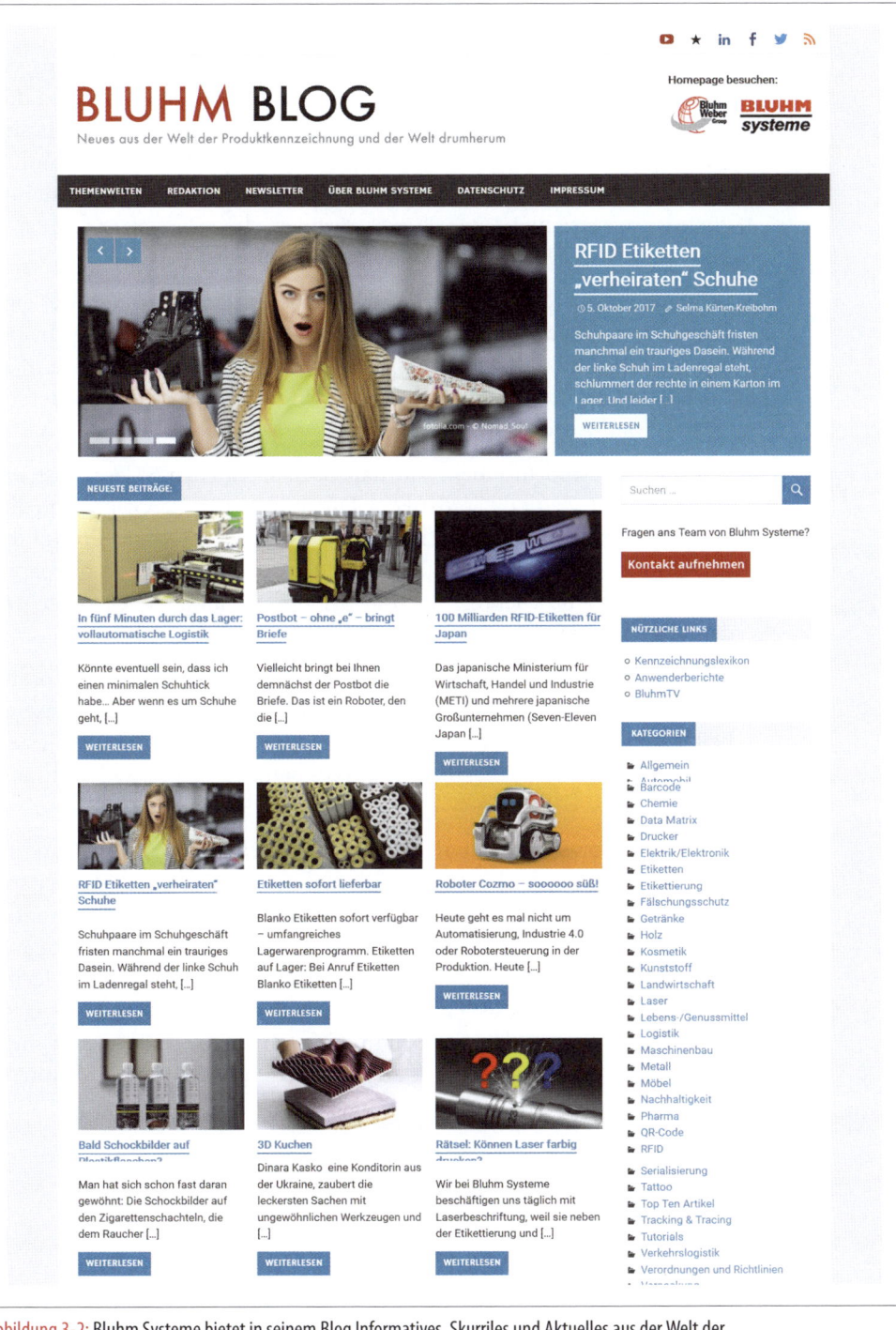

Abbildung 3-2: Bluhm Systeme bietet in seinem Blog Informatives, Skurriles und Aktuelles aus der Welt der Produktkennzeichnung.[47]

Whitepapers

Whitepapers eignen sich gerade im B2B-Marketing sehr gut, um sich als Experte zu profilieren. Das liegt an der inhaltlichen Tiefe und dem Mehrwert, den diese Dokumente den Lesern bieten. Whitepapers sind meist zwischen 5 und 20 Seiten lang und geben eine fundierte Einführung in ein bestimmtes Thema. Dabei sind sie klar auf ein Kundenbedürfnis ausgerichtet, das Produkt oder die Dienstleistung steht besonders in der Kontaktanbahnung im Hintergrund.

Whitepapers werden meist als PDF-Datei zum Download auf der eigenen Website angeboten und sind in dieser Form ein geeignetes Instrument, um Kontakte von potenziellen Kunden zu generieren. Denn als Gegenleistung für den Download des Dokuments gibt der Interessent seine E-Mail-Adresse an.

Whitepapers sind in einem journalistisch-sachlichen Stil verfasst und erreichen mit Zahlen, Statistiken, Diagrammen und Originalquellen eine höhere Glaubwürdigkeit als Broschüren oder reine Produktbeschreibungen. Für das Ranking in Suchmaschinen sind Whitepapers dementsprechend wichtig: Hochwertige und umfangreiche Inhalte werden von Suchmaschinen als besonders wertvoll eingestuft.

Whitepapers sind vielseitig verwendbar und kommen nicht nur online zum Einsatz, sondern auch in ausgedruckter Form beispielsweise als Beilage zu Mailings oder als Handout bei Vorträgen und auf Messen. Auch als Basis für Fachartikel oder Blogbeiträge eignen sich Whitepapers sehr gut.

Den vielen Vorteilen steht als Nachteil vor allem der hohe Aufwand für die Erstellung gegenüber. Viele Unternehmen meinen, ein Whitepaper nebenbei in Eigenregie erstellen zu können. Schließlich sei das nötige Expertenwissen vorhanden und müsse »nur« zu Papier gebracht werden. Dabei wird der Aufwand häufig unterschätzt. Denn neben fachlichem Know-how ist es wichtig, die Inhalte so zu verfassen, dass sie von Ihren Lesern verstanden werden. Im Geschäftsalltag fehlen dafür meist die Zeit und die nötige Distanz zum eigenen Produkt, um ein Whitepaper neutral und werbefrei zu gestalten.

Tipps für die Erstellung und Vermarktung von Whitepapers

- Versuchen Sie, sich in Ihre Kunden hineinzuversetzen: Welche Fragen und Probleme könnten sie haben? Liefern Sie ihnen in Ihrem Whitepaper Antworten und Lösungsansätze dazu.

- Fokussieren Sie sich auf die wichtigsten Inhalte und strukturieren Sie diese übersichtlich und kompakt. Durch Absätze, Zwischenüberschriften, Aufzählungen und Grafiken wird Ihr Whitepaper leichter lesbar.

- Verwenden Sie eine leicht verständliche Sprache. Vermeiden Sie Fachbegriffe und werbliche Floskeln.

- Bereiten Sie Ihre Inhalte mit anschaulichen Grafiken auf, die schnell zu erfassen sind. Unterstützen Sie Ihre Botschaften mit aussagekräftigen Bildern.

- Dient Ihr Whitepaper der Leadgenerierung, sollte es möglichst produktneutral sein und auf die Bedürfnisse der Leser fokussieren. Wenn Sie Interessenten in späteren Phasen des Kaufprozesses ansprechen wollen, können dagegen das Produkt und seine Anwendung im Mittelpunkt stehen.

- Wenn Sie Ihr Whitepaper zum Download anbieten, fragen Sie im Kontaktformular nur solche Daten ab, die für die Übersendung des Whitepapers erforderlich sind, also Name und E-Mail-Adresse. Versuchen Sie, in diesem Zuge auch das Einverständnis zu erhalten, Ihre Interessenten per E-Mail zu kontaktieren.

- Geben Sie Ihren Interessenten einen Vorgeschmack auf das Whitepaper, indem Sie einen Auszug als frei herunterladbares PDF anbieten. So senken Sie die Hürde für den Nutzer, seine Kontaktdaten anzugeben.

- Um Ihr Whitepaper in Ihr Corporate Blog einzubinden, können Sie Dienste wie Issuu oder Scribd nutzen. Damit lassen sich die Dokumente auch einfach in sozialen Netzwerken teilen.

- Nutzen Sie die Inhalte Ihrer Whitepapers mehrfach, zum Beispiel in gekürzter Form als Fachartikel für Branchenmagazine oder als PowerPoint-Präsentation, die Sie auf SlideShare veröffentlichen.

Abbildung 3-3: Typisches Formular für einen Whitepaper-Download.[48]

Case Studies

Entscheider in Unternehmen schätzen Case Studies, um sich ein Bild von der Arbeitsweise und dem Know-how eines Anbieters zu machen. Denn eine Case Study, also eine Fallstudie, beschreibt, wie der jeweilige Anbieter einen typischen Fall aus der Praxis mit seinem Angebot gelöst hat. Da es sich um einen realen Kunden handelt, gelten Case Studies als sehr glaubwürdig. Entsprechend gut bewerten Unternehmen, die Case Studies im Content-Marketing einsetzen, auch die Wirksamkeit: 44 Prozent der Unternehmen geben in einer aktuellen Studie an, dass sie mit diesem Format Leads generieren. Damit liegen Case Studies an dritter Stelle hinter Webinaren und Whitepapers.[49]

Tipps für die Erstellung von Case Studies

- Wenn Sie eine Case Study veröffentlichen möchten, müssen Sie dazu das Einverständnis Ihres Kunden einholen. Am besten arbeiten Sie schon bei der Konzeption eng mit ihm zusammen.

- Nehmen Sie sich Zeit und führen Sie ein persönliches Interview mit Ihrem Kunden, statt nur einen Fragebogen zu versenden. So erfahren Sie mehr zwischen den Zeilen.

- Erzählen Sie die Geschichte aus der Perspektive des Anwenders, Ihr Unternehmen bleibt im Hintergrund.

- Beschreiben Sie zuerst den Kunden und seine Herausforderung, dann die eingesetzte Lösung und den Ablauf der Implementierung und zum Schluss die so erreichten Ziele mit gegebenenfalls noch einem Ausblick.

- Eine Case Study lebt von ihrer Glaubwürdigkeit. Vermeiden Sie deshalb Eigenlob, Schönmalerei und übertriebene Marketingsprache.

- Liefern Sie möglichst konkrete Ergebnisse, z. B. einen mit der Lösung erreichten Umsatzzuwachs oder eine Kostenreduktion.

- Unterstützen Sie die unternehmerischen Fakten mit Storytelling, das auf emotionaler Ebene zeigt, wie einzelne Mitarbeiter oder Fachabteilungen beim Kunden von Ihrem Produkt profitiert haben.

Präsentationen

In Unternehmen sammeln sich über die Jahre oft viele Präsentationen an, die für unterschiedliche Anlässe erstellt wurden: für Vorträge auf Messen und Fachkongressen, für Verkaufspräsentationen oder für Produktschulungen. Diese Präsentationen lassen sich sehr gut mehrfach verwenden – vorausgesetzt, sie präsentieren Fakten für Ihre Zielgruppe anschaulich, knapp und unterhaltsam. Präsentationen können Sie zum Beispiel auf Ihrem Blog publizieren und so Ihre fachliche Kompetenz unter Beweis stellen. Daneben sollten Sie die Folien auch auf der Plattform SlideShare veröffentlichen. Millionen von Nutzern holen sich dort regelmäßig Anregungen und Vorlagen für ihre eigenen Präsentationen. Wenn Sie mit guten Präsentationen zu Ihrem Thema dort präsent sind, werden Sie in Ihrem Markt als Experte wahrgenommen. Nützliche Informationen werden auf SlideShare auch gern kommentiert, empfohlen und verlinkt, wodurch Sie zusätzliches Publikum auf sich aufmerksam machen können. Zudem können Sie über SlideShare auch Leads generieren, denn Nutzer haben die Möglichkeit, Inhalte von Ihnen zu abonnieren.

Präsentationen haben den Vorteil, dass sie kostengünstig zu produzieren sind und häufig im Alltagsgeschäft »nebenbei« entstehen. Voraussetzung ist, dass Sie sich mit PowerPoint, Keynote, OpenOffice oder Prezi auskennen und wissen, wie man Präsentationen ansprechend gestaltet. Auch wenn Folien theoretisch schnell erstellt sind, ist es wichtig, dass Sie einige Zeit in die inhaltliche Struktur und das Layout investieren. Story, Aufbau, Textmenge, Bilder und Anzahl der Folien müssen gut überlegt sein, damit Sie Ihre Zielgruppe optimal erreichen und den gewünschten Imageeffekt erzielen.

Tipps für Ihre Präsentationen auf SlideShare

- Veröffentlichen Sie nach einer Konferenz oder Schulung Ihre Folien auch auf der Plattform SlideShare.
- Entwickeln Sie Präsentationen speziell für SlideShare, zum Beispiel zu Markttrends, aktuellen Studien oder Anwendungsbeispielen für Ihr Produkt.
- Achten Sie auf eine hohe Qualität der Inhalte und eine empfängerorientierte Struktur und Gestaltung. Schlechte Präsentationen schrecken Leser ab und schaden Ihrem Image!
- Untermauern Sie Ihre Inhalte mit aussagekräftigen Bildern und Grafiken. Zu viel Fließtext gefährdet die Aufmerksamkeit Ihrer Leser.
- Achten Sie darauf, dass Ihr Logo auf jeder Folie sichtbar ist.
- SlideShare-Präsentationen müssen ohne Redner auskommen. Fassen Sie daher die wichtigsten Inhalte jeder Folie zusammen.
- Verwenden Sie wichtige Begriffe (Keywords) im Dateinamen, in der Beschreibung, in Überschriften und auf den Folien selbst, damit die Präsentation auch über Suchmaschinen gefunden wird.
- Nutzen Sie soziale Medien wie Twitter, Facebook, LinkedIn und XING, um auf neue SlideShare-Veröffentlichungen aufmerksam zu machen.

Alternativen zu PowerPoint

PowerPoint-Präsentationen werden häufig als langweilig und inhaltsleer empfunden, weil

- sie zu trockene und generische Inhalte bieten,
- wenig ansprechend aufbereitet oder visualisiert sind,
- zu viele Aufzählungen enthalten,
- aus zu vielen Folien mit wenig Aussagekraft bestehen und weil
- sie keine Geschichte erzählen.

Auswege aus dem PowerPoint-Dilemma bieten dynamische Präsentationen, die mit Tools wie Prezi sehr einfach erstellt werden können. Anders als PowerPoint setzen diese nicht auf hintereinandergereihte Folien, sondern ermöglichen, auf einem Whiteboard beliebige Objekte wie Textblöcke, Bilder oder Animationen zu einem dramaturgischen Ablauf zu arrangieren. Sämtliche Inhalte können nach Bedarf vergrößert, verkleinert, gedreht, verschoben und animiert werden.

Eine Studie der Harvard University hat gezeigt, dass Prezi-Präsentationen vom Publikum als strukturierter, ansprechender und überzeugender wahrgenommen werden als PowerPoint-Vorträge.[50] Doch auch bei Prezi hängt der Erfolg einer Präsentation davon ab, dass Sie sich zuerst Gedanken über eine empfängerorientierte Struktur und Argumentationskette machen müssen, bevor Sie sie visuell umsetzen.

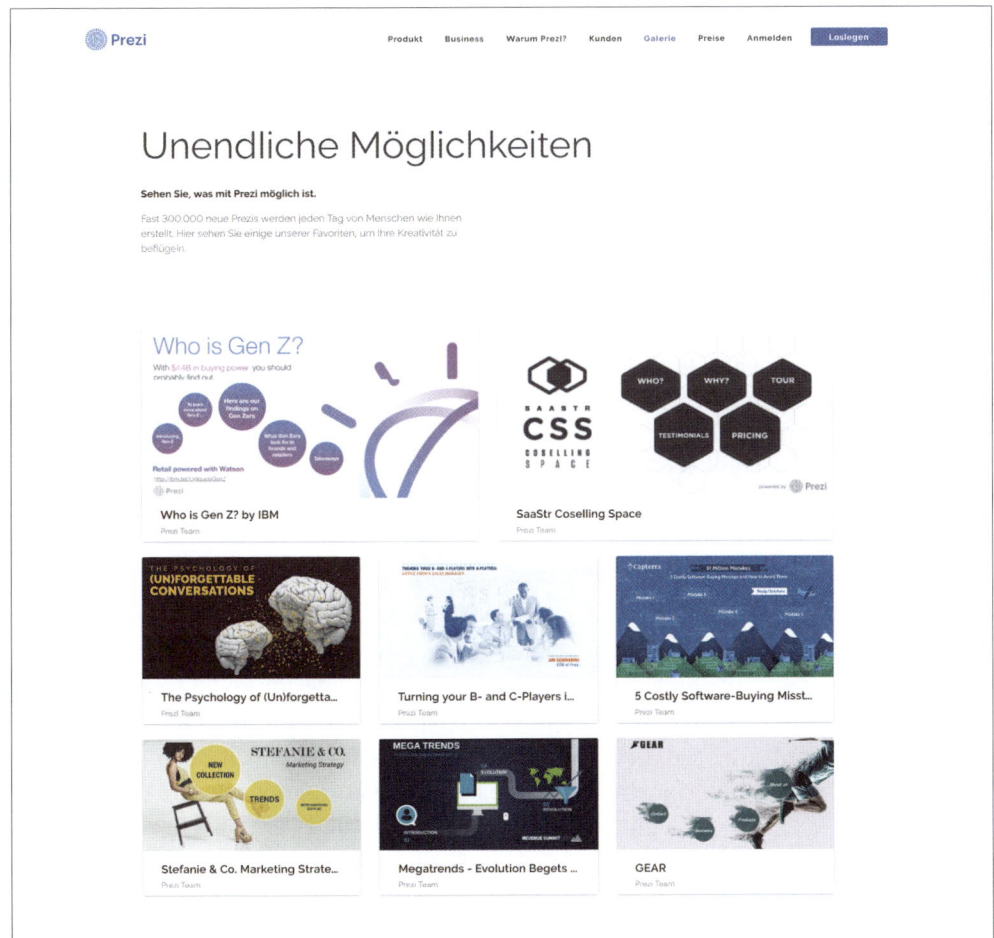

Abbildung 3-4: Auf prezi.com finden Unternehmen eine Vielzahl an Beispielpräsentationen zur Inspiration.[51]

E-Books

Ein E-Book ist ein Buch in digitaler Form, das auf E-Book-Readern oder mit spezieller Software auch auf PC, Tablet oder Smartphone gelesen werden kann. In der Content-Marketing-Strategie unterscheidet es sich kaum von einem Whitepaper: Beide Instrumente eignen sich ideal, um Ihr Unternehmen als Experten zu positionieren, Leads zu generieren und die Sichtbarkeit des Unternehmens im Web zu erhöhen. Hochwertige E-Books sind außerdem sehr langlebig und lassen sich über einen längeren Zeitraum hinweg für die Gewinnung neuer Interessenten nutzen.

Wie das Whitepaper wird auch das E-Book in der Regel über die eigene Website kostenlos zur Verfügung gestellt. Die Nutzer müssen lediglich ihre Kontaktdaten hinterlassen und erhalten danach Zugriff auf das Buch.

Ein E-Book ist in der Regel ausführlicher als ein Whitepaper und entsprechend aufwendiger in der Produktion. Das ist einer der wesentlichen Nachteile dieses Formats, besonders für Unternehmen mit geringen Ressourcen. Eine weitere Herausforderung liegt in der Vielzahl an technischen Formaten für E-Books: Wer sich einen Kindle von Amazon kauft, kann keine E-Books im ePub-Format lesen. Das AZW-Format von Amazon kann von keinem anderen Lesegerät ohne Umwandlung geöffnet werden.

Wenn Sie sich für ein E-Book als Teil Ihres Content-Marketing-Mix entscheiden, sollten Sie es daher unbedingt in allen gängigen Formaten anbieten. Mit der richtigen Software und ein wenig Talent können Sie das ohne Probleme in Eigenregie umsetzen. Es gibt jedoch auch zahlreiche Dienstleister, die Ihr E-Book kostengünstig in verschiedene Formate konvertieren und Sie auch bei der Veröffentlichung über Amazon oder andere Distributorenplattformen sowie bei der Vermarktung unterstützen.

Tipps für die Erstellung eines E-Books

- Nutzen Sie eine möglichst einfache Ausdrucksweise und vermeiden Sie Fachbegriffe. Bedenken Sie, dass Ihre Leser besonders in einer frühen Phase im Kaufprozess keine Experten sind.
- Lassen Sie sich beim Schreiben Zeit. Es ist egal, in welcher Reihenfolge Sie die Kapitel erstellen. Stellen Sie jedoch sicher, dass Ihr E-Book eine inhaltlich logische Dramaturgie erhält, und unterstützen Sie diese mit einer internen Verlinkung zwischen den Kapiteln.
- Strukturieren Sie Ihre Texte mit sinnvollen Absätzen, Einschüben und Grafiken sowie Zitaten und kurzen Zusammenfassungen einzelner Kapitel.

- Wenn Sie Ihr E-Book auf Ihrer Website zum Download anbieten, fragen Sie im Kontaktformular nur solche Daten als Pflichtfelder ab, die für die Übersendung des E-Books erforderlich sind, also Name und E-Mail-Adresse. Versuchen Sie auch, in diesem Zuge das Einverständnis zu erhalten, Ihre Interessenten per E-Mail zu kontaktieren.

- Als Inhalte für E-Books eignen sich beispielsweise Studien, die Sie selbst durchgeführt oder extern beauftragt haben, Produkttests oder Marktanalysen. E-Books können aber auch Sammlungen von Blogartikeln sein, die Sie thematisch zusammenfassen und so ein weiteres Mal verwerten können.

- Überlegen Sie sich frühzeitig eine Strategie, wie Sie Ihr E-Book in Umlauf bringen: Wie soll Ihr E-Book in die Hände Ihrer Leser gelangen? Welche Kanäle eignen sich für die Vermarktung? Welche Journalisten und Blogger könnten über Ihr E-Book berichten?

Bilder

Ihre Content-Marketing-Strategie sollte neben Texten auch visuellen Content berücksichtigen, der Ihre Botschaften unterstützt. Denn die Informationsflut hat dazu geführt, dass Texte heute kaum noch komplett gelesen werden: Wir haben gelernt, Informationen schnell zu überfliegen, um zu erkennen, ob sie für uns relevant sind und wir deswegen weiterlesen sollten. Dabei spielen Bilder und Infografiken eine wesentliche Rolle. Sie lassen sich schneller erfassen als Texte, sodass Nutzer sie in der Regel zuerst betrachten und versuchen, von ihnen auf den Inhalt des Texts zu schließen. Sie bieten somit enormes Potenzial, um wichtige Botschaften zu transportieren.

Zudem können Bilder, wenn sie richtig aufbereitet und mit Metainformationen, den sogenannten Tags, versehen sind, dazu beitragen, die Bewertung Ihrer Website durch Suchmaschinen zu verbessern. Auf Social-Media-Plattformen sind Fotos ebenfalls sehr beliebt. Hier spielt die Qualität der Bilder oft nicht die entscheidende Rolle. Viel wichtiger ist, wie originell ein Bild einem bestimmten Zweck dienen soll und welche Geschichte dazu erzählt wird.

Bei der Auswahl der richtigen Motive sollten Sie sorgsam vorgehen und nicht einfach irgendein generisches Bild aus einer Bilddatenbank einsetzen. Denn für Stockmaterial gelten die genannten Vorzüge nicht unbedingt.[52] In dem Fall werden sie von den Nutzern meist gar nicht beachtet. Die folgende Abbildung aus einer Eye-Tracking-Studie zeigt sehr anschaulich, wie wenig Stockfotos (rechts im Bild) im Vergleich zu authentischen Fotos von Personen (links im Bild) wahrgenommen werden. »Menschen erkennen Stockbilder auf den ersten Blick«, sagt der

Marketingexperte David Meerman Scott. Dabei können sie sogar schaden: Klischeehafte oder verkäuferische Motive werten einen inhaltlich hochwertigen Fachartikel schnell zu einem austauschbaren Stück Werbung ab. Grund genug, bei der Auswahl der Bilder auf Relevanz und Qualität zu achten, um die Macht der Bilder im Content-Marketing nicht leichtfertig zu verspielen.

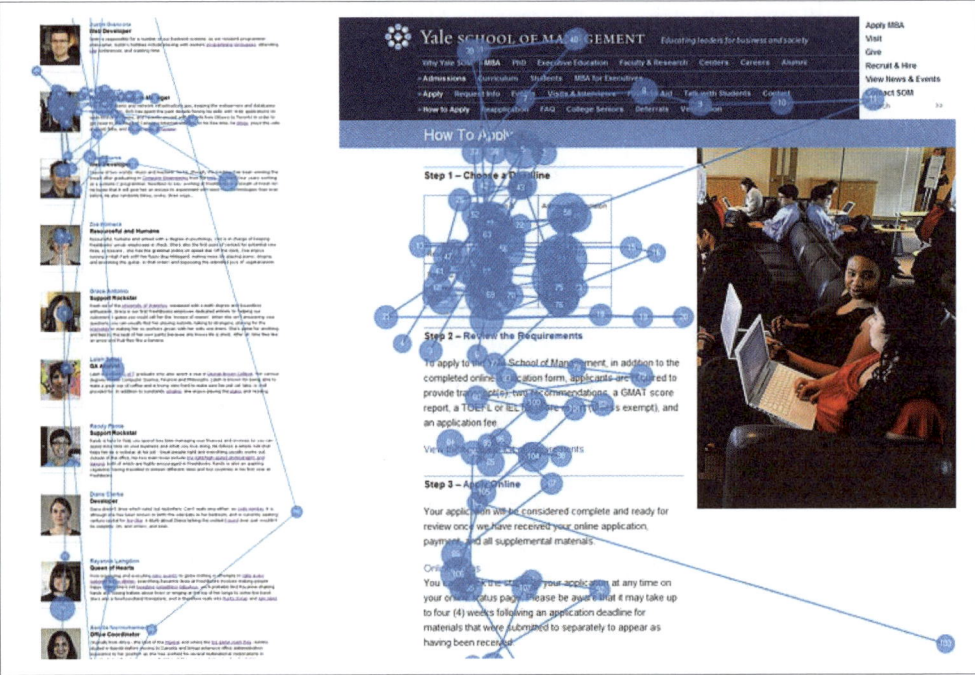

Abbildung 3-5: Die Eye-Tracking-Studie zeigt die Unterschiede in der Wahrnehmung von authentischen Bildern und Stockbildern.[53]

Tipps für die Verwendung von Bildern

- Jedes Bild sollte die Botschaft des Artikels, Whitepapers oder der Präsentation unterstützen, das heißt sie ergänzen, versinnbildlichen oder Aufmerksamkeit schaffen. Bilder dürfen abstrakt, jedoch keinesfalls inhaltslos oder inhaltsfremd sein.

- Wertige Bilder lassen sich auch mit kleinem Budget und wenigen Ressourcen umsetzen, indem beispielsweise wichtige Botschaften als *Text-im-Bild-Element* gestaltet werden, wie in Abbildung 3-6.

- Legen Sie sich nach und nach einen Bestand eigener Fotos zu, der mit jedem Artikel wächst. Mit einer persönlichen Note setzen Sie sich vom Wettbewerb ab – vorausgesetzt, Qualität und Ästhetik stimmen.

- Nicht jedes Stockfoto ist schlecht. Es gibt auch hochwertiges Material zum kleinen Preis. Um sie zu finden, braucht es allerdings Zeit und Kreativität.
- Empfehlenswerte Quellen für hochwertige und kostenfrei verwendbare Stockfotos sind zum Beispiel *unsplash.com* und *deathto thestockphoto.com* sowie *pixabay.com*, *pixelio.de* und *aboutpixel.de*.
- Achten Sie auf die jeweiligen Lizenz- und Nutzungsrechte, die angeben, ob und unter welchen Bedingungen die Fotos für kommerzielle Zwecke genutzt werden dürfen.
- Damit Google & Co. erkennen können, für welche Suchanfragen Ihre Bilder relevant sind, sollten wichtige Keywords im Dateinamen, in den Exif-Daten und in der Bildunterschrift enthalten sein, und der umgebende Text zum Inhalt des Bildes passen.
- Geben Sie Ihren Lesern die Möglichkeit, Ihre Bilder auf sozialen Plattformen wie Pinterest, Facebook oder Twitter zu teilen. Dazu müssen Sie lediglich Social-Sharing-Buttons auf Ihrer Seite integrieren. Ihre Nutzer können die Bilder dann in ihren Profilen verknüpfen und so im eigenen Netzwerk verbreiten.

Abbildung 3-6: Beispiel für ein Text-im-Bild-Element

Animierte Bilder

»Ein Bild sagt mehr als 1.000 Worte. Dann sagt ein GIF mehr als 10.000.«
– Joe Puglisi[54]

Animierte Bilder gehörten zu den ersten Inhalten, die das Internet bunt und lebendig gemacht haben. Heute erleben *Anigifs*, wie animierte Bilder im GIF-Format genannt werden, ein Revival. Der Grund: Die Aufmerksamkeitsspanne der Nutzer schrumpft immer weiter. Lange Videos werden oft nur selten zu Ende gesehen, immer beliebter sind beim Publikum visuelle Inhalte, die sich schnell konsumieren lassen. Sie lassen sich zudem leicht in den sozialen Netzwerken teilen. Der Vorteil der Kompaktheit ist für Unternehmen gleichzeitig die größte Herausforderung: Es gilt, in einem animierten Bild innerhalb weniger Sekunden eine inspirierende und unterhaltende Botschaft zu übermitteln. Hier den richtigen Tonfall, das perfekte Bild und das beste Timing zu finden, ist nicht einfach. Gelingt es aber, haben Anigifs ein hohes virales Potenzial.

Bei der Konzeption und Umsetzung kommt es somit vor allem auf eine kreative Idee an. Die Bildqualität spielt eine untergeordnete Rolle. Anigifs lassen sich daher auch relativ einfach selbst erstellen. Sie benötigen dazu lediglich eine Bildfolge oder ein Video als Ausgangsmaterial sowie ein kostenloses Onlinetool wie das von *giphy.com* oder *makeagif.com*. Es gibt mittlerweile auch Apps, die es ermöglichen, GIFs unterwegs mit dem Smartphone zu erzeugen. Mit *Giphy Cam* beispielsweise können Sie Bilder aufnehmen, Filter, Effekte und Text hinzufügen und das fertige GIF veröffentlichen.

Tipps für die Erstellung von animierten Bildern

- Jedes animierte Bild sollte Teil eines übergeordneten Redaktionsplans sein.
- Platte Werbebotschaften sind für Anigifs im Business to Business ebenso wenig geeignet wie *Cat-Content*.
- Zeigen Sie Ihre Produkte oder Dienstleistungen im Einsatz oder bieten Sie nützliche Anleitungen und Tipps im GIF-Format.
- Verwenden Sie GIFs, um Informationen zu visualisieren. Das hebt Ihren Content von der Masse ab und gestaltet den Sachverhalt für Ihre Zielgruppe wesentlich interessanter.
- Das GIF sollte zu Ihrer Marke passen. Versuchen Sie nicht krampfhaft, »cool« zu wirken, wenn Ihr Unternehmen das nicht ist.
- Verzichten Sie auf einen übertriebenen Einsatz von Markenzeichen. Mehr als ein kleines Logo in einer Ecke wird vom Publikum nicht toleriert.
- Achten Sie bei der Verwendung von fertigen GIFs aus dem Netz darauf, Eigentums- und Nutzungsrechte zu wahren. Animierte Bilder mit Sequenzen aus Hollywoodfilmen sind im B2B tabu, auch wenn sie überall im Netz zu finden sind. Eine Abmahnung wegen Verletzung von Urheberrechten kann teuer werden.

Infografiken

Infografiken sind bildhafte Darstellungen von Analysen und Statistiken. Mit ihnen lassen sich komplexe Zusammenhänge oft ganz einfach visualisieren. So bleiben die Informationen besser in Erinnerung. Sind Infografiken visuell ansprechend gestaltet, verbreiten sie sich meist schnell über soziale Netzwerke und werden auch von Onlineredaktionen und Bloggern gern aufgegriffen. Sie sind daher ein hervorragendes Instrument, um den Traffic auf Ihrer Website oder Ihrem Blog zu erhöhen.

Für die Konzeption von Infografiken ist im Vorfeld eine fundierte Recherche und Aufbereitung von Daten notwendig, die sehr aufwendig sein kann. Hinzu kommt der Aufwand für die grafische Umsetzung durch einen spezialisierten Mediendesigner oder Grafiker. Wenn Sie nur ein geringes Budget zur Verfügung haben und sich auch mit einer eher schlichten Gestaltung zufriedengeben, können Sie Infografiken selbst erstellen. Im Netz gibt es dafür spezielle Tools wie *Piktochart.com, Infogr.am* oder *Easel.ly*.

Neben der Konzeption und der Umsetzung ist für eine erfolgreiche Infografikkampagne vor allem die richtige Vermarktung entscheidend. Überlegen Sie, wie Sie Ihre Zielgruppe am besten erreichen.

Tipps für die Erstellung und Vermarktung von Infografiken

- Voraussetzung für eine gute Infografik sind valide Daten. Investieren Sie daher ausreichend Zeit in eine gründliche Recherche und Vorbereitung.
- Gliedern Sie die Inhalte so, dass sich eine logische, schlüssige Struktur ergibt.
- Versuchen Sie, eine Geschichte zu erzählen und die Emotionen der Betrachter über Bildmotive anzusprechen.
- Da Infografiken im Netz oft aus dem Zusammenhang gerissen zu finden sind, müssen sie selbsterklärend sein, also ohne zusätzlichen Text auskommen.
- Integrieren Sie Quellennachweise ebenso in Ihre Infografik wie Informationen zu Ihnen als Autor mit einem Link zu Ihrer Website.
- Publizieren Sie Ihre Infografiken nicht nur in Ihren eigenen Medien, sondern auch in thematisch passenden Onlinemagazinen und Blogs. Dadurch erreichen Sie eine größere Zahl an Interessenten.
- Integrieren Sie Social-Sharing-Buttons auf Ihrer Seite, damit Leser Ihre Infografiken einfach teilen können.
- Infografiken werden üblicherweise im Hochformat erstellt. Das hat den Vorteil, dass sie sehr einfach in Blogartikel integriert werden

können. Auch lässt sich das Hochformat im Vergleich zum Querformat gut auf mobilen Endgeräten darstellen und nutzen.

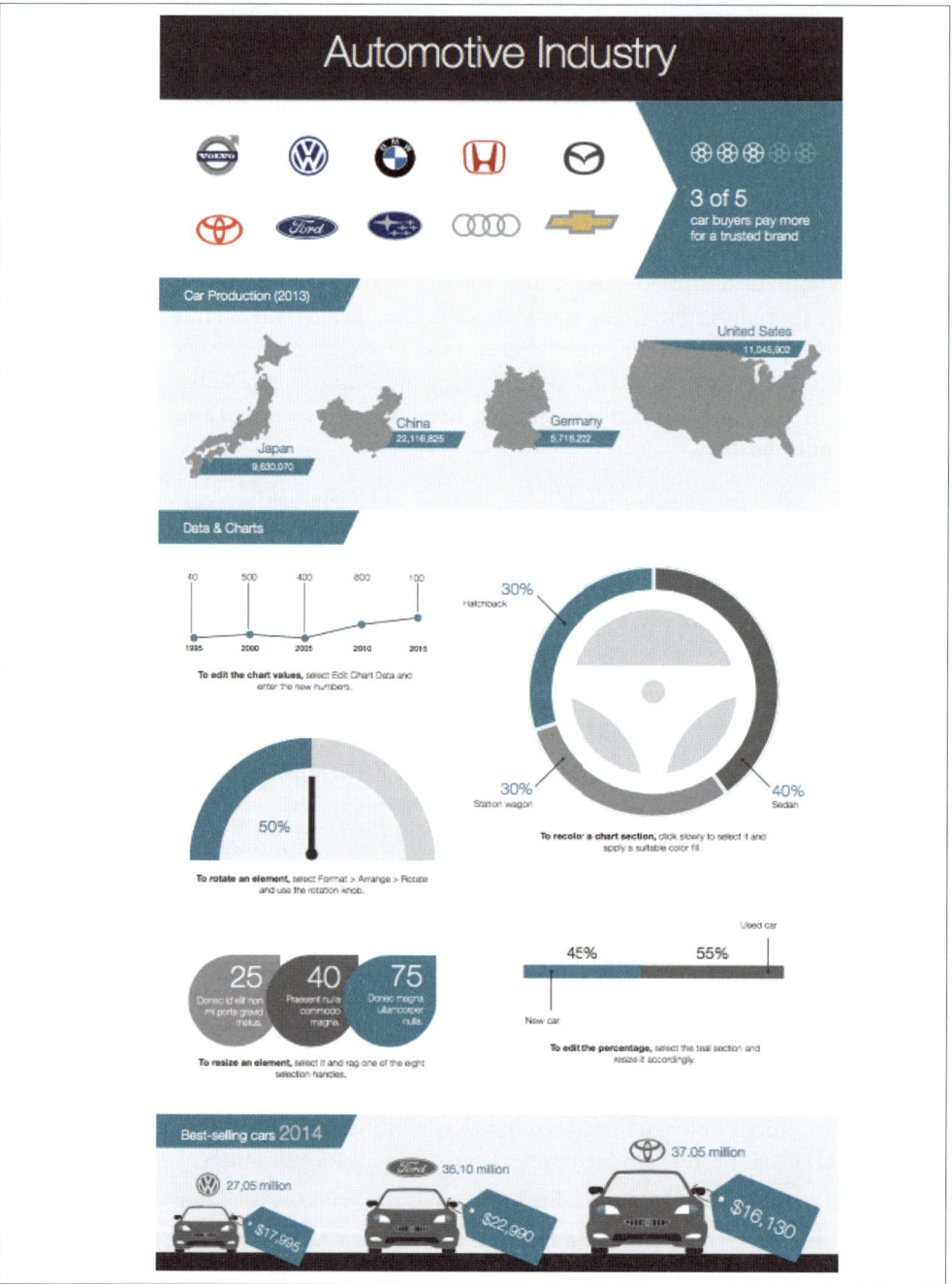

Abbildung 3-7: Typischer Aufbau und Elemente einer Infografik[55]

Videos

Videos zählen heute zu den gefragtesten Formaten im Content-Marketing. 69 Prozent der Nutzer ziehen ein Video einem Text vor, wenn auf einer Unternehmenswebsite beides geboten wird.[56] Das liegt an der Verbindung von Text, Bild und Ton, die leichter zu konsumieren ist als reiner Text und die es ermöglicht, selbst trockene Fachinhalte unterhaltsam und emotional zu transportieren. Experten gehen davon aus, dass die Bedeutung von Videos weiter steigen wird. Die meisten sozialen Netzwerke haben sich bereits auf diesen Trend eingestellt und bieten ihren Nutzern die Möglichkeit, Videos direkt über ihre Apps aufzunehmen und zu veröffentlichen.[57]

Videos sind in verschiedenen Formaten, Qualitäten und Längen denkbar. Im B2B-Bereich spielen vor allem Erklärvideos eine wichtige Rolle. Dabei handelt es sich meist um kurze Zeichentrickfilme, in denen die Funktionen und Vorteile von Produkten anschaulich erläutert werden. Sie gelten als besonders wirksam: 74 Prozent aller Nutzer, die ein Erklärvideo von einem Anbieter angeschaut hatten, haben sich im Anschluss für das Produkt bzw. die Dienstleistung entschieden.[58]

Ein weiterer Videotyp sind Screencasts bzw. Webcasts. Sie eignen sich vor allem für Anbieter von Software oder Onlineplattformen. Bei diesem Format werden Abläufe aufgezeichnet, die ein Präsentator am Computerbildschirm durchführt. So lassen sich Anleitungen und Tutorials erstellen, die Interessierte jederzeit aufrufen können. Auch hier geht es, wie bei den Erklärvideos, in erster Linie um die Wissensvermittlung.

Daneben gibt es klassische Imagefilme, Produktfilme, Recruiting-Videos und Live-Videos, die in Echtzeit zum Beispiel via Facebook Live oder mit einem Twitter-Livestream übertragen werden. Welcher der genannten Videotypen für Ihre Kommunikation geeignet ist, hängt vor allem davon ab, welche Ziele Sie verfolgen und in welcher Phase des Kaufprozesses sich Ihre Zielpersonen befinden (siehe Tabelle). Auch der damit verbundene Aufwand ist sicher ein wichtiges Kriterium. Zwar sind die Kosten für die Herstellung eines Videos in den letzten Jahren stark gesunken, doch Professionalität hat ihren Preis. Billige Produktionen sehen nicht selten auch billig aus. Achten Sie daher auf die Qualität Ihrer Videos.

Tabelle 3-3: B2B-Videoformate im Überblick[59]

Format	Phase im Kaufprozess	Aufwand	Optimale Länge	Vermarktung
Erklärvideo	entdecken	●●●	2 Minuten	Website
Produktvideo	entdecken	●●	3 Minuten	Website
Videoblog	entdecken	●●	3 Minuten	Blog

Tabelle 3-3: B2B-Videoformate im Überblick[59] *(Fortsetzung)*

Format	Phase im Kaufprozess	Aufwand	Optimale Länge	Vermarktung
Video-Livestream	entdecken	●●	20 Minuten	Social Media
Produktdemo	auswählen	●●	3 Minuten	Website
Kurzvortrag	auswählen	●	3 Minuten	Website, E-Mail, Social Media
Aufzeichnung Webinar	auswählen	●	20 Minuten	Website, E-Mail, Social Media
Imagefilm	auswählen	●●●	3 Minuten	Website
Kundengeschichte	auswählen, entscheiden	●●	3 Minuten	Website, Social Media, E-Mail
Mitarbeitergeschichte	Onboarding, Kunden binden	●●	2 Minuten	Website, Social Media
Anleitung, How-to	Onboarding, Kunden binden	●●	3 Minuten	E-Mail
Persönliche Videobotschaften	alle Phasen	●	1 Minute	E-Mail

Beispiel: Trainingsvideos von Krones

Der bayerische Maschinenbauer Krones veröffentlicht bereits seit 2010 auf seinem YouTube-Kanal[60] jährlich rund 200 Videos zu neuen Produkten oder Technologien, zu Messen, Veranstaltungen und Karrierethemen. Viele dieser Videos werden speziell für Trainingszwecke erstellt, da sich die Funktionsweise einer Maschine so besonders gut veranschaulichen lässt. Das Besondere an den Trainingsvideos: Die Krones-Mitarbeiter erklären selbst »ihre« Maschinen. Das spart Kosten und wirkt gleichzeitig glaubhafter als die professionelle, aber anonyme Stimme aus dem »Off«. Zudem sorgt die Inhouse-Produktion für eine hohe Akzeptanz bei den Mitarbeitern.

Beispiel: Erklärvideos von Ledvance (Osram)

Mit einer internationalen B2B-Videokampagne wollte sich der Lichthersteller Ledvance (Osram) beim Händler als Experten positionieren und ein Gefühl der Identifikation und Zugehörigkeit erzeugen. Langjährige Markentreue war das Ziel. Sie schufen eine mehrteilige Videoserie[61] mit den »Light Guys« als Hauptakteuren. Der Meister und sein Auszubildender präsentieren auf humorvolle Weise Themen und Trends der Branche und stellen sich Herausforderungen, die Elektro- und Lichtinstallateure aus ihrem Tagesgeschäft gut kennen. Die zentrale Botschaft: »Wir verstehen euch.«

Beispiel: Produktfilme bei DATEV

Ein Produktfilm soll Interesse wecken und Informationen vermitteln, darf aber nicht langweilen. In der Praxis ist das eine schwierige Gratwanderung zwischen Information, Entertainment und klaren Verkaufszielen. Gelingt sie, sind Nutzer auch bereit, sich Filme anzusehen, die länger dauern als eine Minute. DATEV gelingt das zum Beispiel mit dem Produktfilm zum Service »Unternehmen online«.[62]

Beispiel: Viral-Video von Kuka

Virals, also Videos, die sich weitgehend von selbst verbreiten, weil Internetnutzer sie massenhaft teilen, sind das Königsformat unter den Videoformaten. Sie sind vor allem dann erfolgreich, wenn sie stark polarisieren, Emotionen auslösen oder unkonventionell sind. Genau aus diesem Grund scheuen viele B2B-Unternehmen dieses Format noch. Mit mittlerweile fast zehn Millionen Abrufen hat der Roboterhersteller Kuka einen der wenigen Coups gelandet. Das Tischtennismatch zwischen dem deutschen Top-Spieler Timo Boll und dem Kuka-Roboter gehört zu den B2B-Highlights im Netz.

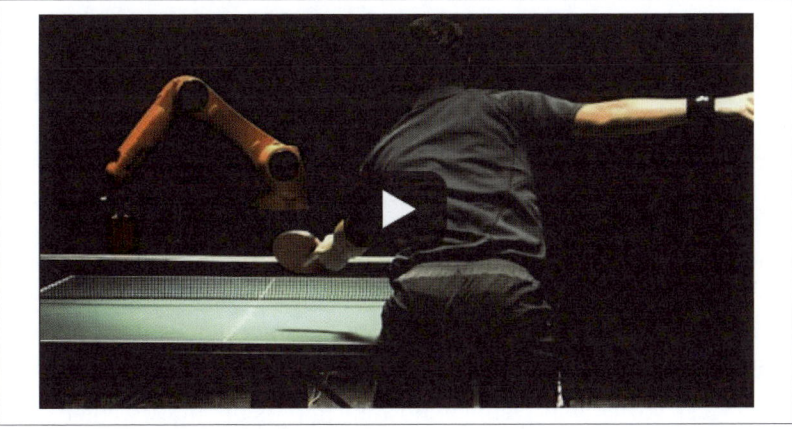

Abbildung 3-8: Viral-Video von Kuka Systems[63]

Tipps für die Konzeption und Umsetzung von Videos

- Tun Sie nicht alles, nur weil es möglich ist. Kaum etwas ist peinlicher als ein halb professionelles Video auf einer ansonsten gut gemachten Website. Lassen Sie Imagefilme und Erklärvideos am besten von einem Profi produzieren.

- Videos für Ihr Blog können dagegen durchaus Selfmade-Charakter haben. Durch Interviews mit Mitarbeitern können Sie zum Beispiel eine sehr persönliche Seite Ihrer Firma vermitteln. Aufzeichnungen von eigenen Vorträgen eignen sich gut, um Ihre Kompetenz unter Beweis zu stellen.

- Klären Sie, bevor Sie starten, welche Ziele Sie erreichen wollen, wie ein Video dazu beitragen kann und welche Art von Video (Imagefilm, Produktvideo, Werbespot, Tutorial, Behind-the-Scenes-Video etc.) für Ihre Zielgruppe geeignet ist.

- Für die Veröffentlichung richten Sie am besten einen eigenen You-Tube-Kanal ein. Über diesen können Sie hochgeladene Videos ganz leicht in Ihr Blog einbinden. Damit Ihre Videos besser gefunden werden, sollten Sie einen erklärenden Text dazustellen, der relevante Keywords enthält.

- Erklärvideos haben sich bewährt, laufen aber Gefahr, durch Wiederholung der immer gleichen inhaltlichen Mechanik wie zum Beispiel »Meet Bob« ihre Wirkung zu verlieren. Versuchen Sie es besser mit einem eigenen kreativen Ansatz, der Ihre Handschrift trägt. Dieser muss formal nicht »perfekt« sein.

Webinare

Webinare zählen neben Whitepapers zu den wirksamsten Content-Formaten im B2B-Bereich: 50 Prozent der Unternehmen sagen aus, dass sie über Webinare Leads generiert haben.[64] Für B2B-Unternehmen, die mit ihren Content-Marketing-Aktivitäten neue Kunden gewinnen wollen, sind Webinare daher das Mittel der Wahl. Das liegt daran, dass Sie über dieses Format Ihren Zielpersonen einen Eindruck von Ihrem Fachwissen und Know-how vermitteln können und gleichzeitig qualifizierte Kontaktdaten von Personen erhalten, die offensichtlich an den Produkten und Dienstleistungen Ihres Unternehmens interessiert sind. Denn um am Webinar teilzunehmen, müssen sich die Teilnehmer zuvor mit ihren Kontaktdaten anmelden oder werden während der Veranstaltung namentlich erfasst.

Ein großer Vorteil von Webinaren ist auch, dass die Interessenten ortsunabhängig und mobil daran teilnehmen können. Für Sie als Organisator ist das ebenfalls vorteilhaft: Sie müssen weder Seminarräume noch Verpflegung organisieren, Webinare sind daher wesentlich kostengünstiger als »reale« Seminare. Auch die Interaktion kommt nicht zu kurz, da Umfragen und Rückfragen per Chat möglich sind. Schließlich ist es auch ein von den Zielpersonen sehr geschätztes Format: Laut einer Langzeitstudie von EccoloMedia nutzen 34 Prozent der IT-Entscheider in Unternehmen Webinare regelmäßig, um eine Kaufentscheidung vorzubereiten.[65]

Inhaltlich lassen sich bei Webinaren folgende Ansätze unterscheiden:

1. **Problem- und lösungsorientierte Webinare** behandeln einen typischen Bedarf oder Fragen Ihrer Zielgruppe und geben erste Hinweise auf mögliche Lösungsansätze. Hier können Sie mit Fachwissen punkten und Interessenten überzeugen, die sich noch in der Phase der Orientierung befinden.

2. **Produktbezogene Webinare** richten sich an Interessenten, die Ihr Produkt oder Ihre Dienstleistung bereits in die engere Wahl gezogen und konkrete Fragen zur Funktionsweise haben.

3. **Produktdemonstrationen** zeigen die konkrete Anwendung eines Produkts in einer Live-Vorführung. Dies kann mit einer Gruppe von Interessenten oder auch mit Einzelpersonen durchgeführt werden und unterstützt besonders das Onboarding von neuen Kunden.

Tipps für die Durchführung von Webinaren

- Entscheidend für den Erfolg von Webinaren sind die Inhalte sowie die Art und Weise, wie diese präsentiert werden. Investieren Sie daher ausreichend Zeit in die Konzeption und setzen Sie nur geübte Referenten ein.

- Lösen Sie sich inhaltlich von Ihren Produkten und erzählen Sie Geschichten, die Ihre Zuhörer auf emotionaler Ebene erreichen, die unterhalten, inspirieren und zum Nachdenken anregen.

- Versuchen Sie, mit Ihren Zuhörern ins Gespräch zu kommen, und beziehen Sie diese in Ihren Vortrag ein. Stellen Sie Fragen und zeigen Sie Grafiken, die zum Dialog einladen.

- Nutzen Sie die Chance, Ihre Teilnehmer bereits vor einem Webinar kennenzulernen. Eine kurze Befragung eignet sich dazu gut. Außerdem erhöht sich so die Wahrscheinlichkeit, dass die angemeldeten Teilnehmer tatsächlich zum Webinar erscheinen.

- Um die Teilnehmer in Leads zu verwandeln, ist eine professionelle Nachbereitung unabdingbar. Starten Sie daher nach dem Webinar eine Serie von Nachfassmaßnahmen über verschiedene Kanäle: E-Mail, klassisches Mailing, Telefonate.

Beispiel: Mehrstufige Webinar-Strategie bei Adobe[66]

Das Softwareunternehmen Adobe, selbst Hersteller der Webinar-Lösung Adobe Connect, setzt bei der Gewinnung von Leads auf eine mehrstufige Webinar-Strategie. Dabei kommen verschiedene Webinar-

Formate zum Einsatz, die unterschiedliche Anforderungen des Interessenten adressieren, je nachdem, in welcher Phase des Kaufprozesses er sich befindet. Den Einstieg bilden problem- und lösungsorientierte Webinare, die letzte Phase beinhaltet Trainingswebinare, die einen Produkttest begleiten. Die Conversion-Rate ist dabei je nach Format unterschiedlich:

Tabelle 3-4: Wirksamkeit unterschiedlicher Webinar-Formate bei Adobe

Inhaltlicher Schwerpunkt	Kaufrate
Problem-/lösungsorientiertes Webinar	2 bis 3 %
Produktwebinar	20 %
Produktwebinar mit Wettbewerbsvergleich	30 %
Trainingswebinare verbunden mit Produkttest	30 %

Neben Webinaren setzt Adobe in seiner Marketingstrategie auch Whitepaper, Videos und Testversionen der Software ein.

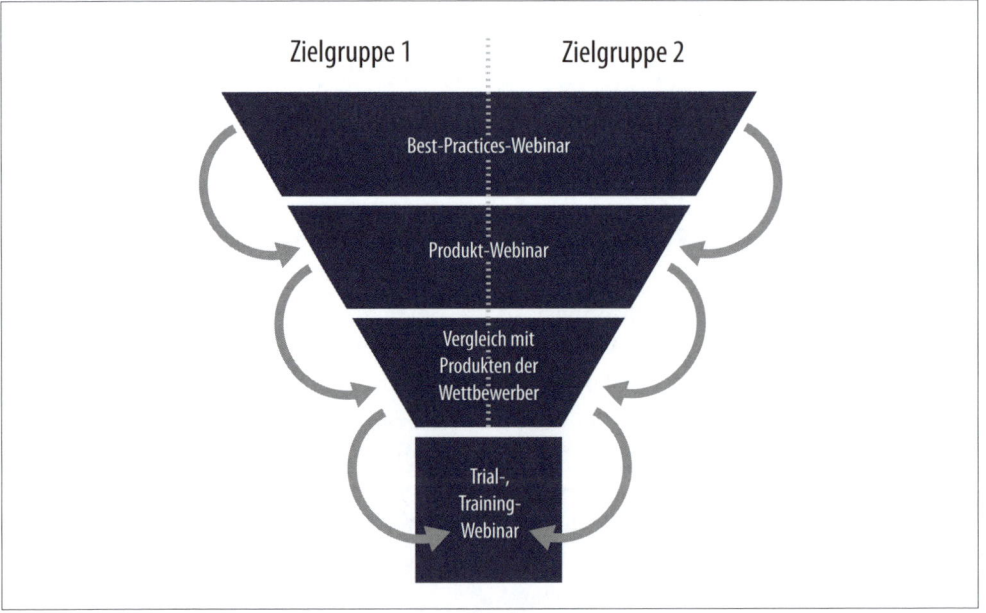

Abbildung 3-9: Webinare im Verkaufstrichter bei Adobe[67]

Audio-Content und Podcasts

Im privaten Bereich werden Audioformate bereits viel genutzt, doch in der B2B-Kommunikation finden sie bisher kaum Anwendung. Dabei haben Audioformate – ähnlich wie Videos – einen entscheidenden Vorteil gegenüber textbasiertem Content: Sie sind persönlicher. Eine Stimme spricht Menschen direkt an und macht es leichter, eine Beziehung aufzubauen.

Zwar fehlt ihnen das visuelle Element, das Videos ausmacht, doch dafür sind Podcasts und andere Audioformate einfacher zu produzieren, zu publizieren und auch zu konsumieren. Denn die Dateien sind kleiner als Videodateien, sodass sie vorab heruntergeladen und dann offline konsumiert werden können. Audio kann auch begleitend zu Alltagsaktivitäten angehört werden und benötigt nicht annähernd so viel Aufmerksamkeit wie Video.

Audio wird oft mit Podcasting gleichgesetzt, doch es sind weit mehr Formate denkbar. So könnte man beispielsweise – wie Daimler in seinem Blog – einfach bestehende Blogbeiträge vertonen. Auch Kurzinterviews oder Statements lassen sich via Audio veröffentlichen. Zahlreiche Tools und Apps unterstützen dabei, z. B. *Anchor*, *AudioBoom* oder *Soundcloud*.

Ob sich der Einsatz von Audio für Ihr Unternehmen lohnt, hängt vor allem von Ihren Zielen und den Mediennutzungsgewohnheiten Ihrer Zielgruppe ab. Sind diese noch nicht ausreichend bekannt, empfiehlt sich ein Test: Starten Sie zum Beispiel einen Podcast mit zehn Folgen, bewerben Sie ihn und beobachten Sie, wie Ihre Zielpersonen darauf reagieren. Aus den so gewonnenen Daten lassen sich Rückschlüsse auf die Nutzungsgewohnheiten ziehen, die dann in die Optimierung der langfristig eingesetzten Audioformate einfließen können.

Auch wenn Audio-Livestreaming derzeit noch kein Thema ist, sollten Unternehmen diese Möglichkeit im Auge behalten. Für die Aufzeichnung und Begleitung von Events, Vorträgen und Diskussionsrunden kann dieses Format praktisch sein. Entsprechende Tools und Apps sind bereits verfügbar. Facebook hat Audio-Livestreams bereits integriert.

Beispiel: Content-Marketing-Podcast von Brian Clark

Die Plattform *Rainmaker.fm* von Brian Clark ist eine hervorragende Quelle für hochwertige Informationen rund um Themen wie Content-Marketing, Selbstständigkeit, Texte und Website-Erstellung. In verschiedenen thematisch fokussierten »Shows« bieten Clark und sein Team für Blogger und Marketer regelmäßig Podcasts unterschiedlicher Frequenz und Länge. Die Copyblogger-Show beispielsweise ist der Content-Marketing-Podcast. Er erscheint einmal pro Woche, jede Folge dauert gut 20 Minuten.

Tipps für die Erstellung von Podcasts

- Es kann sinnvoll sein, statt Podcast einen anderen Begriff zu verwenden, der im deutschen Sprachraum bewährt und einigen Zielgruppen vielleicht zugänglicher ist, zum Beispiel Audiomitschnitt oder Audiomagazin.

- Entscheidend für den Erfolg sind die Themen und Inhalte. Sorgen Sie dafür, dass diese relevant, aktuell und interessant aufbereitet sind. Geeignete Formate sind zum Beispiel Interviews, Reportagen oder häufig gestellte Fragen.

- Die Moderatoren und Gesprächspartner sollten angenehme Stimmen haben, denen man gern zuhört.

- Ergänzen Sie ein Transkript, das den Inhalt des Audiobeitrags in Schriftform abbildet. So können auch Suchmaschinen diese erfassen.

- Egal wo Sie Ihren Podcast hosten, er sollte auf jeden Fall im iTunes-Podcast-Verzeichnis[68] zu finden sein, das für Apple und iOS-Geräte relevant ist und zudem von vielen anderen Podcast-Apps genutzt wird.

Micro-Content

Als Micro-Content oder auch *Snackable Content* bezeichnet man besonders kompakte Inhalte, die Sie mit wenig Aufwand erstellen können. Sie eignen sich vor allem für soziale Medien, wenn es darauf ankommt, dass Nutzer Ihre Inhalte schnell erfassen und einfach weiterleiten können. Der Klassiker des Micro-Contents ist die Kurzmeldung auf Twitter: der *Tweet*. Er darf maximal 140 Zeichen[69] umfassen, kann aber um Bilder und Links ergänzt werden. Auch Postings bei Facebook oder in den Businessnetzwerken XING und LinkedIn, animierte GIFs sowie Kommentare, die Sie zu fremden Beiträgen und Artikeln abgeben, zählen zum sogenannten Micro-Content.

Acht Kriterien für Micro-Content[70]

Micro-Content...

- fokussiert auf kompakte und nützliche Informationen, die der Nutzer tatsächlich benötigt.

- liefert Informationen in mundgerechten und leicht verdaulichen Portionen.

- enthält eine komplette Botschaft und bedarf keiner ergänzenden Informationen.

- funktioniert in allen Kanälen gleichermaßen.

- transportiert die Marke und fordert zum Handeln auf (Call-to-Action).
- lässt sich leicht teilen und lädt zum Interagieren ein.
- ist nicht auf eine Plattform oder einen Kanal beschränkt.
- wird regelmäßig veröffentlicht.

Dabei kann Micro-Content sowohl informativ als auch unterhaltsam sein, aber keinesfalls werblich. Sein Ziel ist es, Appetit zu machen auf größere Content-Formate, wie einen Blogbeitrag oder ein Whitepaper. Hier gilt der Grundsatz des Content-Marketings: Werbung für nützliche Inhalte statt für Ihre Produkte.

Micro-Content gewinnt im B2B an Bedeutung

Micro-Content wird in Zukunft eine immer wichtigere Rolle im Content-Marketing spielen. Grund dafür sind drei Entwicklungen:

1. **Die verstärkte Nutzung sozialer Medien**: Auch im B2B kommunizieren Unternehmen heute über soziale Medien mit ihren Interessenten und Kunden. Und dort sind vor allem kurze, kompakte Inhalte gefragt: Sie lassen sich einfach teilen und bieten trotzdem einen hohen Nutz- oder Unterhaltungswert.

Abbildung 3-10: Beispiel: Visual.ly-Kampagne mit Infografik auf Twitter[71]

2. **Die Verbreitung mobiler Endgeräte**: Mit mobilen Plattformen und Endgeräten verändert sich auch das Informationsverhalten im B2B-Kaufprozess: Schon heute recherchieren über 40 Prozent der Entscheider im B2B über Smartphone, Tablets & Co.[72] Dabei bevorzugen sie kompakte Inhalte, die auch auf kleinen Displays gut konsumiert werden können.

3. **Sinkende Aufmerksamkeitsspannen der Nutzer**: Angesichts der wachsenden Informationsflut ist es heute unmöglich, alle relevanten Inhalte zu einem Thema zu erfassen, geschweige denn zu konsumieren. Eine Microsoft-Studie[73] hat gezeigt, dass die durchschnittliche Aufmerksamkeitsspanne beim Menschen heute kürzer ist als die eines Goldfischs: Sie beträgt etwa 8 Sekunden! So viel Zeit bleibt einem Marketer, die Aufmerksamkeit und das Interesse eines Nutzers zu gewinnen. Das gelingt am besten mit kleinen Informationshäppchen, die sich schnell erfassen lassen. Auch visuelle Inhalte wie Bilder und Infografiken sind hier im Vorteil: Unser Gehirn verarbeitet visuelle Informationen 60.000 Mal schneller als Text und erinnert sich auch nach Tagen noch fünf- bis sechsmal besser an Bilder als an Text.

Beispiel Fujitsu: Core Content in Bausteine zerlegen

Der Trend wird dahin gehen, dass Unternehmen größere Content-Pakete, sogenannten *Core Content*, produzieren und diese für verschiedene Zielgruppen und Kanäle in kurze, leicht verdauliche Formate aufsplitten. Ein anschauliches Beispiel dafür liefert eine Kampagne von Fujitsu.

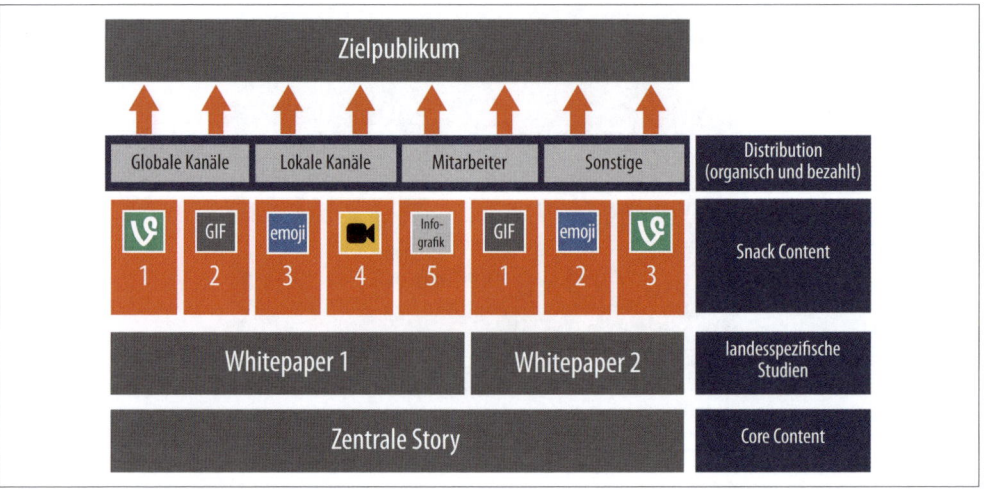

Abbildung 3-11: Architektur der Fujitsu-Kampagne[75]

Das Unternehmen verarbeitete die Ergebnisse einer Studie in mehreren Whitepapers und bewarb diese wiederum mithilfe von Snack-Content in den sozialen Netzwerken. Hier kamen Vine-Videos zum Einsatz,[74] animierte GIFs, Emojis, Infografiken und Cinemagraphs. Die Verknüpfung einiger Faktoren dieser Kampagne war laut Fujitsu der Schlüssel zum Erfolg:

- Eine Studie, deren Ergebnisse die Zielgruppe als relevant und nützlich ansieht.
- Professionelle Snack-Content-Formate.
- Distributionskanäle mit überdurchschnittlichen Reichweiten.
- In der Folge Leads mit gutem Kosten-Nutzen-Verhältnis.

Aus Micro-Content größere Einheiten entwickeln

Anders als im Beispiel von Fujitsu kann auch die umgekehrte Vorgehensweise sinnvoll sein: nämlich mit kleinen Formaten zu starten, um mehr über den Bedarf der Konsumenten zu erfahren. Dies ist das Kernprinzip im Lean-Content-Marketing: Mit kleinen Informationseinheiten wird getestet, welche Themen im Markt besonders gefragt sind. Diese können anschließend zu größeren Einheiten, zum Beispiel einem Blogartikel oder einem Whitepaper, zusammengeführt werden (siehe Abschnitt *Inhalte nach dem Lean-Prinzip entwickeln* auf Seite 59).

Tipps für die Erstellung von Micro-Content

- Für Micro-Content gelten die gleichen Regeln wie für andere Content-Formate: Stellen Sie die Bedürfnisse Ihrer Zielpersonen in den Vordergrund und adressieren Sie deren Probleme.
- Versuchen Sie, Ihre Botschaften zu visualisieren, zum Beispiel in Form von Infografiken, Fotos, Comics oder kurzen Videos.
- Vergessen Sie auch hier nicht die konkrete Handlungsaufforderung: »Lesen Sie diesen Artikel« oder »Melden Sie sich zu unserem Webinar an«. Nur so können die Inhalte auch einen signifikanten Beitrag zur Generierung von Leads leisten.

Interaktiver Content

Unter interaktivem Content versteht man Inhalte, bei denen der Nutzer selbst aktiv wird, per Mausklick oder Texteingaben. Er kann damit in gewissem Maße die Inhalte selbst anpassen und gestalten. Ein typisches Beispiel hierfür ist der Konfigurator eines Autoherstellers, der es dem Konsumenten ermöglicht, sein Wunschauto selbst zusammenzustellen und sich abschließend den Preis dafür anzeigen zu lassen. Solche Konfiguratoren lassen sich auch bei Produkten im B2B-Bereich gut einsetzen. Weitere interaktive Content-Formate sind Umfragen, Rechner, Quiz, Selbsttests, interaktive Grafiken, Diagramme und Landkarten, Augmented-Reality-Anwendungen und Spiele. Manche dieser Formate lassen sich mithilfe von entsprechenden Tools leicht und mit geringem Kostenaufwand produzieren. Andere verlangen Experten-Know-how und sind in der Umsetzung entsprechend kostspielig.

Tabelle 3-5: Interaktive Content-Formate im Überblick

Format	Phase im Kaufprozess	Aufwand	Vermarktung
Umfrage	entdecken	●	Website, Social Media, E-Mail
Selbsttest	entdecken	●●	Website
Interaktive Grafik	entdecken	●●	Website, Social Media
Interaktives Whitepaper	entdecken, auswählen	●●	Website, Social Media
Quiz	entdecken, auswählen	●●	Website, Social Media
Produktkonfigurator	auswählen, entscheiden	●●	Website, E-Mail
ROI-Kalkulator	auswählen, entscheiden	●●	Website, E-Mail
Spiele, Gamification	alle Phasen	●●●	Website
Augmented Reality	alle Phasen	●●●	mobile Endgeräte
Interaktives Video	alle Phasen	●●●	Website, Social Media

91 Prozent der Entscheider im B2B-Bereich ziehen interaktiven und visuellen Content statischen Inhalten vor.[76] Das liegt zum einen daran, dass er den Spieltrieb des Menschen weckt: Jeder quizzt gern oder möchte sein Wissen testen. Zum anderen erfüllt er das zentrale Bedürfnis nach Individualität – und das gleich auf zwei Arten: Der Nutzer kann selbst entscheiden, wie er den Content handhaben möchte. Und das Ergebnis in Form einer Auswertung oder eines Produktvorschlags ist auf ihn persönlich zugeschnitten. Zusammen erhält der Nutzer das Gefühl, als Individuum angesprochen zu sein.

> **Weiterlesen:**
>
> Mehr über interaktiven Content und *Gamification* im Marketing finden Sie in Kapitel 7.

Vorteile von interaktivem Content für Unternehmen

1. Kunden gewinnen

Wenn sich ein Nutzer individuell behandelt und wertgeschätzt fühlt, baut er Vertrauen zum Unternehmen auf, und die Chance ist groß, dass er zum Kunden wird. Deshalb wird interaktiver Content von 70 Prozent der Onlinemarketer als sehr gutes Werkzeug beurteilt, um Leads zu Kunden zu konvertieren. Passivem Content dagegen wird dieser Effekt nur von 36 Prozent zugesprochen.[77] Dabei sind einige Formate eher für die ersten Phasen des Kaufprozesses geeignet, wenn es darum geht, Aufmerksamkeit zu schaffen. Dazu zählen beispielsweise Umfragen und Selbsttests. Andere Formate wie Konfiguratoren und Assistenten sind dagegen später besonders effektiv, wenn der Interessent seine Kaufentscheidung nur noch absichern will.[78]

2. Suchmaschinenoptimierung

Interaktiver Content erhöht auch die Verweildauer auf einer Website – ein wichtiger Aspekt bei der Suchmaschinenoptimierung. Denn Webseiten, auf denen sich Nutzer lange Zeit aufhalten, werden von Google tendenziell positiv bewertet und steigen in ihrer Relevanz.

3. Imagebildung

Und schließlich unterstützt interaktiver Content auch die Imagebildung, die Abgrenzung gegenüber Wettbewerbern und die Informationsvermittlung. Da ist es kein Wunder, dass immer mehr B2B-Marketer auf interaktive Formate setzen wollen. An erster Stelle stehen dabei Umfragen, Assessments (Selbsttests), Kalkulatoren und interaktive Grafiken.

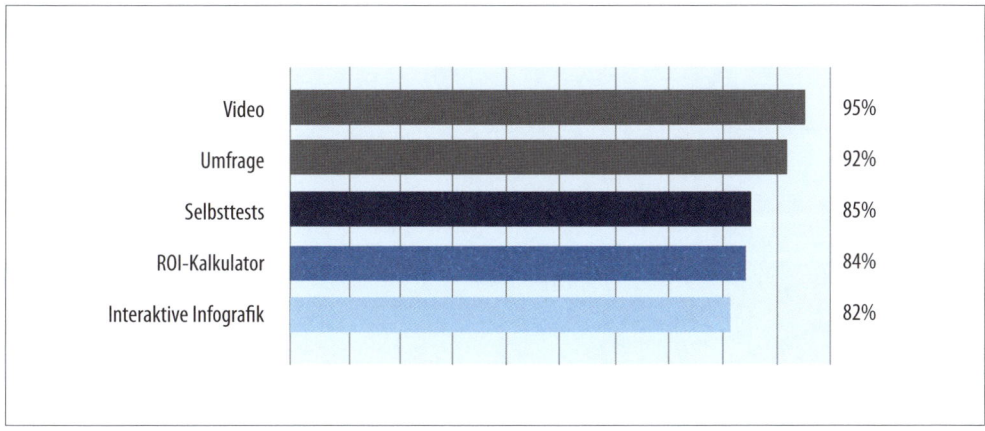

Abbildung 3-12: Vier der Top-5-Content-Formate für B2B-Marketer sind interaktiv.[79]

Beispiel: Produktkonfigurator bei Freudenberg Sealing Technologies

Freudenberg Sealing Technologies ist einer der führenden Anbieter in der Dichtungstechnik. Um seine aus unterschiedlichen Branchen stammenden Kunden besser bei der Kaufentscheidung zu unterstützen, bietet das Unternehmen auf seiner Website eine Reihe von Services und Onlinetools, darunter auch den sogenannten »O-Ring Configurator«.

Abbildung 3-13: O-Ring Configurator von Freudenberg Sealing Technologies[80]

Sein Ziel ist es, die für den Kunden optimale Kombination aus ringförmigem Dichtungselement (O-Ring) und Bauraum zu finden, um ein sicheres Abdichten zu gewährleisten. Dazu führt der Assistent den Benutzer über Abfragen schrittweise vom Bauraum zum passenden Dichtungsring. Häufige Auslegungssituationen sind bereits voreingestellt, sodass der Nutzer nur wenige Eingaben tätigen muss. Diese werden am Ende über eine Ampelfunktion bewertet. Nur wenn alle Auslegungsparameter eingehalten, also grün, sind, kann der Nutzer die Berechnung abschließen und bekommt Katalogartikel mit passenden Dimensionen sowie die für seine Anwendung geeigneten Werkstoffe vorgeschlagen. Der Konfigurator kann nur nach Registrierung genutzt werden, sodass Freudenberg Sealing Technologies damit nicht nur den Kunden bei der Produktsuche unterstützt, sondern auch qualifizierte Leads generiert.

Tipps zur Gestaltung von interaktivem Content

- Gehen Sie bei der Konzeption und Gestaltung von interaktiven Funktionen immer vom »dümmsten anzunehmenden User«, dem sogenannten »DAU«, aus. Und lassen Sie Ihren Content von Laien testen, bevor Sie ihn veröffentlichen.

- Behalten Sie die Interessen Ihrer Zielgruppe genau im Blick, damit Sie Content erstellen können, der konkrete Probleme der Zielgruppe löst oder Antworten auf ihre Fragen findet.

- Die Nutzung von interaktivem Content sollte nicht zu lange dauern: Ein Quiz mit 20 Fragen oder mehr wird Nutzer wohl eher abschrecken als anziehen.

- Die Interaktion mit Ihrem Content sollte für den Nutzer stets in einer Handlungsaufforderung, einem Call-to-Action, münden, um den Nutzer zu einem nächsten Schritt zu bewegen.

- Sehen Sie interaktiven Content immer im Gesamtkontext mit anderen Inhalten: Stimmen Sie ihn auf bestehenden Content ab oder ergänzen Sie ihn um Inhalte, die die Themen der Anwendung vertiefen.

Wir halten fest:

Behalten Sie bei der Wahl der Content-Formate immer Ihre Zielgruppe im Auge: Was sind deren Informationsgewohnheiten? In welcher Phase des Kaufprozesses befinden sie sich gerade? Entscheiden Sie sich nie für ein Format, nur weil es gerade »in« ist oder Ihre Wettbewerber es einsetzen. Berücksichtigen Sie auch den Aufwand für die Erstellung. Für Content-Marketing-Einsteiger empfiehlt es sich, mit leicht zu realisierenden Formaten wie Blogbeträgen, Präsentationen und Bildern zu starten.

Content-Planung: mit den richtigen Inhalten begeistern

»Planen Sie Ihre Arbeit. Arbeiten Sie nach einem Plan.«
– *Content Marketing Institute*[82]

Im Abschnitt *Formate für das Content-Marketing* auf Seite 63 ff haben Sie einige der wichtigsten Formate für das B2B-Content-Marketing kennengelernt. Für Unternehmen stellt sich nun die Frage, welche davon am besten für die eigenen Themen, Ziele und Zielpersonen geeignet sind. Das zu entscheiden, ist nicht einfach, und viele Marketingverantwortliche fühlen sich mit der Unmenge an möglichen Content-Formaten überfordert. Fast zwei Drittel geben an, dass ihnen der entscheidende Prozessschritt von der Themenidee hin zur Kampagne Kopfzerbrechen bereitet und sie die Potenziale hier weniger gut bis gar nicht gut nutzen.[81] Eignet sich ein Video besser als eine Infografik, um die eigene Botschaft rüberzubringen? Oder soll man gleich beides umsetzen? Und wie plant man ihren Einsatz im Zeitverlauf? Die Herausforderung besteht darin, den Content so einzusetzen, dass er die richtigen Personen zur richtigen Zeit über die richtigen Kanäle erreicht. Nur dann kann er die gewünschte Wirkung erzielen.

Themen- und Redaktionsplanung

Wer mit Content-Marketing erfolgreich sein will, kommt um eine solide Planung nicht herum. Sie hilft Unternehmen, nicht den Überblick darüber zu verlieren, wann welcher Content in welcher Form in welchem Medium publiziert wird. Diese Informationen werden in einem *Themenplan* festgehalten. Er gibt den groben Überblick über einen längeren Zeitraum und sorgt vor allem dafür, dass keine Persona und keine Themenfelder vergessen werden und dass sich bestimmte Themen nicht zu oft wiederholen.

Ergänzt wird der Themenplan durch einen *Produktionskalender* bzw. *Redaktionsplan*. Dieser unterstützt die operative Umsetzung im Tagesgeschäft und sorgt dafür, dass alle Inhalte termingerecht erstellt und in den richtigen Kanälen publiziert werden. Darin sind auch die Zuständigkeiten und Fristen für die Erstellung der Inhalte, für Korrekturen und Freigaben definiert.

Redaktionsmeetings

Der Redaktionsplan wird üblicherweise im Rahmen von Redaktionsmeetings entwickelt, an denen je nach Unternehmensgröße und -struktur verschiedene Disziplinen vertreten sein sollten: Marketing, Vertrieb, PR, Social Media und gegebenenfalls auch der Kundenservice. Ziel der Redaktionsmeetings ist es, den Austausch zwischen den Abteilungen zu fördern und Ideen für neue Inhalte zu sammeln. Dabei werden Themen, Termine und Verantwortlichkeiten festgelegt.

Durch die gemeinsame Planung lässt sich vermeiden, dass Abteilungen parallel an den gleichen Themen arbeiten und das Rad immer wieder neu erfinden. Es ist daher wichtig, dass Sie Vertreter aus allen beteiligten Abteilungen regelmäßig an einen Tisch holen, um sich abzustimmen. Folgende Punkte sollten dabei auf der Agenda stehen:

- Analyse bisheriger Content-Maßnahmen
- Status der aktuellen Themenplanung und Besprechung von Änderungen bei Themen und Terminen
- Vorstellung neuer Themen
- Ideensammlung für die kommenden Monate – unter Berücksichtigung saisonaler Ereignisse, der aktuellen Nachrichtenlage und den Ergebnissen der Content-Analyse
- Überprüfung der Themen auf Konformität mit der Content-Strategie
- Diskussion von Content-Formaten und Kanälen
- Festlegung von Themen, Verantwortlichkeiten und Terminen

Diese Punkte lassen sich in drei grundsätzliche Blöcke aufteilen: Brainstorming, Themenentwicklung, Planung. Diese sollten in jedem Redaktionsmeeting abgedeckt werden. Dabei können Sie sich an folgendem Ablauf orientieren:

Tabelle 3-6: Vereinfachter Ablauf eines Themenplanungsmeetings[83]

Schritt	Dauer	Inhalte
1	25 Minuten	Brainstorming: Was könnten unsere nächsten Themen sein?
2	15 Minuten	Themenentwicklung: Passen die Themen zur Strategie? Welche Formate und Kanäle sind geeignet?
3	20 Minuten	Planung: Wer kümmert sich bis wann um welche Themen?

Inhalt eines Redaktionsplans

Die Ergebnisse der Redaktionsmeetings werden in einem Redaktionsplan festgehalten. Auf diesen sollten alle Beteiligten Zugriff haben, damit sie jederzeit den Überblick über die diversen Inhalte behalten. In vielen Unternehmen hat sich für die Redaktionsplanung eine einfache Tabelle auf Excel-Basis bewährt. Diese ist je nach Veröffentlichungsfrequenz als Tages- oder Wochenkalender aufgebaut und sollte mindestens die folgenden Felder enthalten:

- Jahrestermine, z. B. Feiertage, Messen, Produktlaunches
- Datum der geplanten Veröffentlichung
- Themenbeschreibung
- Zielpersonen
- Content-Format, z. B. Blogartikel, Whitepaper, Video, Infografik
- zuständige Mitarbeiter
- geplante Distributionskanäle
- Deadlines
- Status der Umsetzung
- Recycling-Möglichkeiten: Wie lassen sich die Inhalte zu einem späteren Zeitpunkt gegebenenfalls wiederverwerten?

Wird ein solcher Plan erstmals erstellt, empfiehlt es sich, mit den Jahresterminen zu starten. Denn Messen und ähnliche Veranstaltungen geben oft schon bestimmte Themen vor, die als Orientierung für die weitere Planung dienen können. Wichtig ist, dass am Ende alle definierten Themenfelder und Personas berücksichtigt wurden. Grundsätzlich sollte ein Redaktionskalender aber immer genügend Freiraum lassen, um auch spontan auf Entwicklungen und Trends im Markt reagieren und neue Themen aufnehmen zu können.

Wichtig ist auch, dass Sie gleich im Kalender vermerken, wenn rund um ein bestimmtes Thema mehrere Formate geplant sind. Dann können Sie die Erstellung zeitlich so koordinieren, dass die Inhalte Bezug aufeinander nehmen: Im Blogartikel wird dann beispielsweise das passende Video integriert und im Webinar auf das Whitepaper zur vertiefenden Lektüre hingewiesen.

Tipp:

Ein Redaktionskalender ist nicht in Stein gemeißelt. Bleiben Sie flexibel, um auch spontane Ideen für aktuelle Themen aufzunehmen.

Redaktionsplan-Vorlage zum Download

Im Internet sind zahlreiche Vorlagen für Redaktionskalender erhältlich. Die Gestaltung ist teilweise recht unterschiedlich. Hier sollte jeder nach seinen persönlichen Anforderungen entscheiden und den Kalender gegebenenfalls individuell anpassen. Eine Vorlage auf Excel-Basis, die Sie für Ihre Planung nutzen können, finden Sie auf der Website zum Buch unter folgendem Link:

www.lean-content-marketing.com/redaktionsplan-themenplan

Das Hero-Hub-Hygiene-Modell

Empfehlenswert ist es, bei der Content-Planung möglichst viel zu variieren. Das heißt, ein bestimmtes Thema sollte möglichst in verschiedenen Content-Formaten und Kanälen aufgegriffen werden: mal als Blogartikel, mal als Whitepaper, ein anderes Mal als Video. Denn jedes Content-Format besitzt seine eigenen Stärken im Kaufprozess. Auch die Nutzungs- und Verbreitungsmöglichkeiten sind unterschiedlich. So können Sie mit einem auf YouTube platzierten Video, das Sie zusätzlich über bezahlte Medien wie etwa Google AdWords oder Werbung in sozialen Medien vermarkten, ein ungleich größeres Publikum erreichen als beispielsweise mit einem Artikel, den Sie nur auf Ihrem eigenen Blog veröffentlichen. Bezahlte Medien sind vor allem dann wichtig, wenn Sie schnell eine große Reichweite für Ihre Inhalte erzeugen wollen.

Für die Planung von Inhalten kann das *Hero-Hub-Hygiene-Modell* als Grundlage dienen, das Google für YouTube entwickelt hat.[84] Es unterscheidet drei Arten von Content:

- **Hygiene-Content**: Das sind Inhalte, die von Nutzern zu einem Themenfeld gesucht werden und dauerhaft relevant sind, z.B. FAQ-Listen oder Anleitungen. Man bezeichnet diese Inhalte auch als Evergreen-Content. Achten Sie darauf, dass Sie diese kontinuierlich anbieten.
- **Hub-Content**: Das ist Content, der für spezifische Interessen der Zielgruppen interessant ist und in regelmäßigen Abständen erstellt wird. Sein Ziel ist es, die Adressaten immer wieder zum Anbieter zurückzuholen, um so in Kontakt zu bleiben und Vertrauen aufzubauen. Typischer Hub-Content sind Blog- oder Videoserien, die ein Thema aus verschiedenen Perspektiven beleuchten.
- **Hero-Content**: In diese Kategorie fallen Videos und andere Inhalte, die mit viel Zeit- und Kostenaufwand entwickelt werden. Hero-Content wird punktuell produziert, z.B. bei Produkteinführungen, und intensiv vermarktet. Sein Ziel ist eine möglichst große Reichweite, daher werden bei der Distribution auch bezahlte Medien eingesetzt.

Das Hero-Hub-Hygiene-Modell bietet eine sehr gute Ausgangsbasis für die Content-Planung und den Aufbau von Reichweite. Ihr Redaktionsplan sollte idealerweise alle drei dieser Content-Formen abdecken, um langfristig optimale Erfolge zu erzielen. Je nach Zielsetzung können Sie den Schwerpunkt aber auch variieren. So ist Hero-Content vor allem geeignet, um schnell viel Aufmerksamkeit zu erzielen, Hygiene-Content hat seine Stärken im langfristigen Vertrauensaufbau.

Tabelle 3-7: Formate und Ziele im Hero-Hub-Hygiene-Modell

	Hero	Hygiene	Hub
Aufmerksamkeit wecken	✓		
Kaufentscheidung beeinflussen		✓	✓
Fürsprecher gewinnen	✓	✓	✓
Markenimage aufbauen	✓	✓	
Reputation stärken		✓	

Wichtig ist, die einzelnen Content-Typen nicht isoliert zu betrachten. Ihre volle Wirkung entfalten Hero-, Hub- und Hygiene-Contents nämlich erst im Zusammenspiel. Darin liegt die Stärke dieses Modells. Die folgende Grafik des *Content Marketing Forum* veranschaulicht diese Verknüpfung:

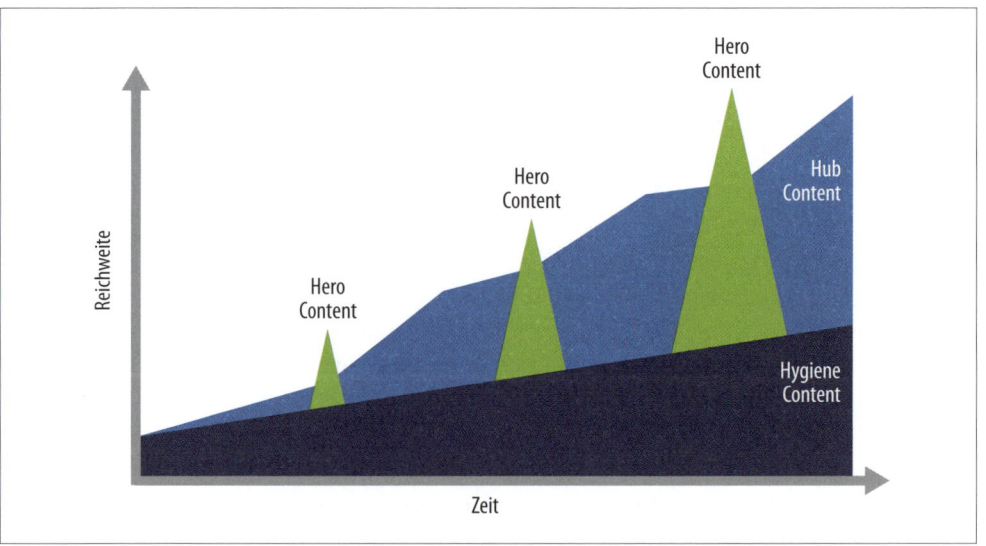

Abbildung 3-14: Die Wirkung der drei Content-Typen akkumuliert sich im Zeitverlauf (c) cmf.[85]

Wir halten fest:

Optimale Ergebnisse erzielen Sie mit einer Kombination verschiedener Content-Formate, da jedes andere Verbreitungsmöglichkeiten hat.

Inhalte selbst erstellen oder erstellen lassen?

Content-Marketing erfordert Zeit und Ressourcen, um die Zielpersonen kontinuierlich mit nützlichen Inhalten zu bedienen. Unternehmen stellen sich da die Frage, wer all den Content erstellen soll. Was kann man selbst mit internen Ressourcen produzieren? Wo ist es sinnvoller, externe Dienstleister mit der Erstellung von Content zu beauftragen? Die Antwort auf diese Fragen hängt vor allem von der Größe Ihres Unternehmens und dem zur Verfügung stehenden Budget ab. Studien[86] zeigen, dass kleine und mittelständische B2B-Unternehmen die Content-Produktion seltener in externe Hände geben als Großkonzerne. Wenn dennoch Aufgaben ausgelagert werden, betrifft das in den meisten Fällen die Bereiche Text sowie Grafik und Design. Sowohl die interne als auch die externe Content-Produktion hat ihre Vor- und Nachteile, auf die im Folgenden näher eingegangen wird.

Content selbst produzieren

In der Praxis werden aufwendige und daher nicht so häufig produzierte Formate wie Videos, Infografiken oder Whitepapers meist bei Agenturen oder Dienstleistern in Auftrag gegeben. Texte dagegen erstellen viele Unternehmen selbst. Schreiben könne ja schließlich jeder, so lautet eine weitverbreitete Meinung. Doch die meisten Unternehmen verkennen dabei, dass es eine große Bandbreite an Texten gibt, die jeweils unterschiedliche Herangehensweisen und Schreibstile erfordern. So ist ein persönlicher Blogtext ganz anders geschrieben als ein Fachartikel oder eine Pressemeldung. Wer sich bei den textbasierten Inhalten für die Inhouse-Produktion entscheidet, sollte daher darauf achten, dass die Autoren über die nötige Qualifikation und Erfahrung verfügen.

Redakteur vs. Content-Manager

Bei der Content-Produktion fallen verschiedene Aufgaben an: Da wäre zunächst die reine Erstellung der Texte, die möglichst ein professioneller Redakteur übernehmen sollte. Hinzu kommen aber noch Themen wie die Redaktionsplanung, die Erstellung und Überwachung von Guidelines, die Abstimmung mit beteiligten Abteilungen, die Koordination der Freigabeprozesse etc. Diese Aufgaben nehmen mitunter viel Zeit in Anspruch und sollten, wenn Sie Content-Marketing professionell betreiben wollen, von einem Content-Manager bzw. Content-Planer koordiniert werden.

Vorteile der hausinternen Produktion

Ihre Mitarbeiter sind mit ihrem Fachgebiet bestens vertraut und wissen genau, wen sie im Unternehmen fragen müssen, wenn sie Informationen für Marketinginhalte benötigen. Vor allem bei sehr speziellen Fachthemen ist das ein entscheidender Vorteil. Externe Dienstleister benötigen hier eine längere Einarbeitungszeit, der Abstimmungsaufwand ist höher, und es dauert eventuell länger, bis sie den fachlichen Kern Ihres Business erfassen.

Nachteile der hausinternen Produktion

Bei internen Redakteuren besteht die Gefahr der Betriebsblindheit: Bei Themen, Sichtweisen und Formulierungen gibt es oft wenig Kreativität und Abwechslung – meist wird so gearbeitet und umgesetzt, wie es sich in der Vergangenheit als erfolgreich erwiesen hat. Es fehlt der Blick von außen, der frische Ideen und neue Ansätze bringt. Außerdem stoßen Sie mit internen Ressourcen schnell an Ihre Kapazitätsgrenzen, wenn der Content-Bedarf steigt. Eine Agentur bietet hier deutlich mehr Flexibilität. Und auch die Vertretung bei Krankheit und Urlaub ist oft ein Problem, wenn die Content-Erstellung auf den Schultern nur eines Mitarbeiters liegt.

> **Tipp:**
> Nutzen Sie den objektiven Blick von außen auf Ihr Unternehmen und Ihren Markt und lassen Sie Evergreen-Content wie etwa Whitepapers, Infografiken und Videos von externen Content-Experten umsetzen. Dadurch erhalten Sie wertvolle Impulse für Ihre Marketingkommunikation.

Zusammenarbeit mit Dienstleistern

Wenn es um die Erstellung der Inhalte für Ihre Marketingaktivitäten geht, werden Sie von Zeit zu Zeit auf externe Dienstleister zurückgreifen müssen – auch wenn Sie sich vorgenommen haben, das meiste selbst erstellen zu wollen. So brauchen Sie vielleicht einen Grafiker, der Ihr Whitepaper optisch aufbereitet, einen Webdesigner, der ein Downloadformular oder eine Landingpage für Ihre Website erstellt, einen Produzenten, der Ihr Unternehmensvideo dreht, oder einen freien Texter, der Ihnen zum Beispiel bei Anfragen von Fachzeitschriften Arbeit abnehmen kann. Vielleicht wollen Sie aber auch die komplette Content-Produktion in externe Hände geben. In diesem Fall bietet sich ein Full-Service-Dienstleister, meist eine Agentur, an, der bei Bedarf auch die Verbreitung Ihrer Inhalte im Internet übernehmen kann.

Vorteile eines Full-Service-Dienstleisters

Wenn Sie regelmäßig exklusiven Content in größeren Mengen benötigen und inhouse nicht die nötigen Ressourcen oder das nötige Knowhow für die Content-Erstellung haben, sollten Sie Ihren Content als Komplettservice einkaufen. Auch wenn Sie Teilbereiche, beispielsweise Ihr Blog, auslagern wollen, bietet sich die Zusammenarbeit mit Agenturen an. Die Vorteile bestehen vor allem darin, dass diese bei Auftragsschwankungen sehr flexibel reagieren können, die Content-Produkte von hoher Qualität sind und Sie frische, kreative Ideen von außen bekommen.

Nachteile eines Full-Service-Dienstleisters

Viele Unternehmen, die mit externen Dienstleistern zusammenarbeiten, unterschätzen den Aufwand, der für die Steuerung nötig ist. Gerade zu Beginn ist der Briefing- und Abstimmungsaufwand recht hoch. Es kann einige Zeit dauern, bis sich beide Seiten aufeinander eingestellt haben. Der Dienstleister ist außerdem nicht so nah am Geschehen in Ihrem Unternehmen und muss sich in die Eigenheiten der Branche und die Lösungen erst einarbeiten.

> **Tipp:**
> Um den Aufwand für das Onboarding und die Steuerung zu minimieren, sollten Sie einen Dienstleister wählen, der über Erfahrungen in Ihrer Branche verfügt.

Freelancer als Alternative?

Gerade kleinere Unternehmen bevorzugen oft Freelancer – also freie Texter, Grafiker, Produzenten oder Programmierer. Wie eine Agentur liefern Freelancer die notwendige Professionalität und sind flexibel einsetzbar, etwa wenn kurzfristig Inhalte benötigt werden. Sie haben allerdings gegenüber Agenturen den Vorteil, dass sie geringere Kosten für Projektmanagement und Administration verursachen. Außerdem können freie Texter, Grafiker etc. gegebenenfalls vor Ort im Unternehmen arbeiten, sodass sie wie ein Inhouse-Redakteur agieren können.

Die Herausforderung besteht allerdings darin, einen passenden, gut ausgebildeten Freelancer zu finden, der sich gleichzeitig mit den Unternehmensthemen auskennt, sich in die Leser hineindenken kann, die Kunst des Webtextens beherrscht und zudem ein Verständnis für die verschiedenen Marketinginstrumente mitbringt.

Wie Sie den richtigen Dienstleister finden

Gute Dienstleister für die Content-Produktion auszuwählen, ist nicht einfach. Wenn Sie die Begriffe »Webtexter« oder »Content-Marketing-Agentur« in eine Suchmaschine eingeben, werden Sie Tausende von Ergebnissen erhalten. Wie sollen Sie hier den passenden Anbieter herausfinden?

Eigenes Netzwerk

Ein nach wie vor bewährter Weg, einen passenden Dienstleister zu finden, ist, sich bei Freunden, Kollegen, Partnern und sogar Wettbewerbern zu erkundigen. Wenn diese mit jemandem zufrieden waren, ist das ein guter Ansatzpunkt. Aber vergessen Sie auch nicht, Ihre eigenen Kriterien anzulegen, die gegebenenfalls von denen Ihrer Kontakte abweichen – beispielsweise im Hinblick auf Erfahrungen, Branchenfokus oder Leistungsspektrum des Dienstleisters.

Soziale Netzwerke

Wenn Sie bereits in einem sozialen Netzwerk wie Twitter, XING oder LinkedIn aktiv sind, können Sie sich dort bei Ihren Kontakten nach geeigneten Kandidaten erkundigen. Eine weitere Möglichkeit besteht darin, die Foren- und Gruppenfunktionen in den Businessnetzwerken zu nutzen, bei XING beispielsweise den »Freiberufler-Projektmarkt«. Zudem gibt es mittlerweile eine Reihe von spezialisierten Plattformen, die Auftraggeber mit geeigneten Dienstleistern zusammenbringen. *Scribershub* vermittelt beispielsweise professionelle Texter, Journalisten und Autoren an Unternehmen, Verlage oder Agenturen.

Suchmaschinen

Wenn Sie über Suchmaschinen recherchieren, probieren Sie am besten verschiedene Suchbegriffe und Kombinationen aus. Bevorzugen Sie einen ortsnahen Anbieter, beziehen Sie auch den Ort in Ihre Suche mit ein. Manchmal trifft man so schon auf Anbieter, die hervorragend geeignet sind.

Welcher Anbieter passt zu mir?

Wenn Sie auf den genannten Wegen einige geeignete Kandidaten ausfindig gemacht haben, gilt es im nächsten Schritt zu prüfen, ob der Anbieter tatsächlich zu Ihnen passt. Prüfen Sie dabei sowohl die folgenden sachlichen Kriterien als auch Ihr Bauchgefühl. Schließlich sollte Ihr Ansprechpartner Ihnen sympathisch sein, wenn Sie mit ihm langfristig zusammenarbeiten wollen.

- **Sprechen Sie die gleiche Sprache?** Versteht der Anbieter, was Sie konkret benötigen? Verstehen Sie, was er Ihnen anbietet?

- **Geht der Anbieter auf Ihre Anforderungen ein?** Ein guter Dienstleister hört aufmerksam zu und erkennt, was Sie für Ihre Anforderungen brauchen.

- **Stimmt der Preis?** Nicht immer ist der Anbieter mit dem geringsten Stundensatz auch der günstigste, denn Sie wissen nicht, wie lange er für bestimmte Aufgaben benötigt. Zudem lauern oft versteckte Kosten. Andererseits ist ein hohes Honorar auch kein Indiz für hohe Qualität. Orientieren Sie sich daher an marktüblichen Preisen und achten Sie auf ein für Sie optimales Preis-Leistungs-Verhältnis.

- **Ist das Angebot transparent?** Ein seriöser Dienstleister sagt Ihnen vorher möglichst genau, was es kostet. Es gibt jedoch immer Dinge, die sich im Vorfeld nicht genau kalkulieren lassen. Sie sollten daher vereinbaren, dass Ihnen der Anbieter im Verlauf des Projekts unverzüglich Bescheid gibt, wenn der Aufwand höher wird oder vereinbarte Fristen nicht eingehalten werden können.

> **Tipp:**
> Ein wertvoller Dienstleister ist nicht nur Handlanger, sondern fordert Ihre Vorstellungen von Content-Marketing mit eigenen Ideen und Marktanalysen heraus. Das erzeugt Reibung, Sie werden jedoch merken, dass Ihr Unternehmen über den reinen Content hinaus davon profitieren wird.

Was kostet ein Full-Service-Anbieter oder ein Freelancer?

Bei den Honorarsätzen der Agenturen und Freiberufler gibt es eine große Bandbreite, die zum einen von der Größe des Dienstleisters abhängt, zum anderen von der Art des benötigten Contents und dem Fachgebiet. Daher ist es schwierig, an dieser Stelle konkrete Zahlen zu nennen. Für eine erste Orientierung ist ein Blick in das Honorar- und Trendbarometer der *Deutschen Public Relations Gesellschaft* (DPRG) hilfreich. Die DPRG führt regelmäßig Honorarumfragen unter PR-Agenturen durch, zuletzt im Jahr 2015.[87] Grundsätzlich gilt in der Branche: Je größer die Agentur, desto höher die Honorarsätze. Doch der Abstand zwischen großen und kleinen Agenturen bzw. Einzelunternehmen wird von Jahr zu Jahr kleiner. Der marktübliche Stundensatz freier Texter liegt gemäß der letzten DPRG-Umfrage zwischen 50 und 80 Euro. Agenturen unterscheiden bei ihrem Stundensatz oft nach Art der Leistung, zum Beispiel Beratung, Text, Administration. Eine Beraterstunde lag 2015 bei durchschnittlich 104 Euro, die Textstunde bei 78 Euro und die Grafikstunde bei 80 Euro.

Vermeintlich günstige Textplattformen

Besonders kleinere Unternehmen reduzieren Content-Marketing häufig allein auf die Textproduktion und -veröffentlichung. Sie kaufen ihren Content günstig auf einer Textplattform im Internet ein und meinen, damit schnell Ihr Blog füllen zu können. Doch in den meisten Fällen sind solche »Ein-Cent-pro-Wort-Texte« nicht von der Qualität, die Ihre Kunden und Leser erwarten dürfen. Oft sind sie schlecht recherchiert, nicht für das Lesen im Web optimiert oder bieten dem Leser keinen echten Mehrwert. Sie werden mit solchen Texten daher kaum Ihre Ziele erreichen. Setzen Sie hier besser auf Qualität und investieren Sie in einen ausgebildeten Texter bzw. in einen professionellen Dienstleister, der sich in Ihrer Branche auskennt. Denn der Erfolg Ihres Content-Marketings steht und fällt mit der Qualität Ihrer Inhalte. Wenn Sie bei der Beschaffung Ihres Contents nur Preis- oder Zeitaspekte im Auge haben, werden Sie – statt an Ihren Dienstleister – an anderer Stelle dafür zahlen müssen. Gute Inhalte haben ihren Preis und brauchen Zeit.

Abbildung 3-15: Schnell, billig und perfekt ist (fast) unmöglich.[88]

Wir halten fest:

Ob Sie Ihre Inhalte mit eigenen Mitarbeitern erstellen oder bei einem externen Dienstleister in Auftrag geben, müssen Sie für sich abwägen. Beide Varianten haben ihre Vor- und Nachteile. Achten Sie aber in jedem Fall auf eine hohe Qualität Ihrer Inhalte: entweder indem Sie einen entsprechend qualifizierten Redakteur einstellen oder indem Sie einen professionellen Texter beauftragen, der sich in Ihrer Branche auskennt.

Pair Writing: Content-Kräfte bündeln

Inhalte für das B2B-Marketing müssen sowohl fachlich fundiert als auch professionell aufbereitet sein. Doch nicht jedes Unternehmen verfügt über Mitarbeiter, die beiden Anforderungen gleichermaßen gerecht werden. Wenn Sie Ihren Content dennoch nur mit eigenen Ressourcen stemmen müssen, empfehlen wir das Modell des *Pair Writing*[89] (auch »Schreiben im Tandem« bzw. »Paarschreiben« genannt): Experten aus verschiedenen Fachabteilungen arbeiten dabei paarweise an der Erstellung der Inhalte, was die Zusammenarbeit fördert und mehr Kreativität und Qualität in die Texte bringt.

In vielen Unternehmen orientiert man sich allerdings an strikt geregelten Zuständigkeiten. Der Vorteil ist zwar, dass jeder Mitarbeiter seine Aufgabe kennt, doch Zusammenarbeit zwischen den Abteilungen wird so verhindert. Für Content-Projekte kann das gravierende Folgen haben:

- Inhalte, die ohne die Fachleute im Unternehmen produziert werden, sind inhaltlich oft flach oder sogar fehlerhaft.
- Wenn Fachabteilungen Content in Eigenregie produzieren, ist das Ergebnis oft schwer konsumierbar.
- Jeder erstellt seinen eigenen Content (»Silo-Content«), ohne Ideen und Impulse aus anderen Abteilungen zu berücksichtigen.
- Wenn jeder neuen Content erstellt, statt bereits vorhandenen zu nutzen, treibt das den Aufwand für die Content-Produktion in die Höhe.

Pair Writing wirkt dieser unwirtschaftlichen Content-Produktion in »Silos« entgegen, indem es die Grenzen zwischen Zuständigkeiten und Kompetenzbereichen im Unternehmen auflöst und Inhalte konsequent im Team entwickelt werden. Das Konzept hat sich auch in anderen Bereichen bewährt, zum Beispiel in der agilen Softwareentwicklung, wo *Paarprogrammierung* als Arbeitstechnik etabliert ist.

Bei den beteiligten Autoren erfordert Pair Writing jedoch ein Umdenken, denn die Grenzen zwischen dem eigenen Text und dem des Schreibpartners lösen sich auf, wenn beide konsequent gemeinsam schreiben. Es gilt, loszulassen und Kontrolle abzugeben. So entstehen gemeinsames Eigentum und auch eine gemeinsame Verantwortung für die Qualität der Inhalte. Dazu braucht es allerdings etwas Mut und vor allem Vertrauen in die gemeinsamen Stärken und Fähigkeiten.

Tabelle 3-8: Kombinationsmöglichkeiten für Zweierteams

Anforderung	Autor 1	Autor 2
Schreibkompetenz	vorhanden	nicht vorhanden
Schreibstil	emotional	rational
Tonalität	verkäuferisch	fachlich
Inhaltliche Perspektive	strategisch	operativ

Vorteile des Pair Writing

- Die Autoren denken zuerst nach, bevor sie schreiben.
- Schreibblockaden können durch Rollentausch zügig behoben werden.
- Das Vieraugenprinzip sichert eine hohe Qualität der Inhalte.
- Autoren behalten ihren Fokus beim Schreiben.
- Der Content ist trotz verschiedener fachlicher Perspektiven aus einem Guss.
- Die Autoren lernen voneinander.

Tipps für das Pair Writing

- Bilden Sie ein Team aus zwei Autoren mit unterschiedlichen fachlichen Schwerpunkten
- Definieren Sie, welchen Nutzen der geplante Content für den Leser haben soll.
- Teilen Sie die Themen für die Bearbeitung auf. Jeder arbeitet zunächst an »seinen« Themen.
- Tauschen Sie dann die Rollen und arbeiten Sie an den Texten des anderen weiter.
- Finalisieren Sie die Texte gemeinsam im regelmäßigen Wechsel. Wichtig dabei: Sehen Sie »Fehler« nicht als Hindernis für den Projekterfolg, sondern als Entwicklungschance für das Team und das gemeinsame Projekt.

> **Wir halten fest:**
>
> Viele Inhalte entstehen aus der Sicht eines einzelnen Autors. Schreiben dagegen zwei oder mehrere Autoren mit unterschiedlichem Hintergrund gemeinsam an Texten, sind diese im Ergebnis fachlich ausgewogener, inhaltlich fokussierter und von höherer Qualität.

Wie Sie überzeugenden Content schaffen

Grundregeln für das Schreiben im Netz

Bei den Inhalten für Ihr Content-Marketing sollten Sie auf Qualität setzen. Lassen Sie sich nicht verführen von den vielen Textplattformen im Internet, die Ihnen Texte für einen Cent pro Wort anbieten. Zwar würden Sie damit Ihr Blog schnell füllen können, doch solche Texte vergraulen Ihre Leser eher, als dass sie sie von Ihrem Unternehmen überzeugen. Investieren Sie in einen qualifizierten Redakteur, der sich mit den für Sie relevanten Content-Formaten auskennt und den richtigen Ton für Ihre Zielgruppe und das jeweilige Format trifft. Denn jede Branche und jedes Format erfordert in der Regel einen anderen Schreibstil. Sie können hierzu mit freien Textern zusammenarbeiten oder auch eine spezialisierte Content-Agentur beauftragen.

> **Weiterlesen:**
> Mehr über die Zusammenarbeit mit Textern und Agenturen erfahren Sie im Abschnitt *Zusammenarbeit mit Dienstleistern* auf Seite 104.

Falls Ihr Budget es nicht erlaubt, die Content-Produktion auszulagern, und Sie Ihre Texte weitgehend selbst erstellen müssen, sollten Sie einige Grundregeln berücksichtigen, damit Ihre Texte auch tatsächlich gelesen werden. Dazu braucht es zum einen hochwertige Informationen, die Ihren Zielgruppen einen echten Mehrwert bieten. Mindestens genauso wichtig ist es aber, diese verständlich und überzeugend zu transportieren.

Besonderheiten von Webtexten

Onlinenutzer halten nichts von langen Texten und lesen selten bis zum Ende. Was wohl jeder aus eigener Erfahrung kennt, wird auch durch Studien belegt: 38 Prozent der Internetnutzer verlassen beispielsweise eine Internetseite sofort nach dem Öffnen wieder. 10 Prozent der Besucher einer Website scrollen nie. Und die meisten Nutzer lesen nur 50 bis 60 Prozent eines Webtexts. Dabei werden Bilder und Videos bevorzugt konsumiert.[90]

Dass Onlinetexte so oberflächlich gelesen werden, liegt zum einen daran, dass das Lesen am Bildschirm mehr Zeit in Anspruch nimmt als das Lesen gedruckter Texte. Das hat der amerikanische Usability-Forscher Jakob Nielsen bereits im Jahr 1998 festgestellt.[91] Grund ist die Bildschirmtechnik: Viele Bildschirme stellen Texte leicht unscharf dar und erschweren so dem Auge, sich längere Zeit auf das Geschriebene zu konzentrieren. Heute liefern Bildschirme zwar ein deutlich schärferes Bild, an der grundlegenden Problematik hat sich jedoch nichts geändert.

Hinzu kommt, dass sich Internetnutzer nur wenig Zeit zum intensiven Lesen von Onlineartikeln nehmen. Auch die Linkstruktur von Websites beeinflusst das Leseverhalten: Sie verführt zum häufigen Wechsel zwischen Internetseiten. Die meisten entscheiden in den ersten drei Sekunden, ob sie weiterklicken oder sich intensiver mit dem Artikel auseinandersetzen wollen.

Wie Sie ungeduldige Leser locken

1. Knackige Überschrift

Um Leser in einen Text zu locken, ist eine starke Überschrift das A und O. Wenn Sie einen neuen Blogartikel erstellen, sollten Sie daher viel Zeit und Kreativität in die Formulierung der Überschrift investieren, am besten genauso viel wie in den Text selbst. Denken Sie daran: Die Überschrift wird in jedem Fall gelesen. Sie sollte daher Ihre Botschaft klar transportieren und neugierig machen. Einige Arten von Überschriften funktionieren dabei besonders gut. Dazu gehören Listen wie etwa »5 Geheimnisse im ...« und How-to-Anleitungen, beispielsweise »Wie Sie mehr...«. Allerdings werden solche Überschriften inzwischen so häufig verwendet, dass die Wirkung allmählich nachlässt.

2. Interessante Bilder

Wählen Sie auch Ihr Bildmaterial mit Spürsinn und Kreativität aus. Hier sollten Sie generische Stockmotive vermeiden und stattdessen auf relevante Bilder setzen, die den Content (be)greifbar machen (siehe Abschnitt *Bilder* auf Seite 77).

3. Klare Struktur

Eine übersichtliche Struktur kommt ungeduldigen Lesern besonders entgegen: Stellen Sie das Wichtigste an den Anfang, bieten Sie Zwischenüberschriften und Listen. So können Ihre Leser den Text schnell erfassen. Gehen Sie immer davon aus, dass Ihre Leser nur das erste Drittel Ihres Texts genauer betrachten (siehe Abbildung 3-16).

Wenn Sie diese drei Aspekte beachten, steigt die Chance, dass sich Ihre Besucher intensiv mit Ihrem Artikel auseinandersetzen. Die erste, wichtige Hürde ist damit genommen. Doch um Ihre Leser nicht zu vergraulen, müssen Sie Ihr Versprechen auch inhaltlich einlösen!

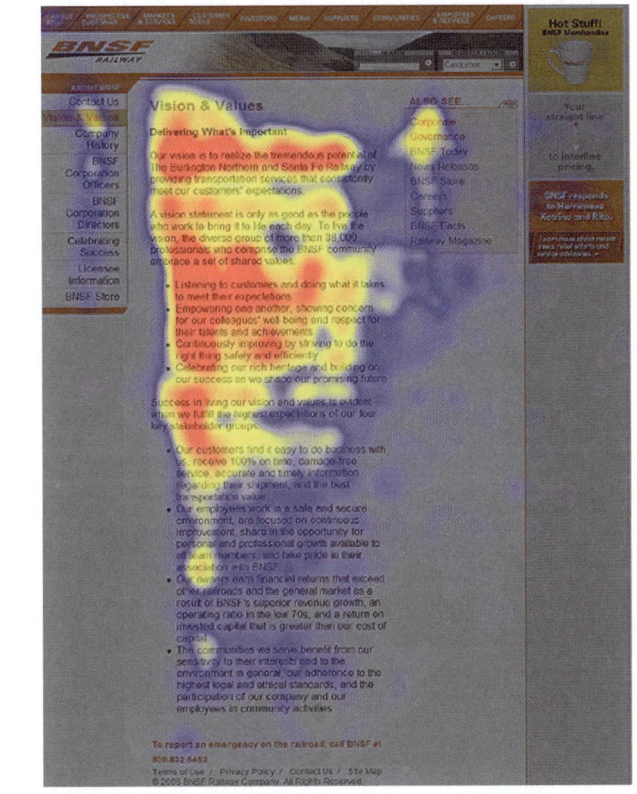

Abbildung 3-16: Das Eye-Tracking zeigt, dass Leser in der Regel nur das erste Drittel eines Online-Textes genauer betrachten. [92]

Wie Sie Ihre Leser bei der Stange halten

Eine starke Überschrift zu formulieren, ist sicher wichtig, um Leser in einen Artikel zu locken. Doch was bringt eine attraktive Schlagzeile, wenn der Nutzer nach den ersten Absätzen enttäuscht weiterklickt, zum Beispiel weil der Text die versprochenen Tipps nicht bietet oder sich als oberflächliche Werbung entpuppt? Halten Sie daher, was die Überschrift verspricht. Und bereiten Sie Ihre Texte sauber und webgerecht auf. Was so selbstverständlich klingt, ist leider nicht die Regel, wie eine Umfrage von GetApp[93] bestätigt. Sie hatte Leser danach gefragt, was sie an Onlinetexten und Blogposts am meisten stört. Die Ergebnisse sind wenig überraschend:

- Ein Viertel der Befragten stört sich an schlecht geschriebenen Texten. Dazu zählen Tipp- und Grammatikfehler sowie verschachtelte und damit schlecht lesbare Sätze.

- Fast ebenso viele Nutzer sind genervt, wenn Unternehmen mit Sensationsschlagzeilen auf Klickfang gehen, der Text dann aber die Erwartung nicht erfüllt.
- Auch offensichtliche Werbung vergrault die Leser. Sie möchten nicht dazu getrieben werden, etwas zu kaufen, sondern wollen sich bewusst zum Kauf entschließen.
- Zu geringen Informationsgehalt bzw. fehlenden Mehrwert bemängeln 15 Prozent der Webnutzer. Die Artikel sind oft voll mit Phrasen und Wiederholungen von bereits Bekanntem; konkrete und umsetzbare Tipps fehlen dagegen.
- Die Austauschbarkeit des Texts hängt eng damit zusammen: Der Leser ist genervt, wenn Inhalte und Tipps aus anderen Artikeln nur neu verpackt wurden.

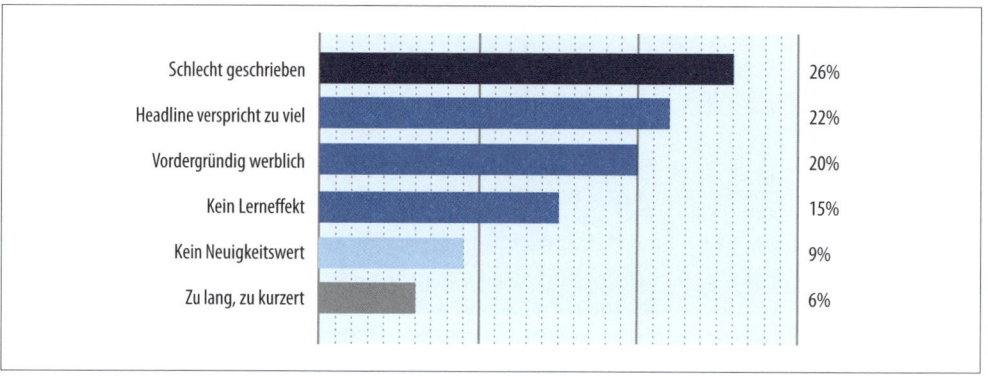

Abbildung 3-17: Was Leser an Blogposts besonders stört – Ergebnisse einer Studie von GetApp[94]

Grundregeln für lesenswerte Onlinetexte

Wenn Sie sichergehen wollen, dass Ihre Texte gelesen werden und dass man Ihr Unternehmen als vertrauenswürdige Quelle für nützliche Inhalte wahrnimmt, sollten Sie die »vier ›S‹ des Textens« beherzigen: Sprache, Substanz, Schrift und Sorgfalt.

S wie Sprache: Schreiben Sie verständlich und originell!

Verwenden Sie für Ihre Onlinetexte eine einfache Sprache, die jeder versteht. Das heißt: Verzichten Sie auf Fremdwörter und Anglizismen. Hier ist gerade im B2B-Marketing feines Gespür gefragt, mit wie viel Fachjargon der Leser vertraut ist. Wer auf Nummer sicher gehen will, vermeidet Fachbegriffe am besten ganz. So geben Sie auch neuen, fachfremden Lesern eine Chance. Für den Leser schwer verdaulich sind auch Substantivierungen. Bevorzugen Sie lieber Verben, wenn Sie die

»Sicherstellung der Verständlichkeit Ihrer Ausführungen erreichen« wollen – also wenn Sie sichergehen wollen, dass man sie versteht.

Auch Floskeln und Sprichwörter sollten tabu sein. Sie sind langweilig und austauschbar, es sei denn, Sie setzen sie mit Humor ein, indem Sie alte Vergleiche und Phrasen aufmöbeln. Wenn Sie beispielsweise »Ich kenne die Stadt wie meine Westentasche« umformulieren in »... besser als mein Facebook-Profil«, können sich Ihre Leser damit besser identifizieren, und es weckt garantiert Aufmerksamkeit.[95]

S wie Substanz: Bieten Sie Mehrwert!

Wer sich die Zeit nimmt und in einen Text eintaucht, der erwartet Substanz: gut recherchierte Informationen und Tipps, die ihn weiterbringen. Wählen Sie Ihre Themen daher immer aus Sicht Ihrer Leser und gehen Sie auf ihre Bedürfnisse ein. Denken Sie daran: Ihre Leser suchen nicht nach Produkten, sondern nach Lösungen für ein Problem. Bieten Sie ihnen daher umsetzbare Tipps und Anwendungsbeispiele.

S wie Schrift: Nutzen Sie die richtige Typografie!

Viele Blogartikel sind durchaus gut recherchiert und formuliert, dennoch verliert man als Leser die Lust am Weiterlesen. Grund dafür ist oft eine ungeeignete Webtypografie, die die Lesbarkeit beeinträchtigt. Wählen Sie daher Schriftart, -farbe und -größe sowie Zeilenabstände und Hervorhebungen so aus, dass sie den Lesefluss fördern.

S wie Sorgfalt: Lesen Sie Korrektur!

Corporate Blogger sind meist keine ausgebildeten Journalisten oder Texter. Und niemand erwartet in Ihrem Blog einen Artikel auf Pulitzerpreis-Niveau. Doch man sollte zumindest erwarten können, dass die Texte formal einwandfrei sind. Lassen Sie sie vor Veröffentlichung unbedingt noch einmal auf Rechtschreibung und Grammatik prüfen. Sorgfalt in der Form drückt Wertschätzung gegenüber den Lesern aus!

Wir halten fest:

Gute Onlinetexte zeichnen sich durch zwei Eigenschaften aus: Sie ziehen ungeduldige Leser in einen Text hinein, und zwar mit starken Überschriften, relevanten Bildern und einer übersichtlichen Struktur. Und sie schaffen es, den Leser bei der Stange zu halten. Entscheidend hierfür sind die vier »S« für gute Onlinetexte: Sprache, Substanz, Schrift und Sorgfalt.

Storytelling

> »Käufer wollen nicht nur von Features hören.«
>
> *– Gartner*[96]

In den meisten Marketingbotschaften, die wir täglich hören, steht ein Produkt im Mittelpunkt. Es übernimmt die Rolle des Helden in einer Verkaufsgeschichte und will für seine Leistungen und Fähigkeiten bewundert werden. Doch gute Geschichten funktionieren so nicht. Menschen identifizieren sich mit Menschen, nicht mit Produkten. Deshalb sind Marketer gut beraten, die Rollen neu zu verteilen und das Publikum zum Helden zu machen. Denn welcher Entscheider im B2B sieht sich nicht gern selbst als Held?

Das Erzählen von Geschichten, das sogenannte *Storytelling*, hat in den letzten Jahren in Marketing und Vertrieb stark an Bedeutung gewonnen. Sein Ziel ist es, potenzielle Kunden auf emotionaler Ebene zu erreichen. Denn Geschichten sprechen unser Gehirn sehr viel stärker an als harte Fakten. Sie ermöglichen ein Erleben statt nur ein Verstehen. Dabei können die Geschichten verschiedene Aufgaben erfüllen: fachliches Wissen und Erfahrungen vermitteln, Lösungen zu einem Problem aufzeigen, verbreitete Meinungen hinterfragen, Denkprozesse einleiten, inspirieren oder eine Verhaltensänderung anregen. Der Zuhörer folgt dem Erzähler auf eine Reise, an deren Ende eine Erkenntnis steht, beispielsweise: »Es ist höchste Zeit, etwas zu ändern.« Dabei sollte der Zuhörer selbst zu dieser Erkenntnis gelangen – ohne dass diese in der Geschichte explizit formuliert wird.

Der Aufbau einer Geschichte

> »Erzähle nicht, die alte Dame würde schreien. Bring sie herein und lass sie schreien.«
>
> *– Mark Twain*[97]

Das Grundmuster einer packenden Geschichte ist im Kern immer gleich: Die Hauptfigur der Geschichte, zum Beispiel ein Kunde, durchläuft eine Entwicklung in drei Phasen, ausgehend von einem Ist-Zustand über einen Konflikt, der mit diesem Zustand verbunden ist, hin zu einer Lösung.

Damit die Geschichte spannend und authentisch wird, gelangt der Held nicht direkt vom Problem zur Lösung, sondern muss sich auf dem Weg dahin mit verschiedenen Unwägbarkeiten und Widerständen auseinandersetzen. In Film und Literatur haben sich verschiedene Grundmuster, sogenannte *Plots*, im Aufbau von Geschichten bewährt (siehe Tabelle 3-9). Plots bilden den Rahmen für die Dramaturgie und können wie eine Schablone sowohl für kurze als auch für lange Geschichten eingesetzt werden. Die Würze liegt im spürbaren Konflikt.

Tabelle 3-9: Drei typische Plots, die Sie im Marketing einsetzen können[98]

Konzept/Plot	Populäre Beispiele	Dramaturgie	Moral	Marketingbotschaft
1. Das Monster überwinden	Dracula James Bond Der weiße Hai	1. Erkenntnis 2. Traum 3. Frustration 4. Albtraum 5. Wundersame Flucht	Wer sich dem Bösen entgegenstellt, macht die Welt ein wenig besser.	Es lohnt sich, Missständen im Unternehmen (mit unserem Produkt) entgegenzutreten.
2. Vom Tellerwäscher zum Millionär	Aschenputtel Aladin und die Wunderlampe	1. Elend 2. Ruf des Schicksals 3. Krise 4. Unabhängigkeit 5. Erfüllung	Wer wagt, gewinnt. Jeder kann es nach oben schaffen.	Es lohnt sich, ein Risiko einzugehen (ein neues Produkt zu testen), um das Unternehmen nach vorne zu bringen.
3. Die Suche	Odyssee Herr der Ringe Jäger des verlorenen Schatzes	1. Bedrängnis 2. Ruf des Schicksals 3. Ankunft und Krise 4. Letzte Prüfung 5. Ziel	Der Unbeirrbare findet seinen Weg zum Ziel.	Der Weg zum Erfolg kann (auch mit unserem Produkt) steinig sein. Entscheidend ist, das Ziel nicht aus den Augen zu verlieren.

Tipps für mehr Spannung in Ihrer Geschichte

- Entwerfen Sie eine Hauptfigur, mit der sich Ihr Publikum identifizieren kann (»Einer von uns«).
- Stellen Sie die Wünsche oder den Schmerz der Hauptfigur möglichst plastisch dar (»Pain Point«).
- Zeigen Sie, welche Veränderung der Held in Ihrer Geschichte durchläuft (»Change«).
- Bauen Sie Spannung auf, indem Sie Umwege und Hindernisse auf dem Weg zum Ziel einbauen.
- Stellen Sie dar, wie die Lösung (durch Ihr Produkt) das Leben der Hauptfigur verbessert hat.

Storytelling im Kaufprozess

Entscheider in Unternehmen kommen täglich mit über 5.000 werblichen Informationen in Kontakt.[99] Gut gemachtes Storytelling kann hier dazu beitragen, das Rennen um die Aufmerksamkeit der Interessenten zu gewinnen. Wer auf Emotionen statt auf Fakten oder Behauptungen setzt, kann sich so aus Masse der Anbieter hervorheben.

Auch in späteren Phasen des Kaufprozesses spielt Storytelling eine Rolle. Sobald sich der Interessent einen Überblick über das Angebot im Markt verschafft hat, geht es für ihn darum, geeignete Anbieter im Detail zu vergleichen, um den richtigen auswählen zu können. Das ist besonders dann, wenn sich Anbieter und Produkte sehr ähneln, keine leichte Aufgabe. Der Käufer muss hier neben reinen Fakten auch weiche Faktoren in seine Entscheidung einbeziehen. Eine gute persönliche Geschichte kann in solchen Fällen das Zünglein an der Waage sein.

> »An einem bestimmten Punkt brauchen Käufer mehr als nur logische und rationale Argumente und fragen nach der Geschichte dahinter.«
> – Tony Zambito[101]

Tipps für die Gestaltung des Erstkontakts

- Halten Sie Ihre Story frei von Produktinformationen.
- Rücken Sie Menschen, Gefühle und Konflikte in den Mittelpunkt.
- Regen Sie zum Nach- oder Umdenken an.
- Demonstrieren Sie in Ihrer Geschichte fachliche Kompetenz.
- Leiten Sie Interessenten über einen Call-to-Action zu einem weiteren Inhalt, zum Beispiel einem Whitepaper oder Webinar.
- Lassen Sie Ihre Mitarbeiter und Kunden in Ihrer Geschichte zu Wort kommen.

Beispiel: Storytelling in der Unternehmenskommunikation bei Bosch

Die Robert Bosch GmbH lenkt den Fokus ihrer Kommunikation zunehmend auf Menschen und Geschichten – weg von Produkten hin zu Protagonisten. Ziel ist es, dadurch die Marke emotional aufzuladen. Dabei sind die Stories des Unternehmens immer »Social Stories«, das heißt in offener Erzählform angelegt: Über interaktive Inhalte, Share-Funktionen und aktives Community-Management gibt Bosch die Impulse, die Nutzer dürfen dann weitererzählen. Ein Beispiel hierfür ist die »Bosch World Experience 2014«, die im August 2014 zu Ende ging.

Abbildung 3-18: Storytelling bei der Bosch World Experience 2014[100]

Bei der Aktion reisten sechs Mitarbeiter zu insgesamt sechs Zielen auf drei Kontinenten, wo sie Bosch-Technik in Aktion erlebten, beispielsweise die Steuerung der Tower Bridge in London. Über ihre Erlebnisse berichteten sie in einer »Blogumentary«, einem multimedialen Reisebericht, der die Inhalte aus diversen Social-Media-Kanälen sowie Reaktionen aus dem Netz enthält.

Daten über Geschichten vermitteln

In Zeiten von Big Data spielen Daten auch in der Marketingkommunikation eine wichtige Rolle. Nicht umsonst gehören Studien heute zu den wirksamsten Content-Arten im B2B-Content-Marketing. Allerdings ist es sehr anspruchsvoll, trockene Daten und Fakten anschaulich rüberzubringen. Storytelling kann dabei helfen, den Sinngehalt von Zahlen zu erklären und plastisch darzustellen, indem Geschichten hinter den Daten erzählt werden. Dazu ein einfaches Beispiel aus einer Unternehmensberatung, die sich auf die Optimierung von Lohnnebenkosten in Unternehmen spezialisiert hat:

- **Daten ohne Storytelling**: »Das Unternehmen konnte durch unser innovatives Lohnkonzept seine Umsatzrendite um 200 Prozent steigern. Das entspricht einer Einsparung von 1.000 Euro pro Mitarbeiter pro Jahr.«

- **Daten mit Storytelling**: »Das Familienunternehmen aus der Pfalz konnte durch unser Lohnkonzept seinen Gewinn verdoppeln. Dadurch war es in der Lage, längst überfällige Investitionen in seinem jahrzehntealten Maschinenpark zu tätigen. ›Die älteste Maschine stammte aus dem Jahr 1955‹, sagt der Seniorchef. ›Ohne neue Maschinen wären wir auf Dauer nicht mehr konkurrenzfähig gewesen.‹ Zum anderen kamen die Einsparungen durch unser Lohnkonzept auch den Mitarbeitern direkt zugute. So kann das Unternehmen jedem Mitarbeiter ein zusätzliches Weihnachtsgeld von 800 Euro zahlen, was das Klima und den Zusammenhalt untereinander deutlich verbesserte.«

Hinter beiden Geschichten stehen dieselben Daten. Doch in der zweiten Variante wurden sie in die konkrete Situation eines Unternehmens übersetzt. Hier wird der Nutzen, den das Produkt stiftet, als existenziell dargestellt – und zwar nicht auf Ebene der Zahlen, sondern aus Sicht der Menschen im Unternehmen. Durch kleine Anekdoten und scheinbare Nebensächlichkeiten erhält die Geschichte eine emotionale Qualität.

> **Tipp:**
> Geschichten, die emotional berühren, brauchen Raum. Planen Sie deshalb in Vorträgen mehr Zeit und in textbasierten Formaten mehr Platz ein, um Geschichten entfalten zu können.

Visuelles Storytelling

Schon heute macht Video-Content etwa 75 Prozent des gesamten Online-Traffics aus.[102] Rechnet man Bilder und Grafiken hinzu, dürfte der Anteil visueller Inhalte am gesamten Volumen noch größer ausfallen. Deshalb stehen auch im Storytelling die Zeichen auf Visualisierung. Das haben Unternehmen erkannt und erzählen ihre Geschichten nicht nur in Textform, sondern auch über Videos oder animierte Bilder. Beim visuellen Storytelling sind Bilder nicht nur Beiwerk zum Text, sondern stehen im Mittelpunkt der Kommunikation. Geschichten lassen sich so deutlich schneller und auch emotionaler vermitteln.

Checkliste: Wo steht Ihr Unternehmen im visuellen Storytelling?[103]

- Stufe 1: Nur Text, keine Bilder.
- Stufe 2: Text wird mit Stockbildern dekoriert.
- Stufe 3: Bilder werden passend zum Text entwickelt.
- Stufe 4: Bild und Text werden parallel entwickelt.
- Stufe 5: Visual-First: Text unterstützt die Bilder.

Die folgende Tabelle zeigt einige wichtige visuelle Formate. Mehr über Vorteile und Einsatzbereiche sowie Tipps für die Umsetzung beschreibt der Abschnitt »Formate für das Content-Marketing«, Seite 63ff.

Tabelle 3-10: Die wichtigsten Formate für visuelles Storytelling

	Aufwand	Engagement	Zweck	Erfolgsfaktoren
Bild	●	●	Botschaften untermalen	Keine Stock-Klischees
Animiertes Bild	●	●	Aufmerksamkeit erzeugen	Keine Meme-Klischees
Diagramm	●	●	Daten visualisieren.	Trends statt Einzelwerte
Infografik	●●	●●	Daten in Kontext setzen	Drei Botschaften pro Infografik
Interaktive Infografik	●●	●●●	Daten erfahrbar machen	Weniger ist mehr
Erklärvideo	●●●	●●	Wissen vermitteln	Produktneutral
Film	●●●	●●●	Geschichten erzählen	Menschen statt Produkt
Präsentation	●●	●●	Wissen vermitteln	Animation statt Folien
Gamification	●●●	●●●	Zum Handeln aktivieren	Neugier wecken

Tipps für das Storytelling im Content-Marketing

1. Zuhören und lernen

Die besten Geschichten schreibt das Leben selbst. Sie entstehen jeden Tag und warten darauf, gehört und weitererzählt zu werden. Wenn Sie Storytelling für Ihr Marketing nutzen wollen, müssen Sie im ersten Schritt zuhören: den Geschichten aus Ihrem Unternehmen oder von Ihren Kunden. So erfahren Sie mehr über die Menschen, die Sie erreichen wollen, und können relevante Geschichten erzählen, die eine Verbindung zu potenziellen Kunden herstellen.

2. Nähe schaffen mit Humor und Anekdoten

Viele Marketer gehen davon aus, dass potenzielle Kunden stets rational denken, und versuchen daher, ihre Geschichten möglichst logisch zu gestalten. Was Sie dabei übersehen: Jeder Mensch liebt Geschichten, die emotional berühren, unterhalten, herausfordern oder überraschen. Hier ist alles erlaubt, was Aufmerksamkeit schafft und eine Beziehung zwischen dem Erzähler und seinem Publikum aufbaut. Setzen Sie deshalb gezielt auf Humor und inspirierende Anekdoten, um Ihre Botschaften zu verstärken.

3. Auf Produktfeatures verzichten

Nicht selten beginnen Fachartikel, Vorträge oder Erklärvideos mit einer schönen Geschichte oder einer unterhaltsamen Anekdote, enden aber in einer trockenen Produktpräsentation. Die Enttäuschung beim Publikum ist dann groß, weil man sich von einer netten Geschichte hat locken lassen. Eine gute Geschichte regt dazu an, über eine Veränderung nachzudenken. Die Lösung, die dabei unterstützen kann, sollte nicht explizit genannt werden oder nur am Rande erscheinen. Vermeiden Sie es deshalb, Ihr Produkt zu sehr ins Rampenlicht zu stellen.

4. Geschichten ansprechend gestalten

Statt Ihre Geschichten rein in Textform umzusetzen, sollten Sie die Möglichkeiten des visuellen Storytellings nutzen und Ihre Botschaften auch über Bilder, Animationen und Videos transportieren. Besonders populär ist hier das Scrollytelling-Format: Dabei wird eine Geschichte auf einer einfachen Webseite ohne Sidebar präsentiert, aufgewertet mit interaktiven Elementen und sich automatisch anpassenden Hintergründen, sogenannten Parallax-Elementen. Die Einsatzmöglichkeiten des Formats sind vielfältig. So wird es häufig für Porträts und Reportagen genutzt, hier gibt es viele Beispiele aus dem journalistischen Bereich, eines davon ist die Reportage »Onkel Willi« des WDR[104]. Scrollytelling eignet sich aber auch, um Produkte erlebbar zu machen, wie Apple auf seiner Produktseite zum Mac Pro zeigt[105]. »Every last drop« nutzt den Stil dagegen, um Benutzer für das Thema Wasser sparen zu sensibilisieren und setzt die Geschichte dabei ausschließlich grafisch um[106].

Es gibt zahlreiche Tools, die bei der Umsetzung solcher Formate unterstützen.[107] Auch die sozialen Plattformen bieten mittlerweile eigene Story-Features.[108] Eine Auswahl an Tools finden Sie im Abschnitt *Content-Marketing-Tools* auf Seite 41.

Was Content-Marketer von Journalisten lernen können

Um ihren wachsenden Bedarf an Content zu decken, stellen immer mehr Unternehmen sogenannte Content-Editoren oder Editorial Directors ein.[109] Dabei legen sie großen Wert auf journalistische Erfahrung und bevorzugen oft ehemalige Redakteure. Das hat einen guten Grund: Wer lange Zeit im Journalismus tätig war, verfügt über Fähigkeiten und Arbeitsweisen, die für das Content-Marketing sehr nützlich sind. Im Folgenden werden die wichtigsten vorgestellt.[110]

1. Journalisten kennen ihre Leser

Jeder gute Journalist weiß, für wen er schreibt bzw. seinen TV- oder Radiobeitrag erstellt. Er kennt die Themen, die seine Leser interessieren, und weiß, wie er sie am besten »packt« und aus der Reserve lockt. Er schreibt auf Augenhöhe mit seinen Lesern, indem er sich in ihre Situation versetzt und ihre Sprache spricht. Dazu gehört zum Beispiel, dass er auf Fachbegriffe verzichtet oder sie, wenn nötig, erklärt.

2. Journalisten haben ein Gespür für gute Geschichten

Journalisten suchen immer nach etwas Neuem und Überraschendem. Sie besitzen die Fähigkeit, ein Thema aus verschiedenen Blickwinkeln zu betrachten und die Dinge herauszuarbeiten, die uns bewegen. Das ist mit viel Recherche verbunden, mit Ausdauer und auch Spürsinn. Dabei geht es aber nie darum, Geschichten zu erfinden, denn Journalisten wissen, wie kostbar Glaubwürdigkeit ist. Das gilt umso mehr in Zeiten von Social Media, in denen jede Unwahrheit und jeder Widerspruch schnell ans Licht kommen.

3. Journalisten stellen unbequeme Fragen

Journalisten geben sich nicht mit Oberflächlichkeit zufrieden. Sie sind darauf spezialisiert, tiefer zu graben, und stellen Fragen, die mancher Marketer lieber meiden würde: »Was bedeutet diese Marketingphrase genau?« Oder: »Wenn Ihre Dienstleistung so sinnvoll ist, warum haben Sie nicht schon mehr Kunden?« Genau dieses kritische Hinterfragen ist es, was eine Story interessant, hilfreich und authentisch macht. Unternehmen werden somit ganz nebenbei auch dazu »gezwungen«, ihre Produkte, Ziele und ihre Kommunikation laufend kritisch zu prüfen.

4. Journalisten wissen, wie man Geschichten verpackt

Journalisten sind Profis darin, Content nach den Regeln der Kunst zu erstellen. Sie wissen, wie man Leser mit guten Überschriften in einen Artikel zieht, die Dramaturgie richtig aufbaut und Geschichten mit Anekdoten auflockert. Auch wie man Inhalte im Netz durch Teaser, Listen und Zwischenüberschriften lesbarer macht, gehört zum methodischen Repertoire eines Journalisten, von dem sich Content-Marketer einiges abgucken können.

Tipps für die tägliche Content-Arbeit

Wer nicht einfach nur Content erstellen will, sondern Qualitätscontent, der aus der Masse hervorsticht, sollte sich daher einige journalistische Fähigkeiten und Arbeitsweisen aneignen. Hier einige Tipps, von denen Ihr Content ganz sicher profitieren wird:

- Investieren Sie ausreichend Zeit in die Themenrecherche. Versuchen Sie, alte Themen aus einem neuen Blickwinkel zu betrachten oder sie auf eine neue Art zu präsentieren.
- Achten Sie immer darauf, dass Stil und Wortwahl sowie die inhaltliche Tiefe Ihrer Inhalte zum Publikum passen.
- Prüfen Sie alle Daten und Fakten immer gründlich – bleiben Sie bei der Wahrheit!
- Gehen Sie auf Bedenken und Vorbehalte ein, die Ihre Zielgruppe haben könnten, und seien Sie offen für den Dialog. Sie wird das zu schätzen wissen.
- Entwickeln Sie Ihre Geschichten für das Publikum, nicht für Ihr Unternehmen. Denn nur so wird sich die Zielgruppe in den Inhalten wiederfinden und offen sein für Ihre Botschaften.
- Bereiten Sie Ihre Geschichten so auf, dass sie leicht konsumierbar und verständlich sind (konkrete Tipps dazu im Abschnitt *Grundregeln für das Schreiben im Netz* auf Seite 111 ff.).

Journalisten sind also prädestiniert für das Content-Marketing: Sie haben ihre Leser stets im Blick, entwickeln gute Geschichten und garantieren Authentizität und Relevanz. Diese Fähigkeiten sind genau richtig in einer Zeit, in der herkömmliche Marketinginhalte immer weniger Wirkung zeigen. Konsumenten ebenso wie Entscheider im Unternehmen suchen nach nützlichen Inhalten, die Antworten auf ihre Fragen liefern – nicht nach schöngefärbten PR-Mitteilungen und Werbephrasen.

Doch bei allen Fertigkeiten, die Journalisten mit sich bringen und die fürs Content-Marketing nützlich sind: Die besseren Content-Marketer sind sie dadurch noch lange nicht. Denn schließlich geht es beim Content-Marketing nicht nur darum, Inhalte zu produzieren. Die größte Herausforderung in Zeiten der Informationsüberflutung ist es, sich überhaupt Gehör zu verschaffen. Es geht darum, den Content so zu vermarkten, dass er beim Leser ankommt und dort etwas bewirkt. Schließlich betreiben Sie Content-Marketing nicht ohne Grund. Letztlich wollen Sie Ihre Zielgruppe zu einer Handlung bewegen – sei es, dass sie Ihren Newsletter liest, ein Whitepaper herunterlädt oder Ihr Produkt in einer kostenlosen Testversion kennenlernt.

Zur Erinnerung: Ziel des Content-Marketings ist es, Interessenten bei ihrer Kaufentscheidung zu unterstützen, um sie so zu Leads und dann zu Kunden zu machen. Daher ist neben redaktionellen Fähigkeiten auch ein fachliches Verständnis für Marketing und Vertrieb nötig. Aufgabe des Content-Marketers ist es also, Inhalte zu vermarkten wie ein Produkt.

> »Es braucht ein Produktmanagement, ein Kanalmanagement, es braucht Content Promotions, und es braucht selbst eine Preispolitik – das sind die klassischen 4 P des Marketings. Marketers können das. Journalisten haben das nie gelernt.«
>
> – Mirko Lange[III]

Journalismus bietet somit zwar eine Grundlage für gutes Content-Marketing. Aber er muss sich weiterentwickeln, um Content zu schaffen, der neben den Interessen des Lesers auch die des Unternehmens bedient. PR-Profis sind hier meist schon etwas weiter: Sie verfügen in der Regel über journalistische Fähigkeiten, sind es jedoch anders als Journalisten gewohnt, im Auftrag von Unternehmen zu arbeiten.

Journalismus und Marketing zusammenbringen

Wer also seine Inhalte nicht der Inhalte wegen erstellt, sondern damit auch sein Business voranbringen will, sollte versuchen, *das Beste aus beiden* »*Welten*« zu verbinden:

- Produzieren Sie Inhalte wie ein Journalist: Seien Sie relevant, kritisch, authentisch und glaubwürdig.
- Konzipieren und vermarkten Sie Ihren Content wie ein Produktmanager: Denken Sie strategisch, kennen Sie Ihre Wettbewerber und die Trends im (Content-)Markt, planen und steuern Sie den Content-Lebenszyklus mit Blick auf die Unternehmensziele und die Bedürfnisse der Zielgruppe.
- Messen Sie den Erfolg Ihrer Aktivitäten wie ein Controller: Behalten Sie Kennzahlen wie Newsletter-Abonnenten, Downloads oder

die Anzahl neuer Leads im Blick. Sie geben Aufschluss darüber, ob der Content auch auf die Businessziele einzahlt und wo Sie eventuell optimieren müssen.

Fremde Inhalte nutzen

»Content Curation gibt es so lange, wie es Verlage gibt. Die Aufgabe des Redakteurs ist es von jeher, die besten Informationen aus einer Branche zu finden und sie lesergerecht aufzubereiten.«

– *Joe Pulizzi*[112]

Was ist Content Curation?

Wer Content-Marketing betreiben will, muss nicht alle Inhalte selbst erstellen. Ein Großteil des Contents, der täglich im Internet verbreitet wird, ist sogenannter *kuratierter* Content. Darunter versteht man fremde Inhalte, die aus verschiedenen Quellen zusammengetragen, geordnet und wieder veröffentlicht werden. Im Grunde ist im Social Web jeder ein *Kurator*, denn nichts anderes passiert, wenn man Links oder Bilder auf Facebook, Twitter und Pinterest weitergibt. Das Besondere dabei ist, dass dieser Prozess immer auch mit einer persönlichen Note verbunden ist: zum einen durch die eigenen Kommentare, die Sie dem Link hinzufügen, zum anderen zeigen Sie allein dadurch, welche Inhalte Sie auswählen, für welches Thema Sie stehen und wo Sie sich auskennen.

Manche Unternehmen verzichten bewusst darauf, Inhalte anderer Seiten aufzugreifen oder zu teilen, weil sie fürchten, sich damit selbst Konkurrenz zu machen. Das ist jedoch ein Irrtum. Denn Ihre Leser und Fans werden ohnehin auf andere Quellen und Autoren stoßen, wenn diese wirklich gut sind. Nutzen Sie also souverän die Chance, Ihren Ruf als Experte zu stärken und Ihr Netzwerk und Ihre Reichweite mit wertvollen Content-Fundstücken voranzubringen.

Content Curation bietet somit enormes Potenzial, kostet aber durchaus Zeit und Engagement. Um thematisch passende Beiträge mit ansprechender Qualität zu finden, werden Sie in der Regel laufend einschlägige Quellen und Artikel lesen und bewerten müssen, um diese für Ihr Netzwerk aufzubereiten und über die richtigen Kanäle zu publizieren.

Beispiel: Content Curation bei Intel

Der Softwarehersteller Intel betreibt seit 2012 das Onlinemagazin »IQ«, in dem das Unternehmen sowohl eigene als auch fremde Artikel veröffentlicht. Der inhaltliche Schwerpunkt liegt dabei auf Geschichten über Menschen, die Produkte von Intel auf besonders innovative Weise einsetzen. Die Redaktion für dieses Magazin besteht heute aus 17 Marketingmitarbeitern und Journalisten, die Inhalte für acht Länder weltweit bereitstellen und damit monatlich rund 85 Millionen Menschen erreichen.[113]

Beispiel: »THINK Marketing« von IBM

IBM setzt bei seinem Marketing-Hub »THINK Marketing«[114] auf Automatisierung: Mithilfe des hauseigenen Supercomputers Watson werden täglich Tausende von Inhalten analysiert und ausgewertet, um interessante und relevante Trends aus der Branche zu ermitteln und diese dann dem User auf der Seite zu empfehlen. Der Computer analysiert zudem das Verhalten der User auf der Website und registriert, welche Artikel gelesen werden. Ziel ist es, dass jeder Nutzer ein maßgeschneidert kuratiertes Content-Angebot erhält. Hier verknüpft IBM den Mehrwert für die Zielgruppe geschickt mit dem USP seines kommerziellen Angebots, dem IBM-Watson-Computer.

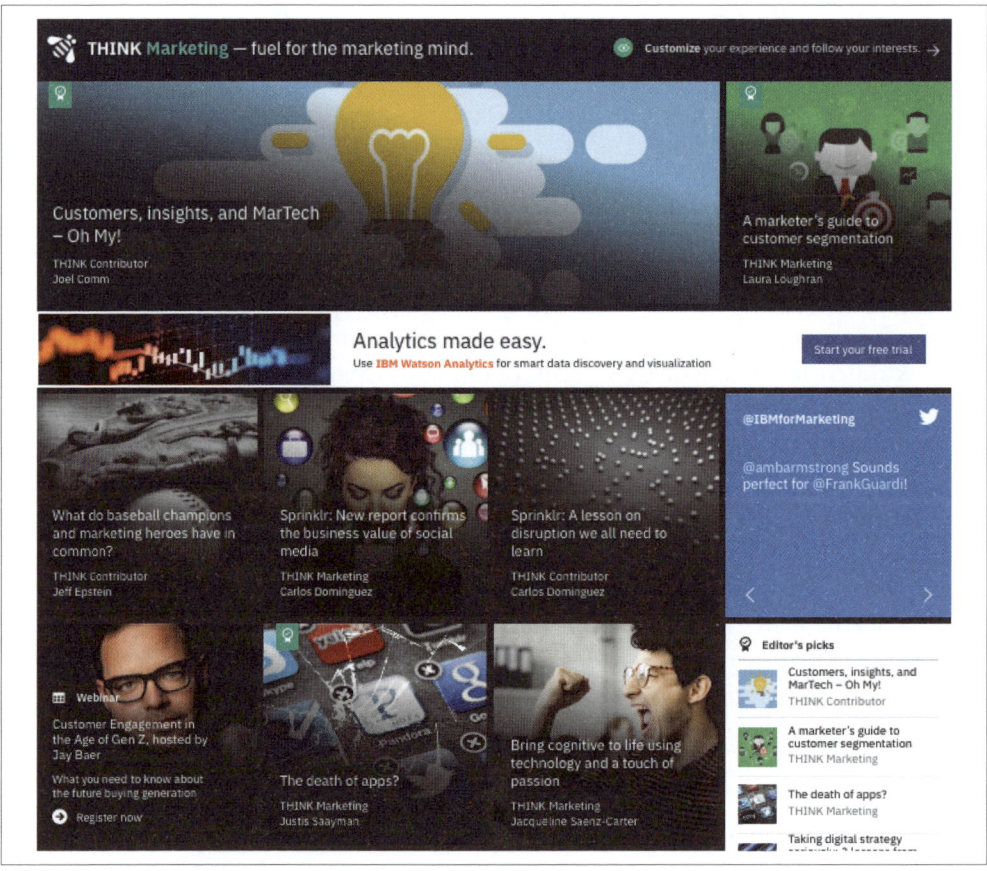

Abbildung 3-19: IBMs Marketing-Hub »THINK Marketing«

Wie Sie richtig kuratieren

Um die Potenziale von Content Curation voll auszunutzen, sollten Sie die folgenden Regeln beachten:

1. Bleiben Sie beim Thema.

Die Inhalte sollten sich um ein konkretes, greifbares Thema drehen und zu Ihrer Person und Organisation passen. Geben Sie nicht ungefiltert alles weiter, was mit der eigenen Branche irgendwie zu tun hat.

2. Seien Sie persönlich.

Versehen Sie jeden Beitrag mit einem persönlichen Kommentar, um Nuancen und bestimmte Aspekte zu betonen.

3. Lassen Sie Platz für Amüsantes und Kurioses.

Im Web tauchen immer wieder Inhalte auf, die überraschen. YouTube ist voll mit zum Teil wirklich amüsanten Videos. Wenn es zu Ihrem Thema passt, sollten Sie solche Inhalte hin und wieder auch kuratieren.

4. Publizieren Sie zu den richtigen Zeiten.

Finden Sie heraus, wann Ihre Fans, Kunden und Partner online sind, und posten Sie gezielt zu diesen Zeiten. Veröffentlichen Sie verschiedene Themen zeitlich verteilt. Hierfür können entsprechende Automatisierungstools hilfreich sein.

5. Achten Sie auf Qualität.

Lesen und prüfen Sie alle Beiträge im Detail, bevor Sie sie kuratieren.

6. Geben Sie Quellen an.

Wenn Sie die Quellen Ihrer Inhalte angeben und entsprechend verlinken, wertet das Ihren Artikel auf und hilft, die Positionierung Ihrer Website in den Suchmaschinen zu verbessern. Zudem sichern Sie sich rechtlich ab und vermeiden mögliche Abmahnungen.

7. Reagieren Sie auf Feedback.

Setzen Sie sich mit Rückfragen und Kommentaren auf kuratierte Inhalte auseinander. So erhalten Sie wertvolle Hinweise für die Weiterentwicklung Ihrer Content-Strategie und nutzen sie zum Dialog. Das gilt vor allem für Beiträge, die Sie automatisiert veröffentlichen.

8. Kommentieren Sie Inhalte, die Sie teilen.

Dadurch machen Sie die entsprechenden Autoren und Seiten nach und nach auf sich aufmerksam und können so auch neue Leser und Zuschauer aus deren Umfeld anziehen.

9. Bleiben Sie dran.

Der positive Effekt des Kuratierens stellt sich nicht von heute auf morgen ein. Wer sich als Experte profilieren will, braucht Geduld.

10. Kombinieren Sie fremde und eigene Inhalte.

Content Curation ist sinnvoll und schafft Mehrwert. Doch vergessen Sie nicht, auch eigene Inhalte zu produzieren und zu verbreiten. Ihre Website und Ihr Blog werden durch das Kuratieren nicht überflüssig. Im Gegenteil: Sie sind nun stärker im Kontext wirksam.

11. Beachten Sie das Urheberrecht.

Beim Kuratieren von Content sollten Sie Vorsicht walten lassen, um Urheberrechtsverletzungen zu vermeiden. Dies gilt vor allem bei der Weitergabe von Bildern. Geben Sie die Quellen fremder Inhalte daher immer korrekt an und binden Sie einen Link zum Original ein.

Rechtliche Fragen

Wenn Sie die Inhalte anderer Nutzer übernehmen, kommentieren und wieder veröffentlichen, stellt sich die Frage nach der rechtlichen Situation: Werden beim Kuratieren fremder Inhalte Urheberrechte verletzt? Hierzu gibt es bisher noch keine gerichtliche Entscheidung, die das abschließend klärt. Doch es ist wahrscheinlich, dass die Nutzung und Einbindung fremder Inhalte – mit oder ohne Verlinkung zur Quelle – gegen geltendes deutsches Recht verstößt, zumindest wenn Inhalte wieder veröffentlicht werden.[115]

Während Texte nach § 2 UrhG rechtlich nur geschützt sind, wenn sie eine hinreichende »Schöpfungshöhe« aufweisen, kann man bei Bildern, Audio- und Videoinhalten grundsätzlich davon ausgehen, dass diese urheberrechtlich geschützt sind.[116] Wenn Sie sie für Ihr Content-Marketing nutzen wollen, müssen Sie das Urheberrecht beachten, und zwar unabhängig davon, ob das Werk beispielsweise durch einen Copyright-Hinweis als geschützt gekennzeichnet ist oder ob Sie annehmen, dass eine »Erlaubnis« vom Urheber vorliegt.

Nach der Rechtsprechung liegt es in der Verantwortung des Verwenders, die Legitimität der Nutzung sicherzustellen, sonst kann dieser auf

Beseitigung, Unterlassung und auf Schadensersatz in Anspruch genommen werden.[117]

Was die Nutzung von RSS-Feeds betrifft, gibt es bereits ein Urteil des AG Hamburg:[118] Demnach genießen auch RSS-Feeds urheberrechtlichen Schutz und dürfen nicht »frei genutzt« werden, beispielsweise indem man den Inhalt für Dritte aufbereitet und (erneut) zugänglich macht.

Eine Möglichkeit, Verletzungen des Urheberrechts zu vermeiden, besteht darin, beispielsweise Texte von fremden Autoren gemäß § 51 UrhG ordnungsgemäß zu zitieren. Dazu genügt es jedoch nicht, nur die Quelle zu nennen, vielmehr muss auch eine inhaltliche Auseinandersetzung mit dem Inhalt erkennbar sein. Eigener und fremder Inhalt müssen also in einem angemessenen Verhältnis stehen.

Plattformen für Content Curation

Es gibt mittlerweile eine ganze Reihe von Tools und Plattformen, die beim Sammeln, Ordnen und Verbreiten fremder Inhalte unterstützen. Hier eine Auswahl:

Tabelle 3-11: Plattformen für Content Curation

Plattform	Merkmale
Pinterest	Grafiken werden mit Link zur Quelle als »Pins« auf Pinnwänden thematisch geordnet und können von anderen Nutzern abonniert werden.
Pocket, Refind	Links zu Onlineartikeln können abgespeichert und mit einem Tag kategorisiert werden, um später darauf zurückgreifen zu können. Zudem können Artikel anderen Nutzern empfohlen werden, bzw. Nutzer können die Lesezeichen anderer Nutzer abonnieren.
Buzzsumo, Curata.com, Storify, Paper.li, Scoop.it	Inhalte aus sozialen Netzwerken und RSS-Feeds werden nach Stichwörtern durchsucht, können archiviert und durch Sharing-Funktionen in anderen Netzwerken geteilt werden. Bei Storify können auch Website-Inhalte eingebunden werden.
RebelMouse, Vizi	Inhalte aus Facebook & Co. werden auf einer eigenen Plattform aggregiert.
Buffer, Hootsuite	Die Tools analysieren, wann Follower online sind, und ermöglichen, den Zeitpunkt des Teilens vorab festzulegen. Mit Reporting-Funktionen können Impressionen und Klicks gemessen werden.
Feedly und andere RSS-Reader	RSS-Reader dienen dazu, Inhalte aus verschiedenen Quellen an einem Ort zu aggregieren und zu kategorisieren. Es gibt keine Funktionen zum Verbreiten.

Wir halten fest:

Mit Content Curation stärken Sie Ihren Ruf als Experte und bauen Reichweite auf. Wichtig ist, dass Sie dabei gewisse Regeln im Hinblick auf die thematische Zusammenstellung, den Stil und die Urheberrechte beachten. Kostenlose Tools helfen beim Kuratieren von Inhalten, sind rechtlich jedoch nicht unproblematisch.

Content-Management und -Recycling

Content-Marketing zu betreiben, bedeutet nicht, mühsam Content zu erstellen, ihn zu veröffentlichen und zu vermarkten, um ihn dann sich selbst zu überlassen. Gerade im Lean-Content-Marketing geht es darum, den eigenen Content immer wieder in die Hand zu nehmen und zu überprüfen. Lohnt es sich, ihn zu aktualisieren und den Zielpersonen noch einmal in Erinnerung zu rufen? Kann man ihn vielleicht anders strukturieren oder erweitern? Welche Inhalte waren für Ihre Zielpersonen besonders wichtig? Nicht mehr, sondern bessere Inhalte sind das Ziel im Lean-Content-Marketing.

Website-Content pflegen

Content, den Sie auf Ihrer Website veröffentlicht haben, sollten Sie in regelmäßigen Abständen überprüfen und dafür sorgen, dass er für Ihre Leser immer aktuell ist. Die Aufgaben und Verantwortlichkeiten für die Pflege Ihrer Inhalte legen Sie dabei am besten in einem detaillierten Plan fest. Eine einfache Excel-Tabelle genügt in der Regel dafür:

- Katalogisieren Sie die verschiedenen Inhalte Ihrer Website und definieren Sie, wann welche Inhalte überprüft und gegebenenfalls aktualisiert werden müssen. Bei einigen Inhalten ist dies häufiger der Fall als bei anderen. Inhalte von langer Haltbarkeit sind z. B. Imagetexte wie Unternehmensporträt und -philosophie. Inhalte, die schneller veralten, sind Ankündigungen von Veranstaltungen wie zum Beispiel Messen. Sie sollten nach dem Event wieder von der Website entfernt oder durch eine Rückschau ersetzt werden.

- Tragen Sie das Datum der letzten und der nächsten Aktualisierung ein. Dies kann von mehrmals täglich über wöchentlich bis hin zu zweimal im Jahr reichen.

- Denken Sie auch daran, die Links auf Ihrer Website in bestimmten Abständen zu überprüfen. Links, die nicht funktionieren, werfen ein schlechtes Licht auf die gesamte Website.

- Bestimmen Sie eine oder mehrere Personen, die für die Content-Pflege zuständig sind. Dies können auch Mitarbeiter aus unterschiedlichen Abteilungen sein. Wichtig ist, dass sie ihre Aufgaben genau kennen und wissen, wann sie sie zusätzlich zu ihrem Tagesgeschäft einplanen müssen.

- Wenn Sie Ihre Inhalte mit einem CMS pflegen, sorgen Sie dafür, dass die Mitarbeiter mit dem System vertraut sind. Planen Sie Schulungen ein, die dem Anwender-Level und den Bedürfnissen der einzelnen Mitarbeiter entsprechen.

- Denken Sie an Vertretungen, falls jemand ausfällt, und treffen Sie Regelungen für Krankheit und Urlaubszeiten.

Content wiederverwerten

»Sie müssen das Rad nicht neu erfinden. Sie müssen nur Ihre ganz
eigene Sicht klarmachen, warum das Rad für Ihre Zielpersonen
wichtig ist.«

– Jon Ball, Page One Power[119]

Es wäre eine Verschwendung von Zeit und Ressourcen, wenn Sie Ihre
mühevoll erstellten Inhalte nur einmal verwenden würden. Wenn Sie
einen hervorragenden Blogpost geschrieben haben, sollten Sie darüber
nachdenken, wie Sie die Inhalte in anderer Form weiterverwerten können. Vielleicht lässt sich eine Infografik daraus erstellen, oder mehrere
Blogartikel können zu einer Präsentation oder einem E-Book zusammengefasst werden. Egal wie: Der zusätzliche Aufwand ist wesentlich
geringer, als würden Sie komplett neue Inhalte erstellen. Deshalb ist
Content-Recycling ein wichtiger Baustein im Rahmen des Lean-Content-Marketings, bei dem es ja darum geht, vorhandene Ressourcen
möglichst intelligent einzusetzen. Content-Recycling hilft aber nicht
nur dabei, den Zeit- und Kostenaufwand gering zu halten. Sie können
dadurch, dass Sie Ihren Content an mehreren Stellen in verschiedener
Form veröffentlichen, auch Ihre Reichweite deutlich vergrößern.

Vor dem Start: Sammeln Sie vorhandene Inhalte

Jedes Unternehmen verfügt über Inhalte und Geschichten, die es für die
Marketingkommunikation nutzen kann. Auch wenn Ihr Unternehmen
in Sachen Content-Marketing noch ganz am Anfang steht, so gibt es
sicher Präsentationen, die für Kongresse und Schulungszwecke erstellt
wurden. Oder es sind bereits Whitepapers, Produktbroschüren und
Anwenderberichte vorhanden. Oft landen diese Inhalte nach Abschluss
eines Projekts in der Schublade, obwohl viel Potenzial in ihnen steckt.
Bevor Sie neue Inhalte produzieren, sammeln Sie also zunächst alle vorhandenen Inhalte in Ihrem Unternehmen, um sie dann für die Marketingkommunikation zu »recyceln«. Das gilt auch für Inhalte, die Sie im
Rahmen Ihrer Content-Marketing-Aktivitäten erstellt haben: Diese lassen sich ebenfalls mehrfach verwenden, also »recyceln«. Dabei gibt es
grundsätzlich drei Ansätze für die Wiederverwertung, die im Folgenden
vorgestellt werden.

1. Long-Form-Content in Häppchen servieren

Eine beliebte Form des Recyclings besteht darin, ein längeres Whitepaper oder ein E-Book in mehrere Blogposts aufzusplitten, als Serie beispielsweise. In den einzelnen Artikeln können Sie dann auf das Origi-
naldokument verweisen und es Ihren Lesern als PDF gegen Angabe der

Kontaktdaten zum Download anbieten. So nutzen Sie den Content optimal zur Lead-Generierung. Und warum nicht zu dem Thema des Whitepapers auch ein Webinar veranstalten? Hier können Sie sich mit Ihren Kunden direkt austauschen. Auch als Grundlage für Ihren Newsletter oder einen Fachartikel in einer Branchenpublikation eignet sich Long-Form-Content gut.

Anschließend gilt es, den recycelten Content über die sozialen Medien zu verbreiten – dort, wo sich Ihre Zielgruppe aufhält. Dabei empfiehlt es sich, den Content in noch kleinere »Häppchen« zu zerlegen: So können Sie eine bestimmte Textpassage herausgreifen und als Teaser für Facebook verwenden, ein prägnantes Zitat oder eine Zwischenüberschrift über Twitter teilen etc. Die folgende Abbildung veranschaulicht das Prinzip.

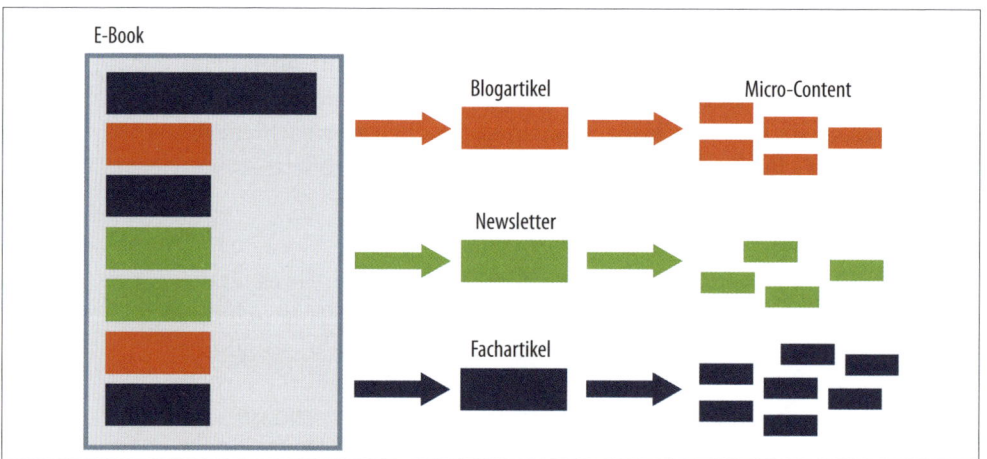

Abbildung 3-20: Beim Content-Recycling werden größere Content-Formate in kleinere Einheiten zerlegt.[120]

Diese Form des Content-Recyclings ist die am häufigsten anzutreffende: Ein größeres Stück Content wird in Einzelteile zerlegt, in kleinere Ideen, die dann in anderer Form wieder aufbereitet werden. Doch man könnte auch umgekehrt vorgehen.

2. Content-Bausteine neu zusammensetzen

Verschiedene Blogbeiträge lassen sich zum Beispiel zu einem neuen Artikel, einer Präsentation oder einem E-Book zusammenfügen und dabei mit zusätzlichen Informationen anreichern. Aus mehreren kleinen Content-Häppchen wird so ein neues, längeres Format. Diese Recycling-Variante hat den schönen Nebeneffekt, dass Sie in dem neuen Format auf den alten Content verlinken und so Ihre interne Linkstruktur verbessern können.

Dieses Baukastenprinzip lässt sich sogar auf Mikroebene betreiben, das heißt ausgehend von den kleinsten Content-Elementen: von Zitaten, Statistiken, einzelnen Tipps und Beispielen, die über die sozialen Medien geteilt werden. Diesen *Micro-Content* können Sie zu Blogposts, Präsentationen, E-Books, Infografiken zusammensetzen. Und zwar ganz nach Bedarf, zum Beispiel zugeschnitten auf eine bestimmte Branche. Ganz ähnlich wie beim Bausteine-Klassiker LEGO schaffen Sie so aus einem Grundgerüst an Bauelementen alles Mögliche – Ihrer Fantasie sind keine Grenzen gesetzt.

Ein Beispiel: Sie könnten damit starten, Statistiken zu einem bestimmten Thema zu sammeln, von dem Sie wissen, dass es Ihre Zielgruppe interessiert. Teilen Sie die Zahlen dann nach und nach über die sozialen Medien. Gehen Sie mit Zitaten und praktischen Tipps genauso vor. So können Sie mit relativ geringem Aufwand testen, welche Content-Bausteine gut funktionieren, um diese dann im nächsten Schritt zu einem größeren Format zusammensetzen, zum Beispiel zu einer Präsentation für SlideShare oder Infografiken. Wenn Sie wissen, welche Inhalte bei Ihrer Zielgruppe ankommen, ist die Wahrscheinlichkeit hoch, dass der großformatigere Content ins Schwarze trifft. So setzen Sie – ganz im Sinne des Lean-Prinzips – Ihre Ressourcen sinnvoll ein und laufen nicht Gefahr, an Ihrer Zielgruppe vorbeizuproduzieren.

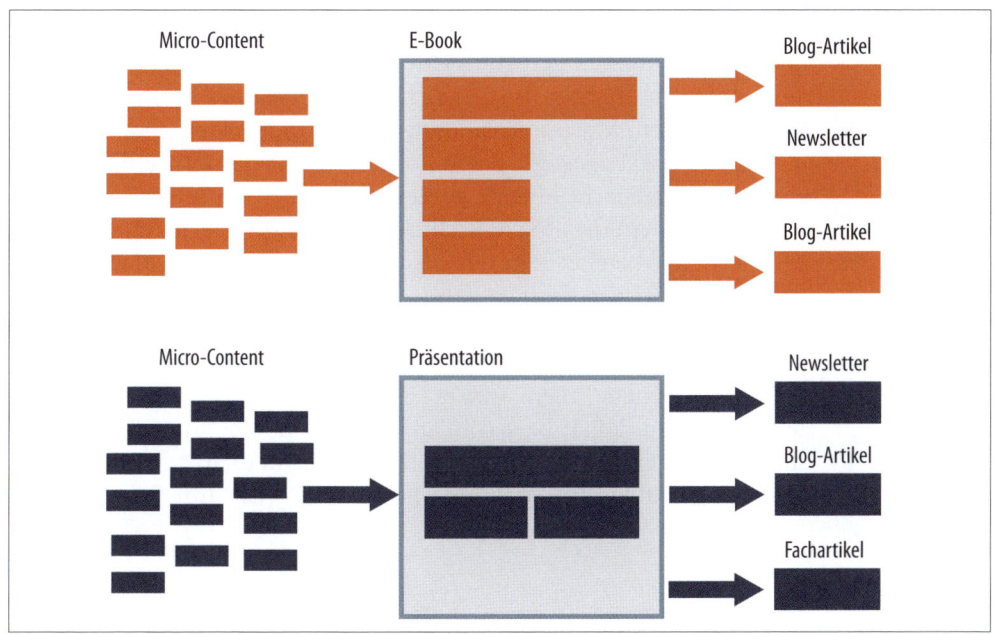

Abbildung 3-21: Eine weitere Möglichkeit besteht darin, kleinere Content-Einheiten neu zusammenzusetzen[121]

Vorteile des modularen Contents

Wenn Sie Ihre Content-Bausteine auf diese Weise immer wieder neu einsetzen, werden Sie mehrfach davon profitieren:

- Der Aufwand für die Erstellung neuer Formate bleibt gering und zielgerichtet.
- Micro-Content schafft Aufmerksamkeit und Vertrauen. Sie bereiten damit die Basis für Ihre größeren Content-Objekte.
- Micro-Content lässt sich leicht teilen. Gelingt es Ihnen, regelmäßig nützlichen Content zu produzieren, können Sie Ihre Reichweite deutlich steigern.
- Das Publizieren von Content-Häppchen liefert wertvolle Daten. Über die Anzahl der Views, Shares und Likes erfahren Sie, was Ihrer Zielgruppe wichtig ist. Entsprechend können Sie diese Bausteine in die größeren Content-Objekte einfließen lassen oder nicht.
- Das Kuratieren von Micro-Content ist einfach, liefert ihrer Zielgruppe aber nützliche Infos.

3. Content in ein neues Format bringen

Die dritte Möglichkeit, bestehenden Content zu recyceln, besteht darin, ihn in ein anderes Format zu bringen. Die Informationen in einem Blogpost beispielsweise lassen sich auch als Infografik, Präsentation oder Audiodatei (Podcast) aufbereiten. In Sachen Audio sind drei Varianten denkbar: Sie können den kompletten Blogbeitrag einfach vorlesen und aufnehmen. Sie können ihn als »richtigen« Podcast aufbereiten mit Einleitung, Zitaten, Musikuntermalung und Soundeffekten. Oder Sie nehmen eine kurze Passage, z.B. ein Zitat, und erstellen ein Audiogramm, einen »Tonschnipsel«, hinterlegt mit einem Bild.[122] Dasselbe funktioniert natürlich auch in die andere Richtung: Der SEO-Experte Rand Fishkin beispielsweise bereitet sein wöchentliches Whiteboard-Friday-Video[123] in Textform auf und sorgt so dafür, dass die Inhalte auch über Suchmaschinen gefunden werden können. Dieselben Inhalte in verschiedenen Formaten zu veröffentlichen, hat einen entscheidenden Vorteil: Das neue Format ermöglicht Ihnen, weitere Distributionskanäle zu bespielen: Ein Video kann auf YouTube veröffentlicht werden, eine Infografik auf Instagram und ein Podcast bei Soundcloud. So werden zusätzliche Nutzergruppen auf Sie aufmerksam, und Sie vergrößern Ihre Reichweite.

Unified-Content-Strategie

Ziel des Content-Marketings ist es, die Zielpersonen zur richtigen Zeit mit den richtigen Inhalten zu erreichen. Dabei kommt es angesichts der wachsenden Zahl an Ausgabegeräten zunehmend darauf an, den Content so bereitzuhalten, dass er schnell in verschiedenen Formaten umgesetzt und der Aufwand für die Produktion und Distribution so gering wie möglich gehalten werden kann. Eine möglichst gute Strukturierung und semantische Aufbereitung des Contents ist dabei entscheidend. Das Format, in dem die Inhalte letztlich umgesetzt werden, steht im Hintergrund. Man bezeichnet solche »intelligenten« Inhalte als *Unified Content*. Dieser unterscheidet sich in Struktur und Handling deutlich von Content, wie er heute noch in den meisten Unternehmen produziert und publiziert wird.

Merkmale von Unified Content[124]

1. **Klar strukturiert**: Eine einheitliche Struktur der Inhalte vereinfacht das Content-Management über Projekt-, Kanal- und Abteilungsgrenzen hinweg. Sie ist zudem eine Grundvoraussetzung für die Automatisierung von Content-Prozessen in Ihrem Unternehmen.

2. **Semantisch kategorisiert**: Damit Sie einmal erstellte Inhalte leicht auffinden und jederzeit flexibel in unterschiedlichen Medien veröffentlichen können, müssen Sie Ihre Inhalte verschlagworten und durch Metadaten miteinander in Beziehung setzen. Content wird in gewisser Weise »intelligent«.

3. **Automatisch erkennbar**: Inhalte, die wie oben beschrieben strukturiert und semantisch kategorisiert sind, können von Menschen und vor allem von Maschinen schnell erkannt und verarbeitet werden.

4. **Wiederverwendbar**: Unified Content wird im Idealfall einmal erstellt und kann dann beliebig oft für unterschiedliche Kanäle wiederverwendet werden. So müssen Sie nicht jedes Mal »das Rad neu erfinden«.

5. **Modular**: Eine modulare Struktur Ihrer Inhalte unterstützt die Wiederverwendbarkeit in unterschiedlichen Situationen. Einzelne Bestandteile– Textabsätze, Bilder oder Videosequenzen – können Sie so flexibel zu neuen Inhalten zusammensetzen. Das beschleunigt sowohl manuelle als auch automatisierte Prozesse deutlich.

6. **Anpassungsfähig**: Eine modulare Struktur ermöglicht es, Inhalte flexibel an die Anforderungen unterschiedlicher Kanäle oder Endgeräte und sogar an die individuellen Bedürfnisse Ihrer Nutzer anzupassen. Webseiten, die Inhalte beim Besuch eines Interessenten dynamisch anpassen, sind bereits sehr verbreitet.

Tipp:

Beginnen Sie noch heute damit, Ihren Content modular aufzubauen, um ihn ganz oder in Teilen optimal wiederverwenden können. Versehen Sie außerdem alle Inhalte mit Metainformationen – so können Sie sie leichter verwalten und mit anderen Abteilungen austauschen.

Unified-Content-Architektur

Die Strukturen und Prozesse in Ihrem Unternehmen müssen so ausgelegt sein, dass Sie modulare Inhalte für unterschiedliche Kanäle und Endgeräte jederzeit leicht bereitstellen können. Dazu bedarf es einer Systemarchitektur, die den gesamten Content-Prozess von der Planung über die Produktion und Speicherung bis hin zur Bereitstellung für interne und externe Umgebungen unterstützt. Die folgende Grafik zeigt, wie eine solche Systemarchitektur aussehen könnte.

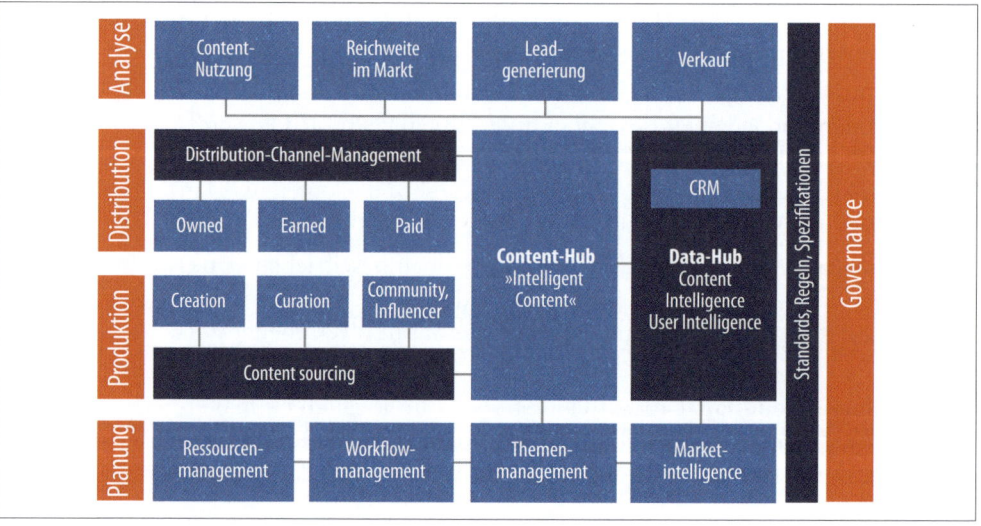

Abbildung 3-22: Systemskizze einer Unified-Content-Architektur

Zentrale Elemente sind der Content-Hub und der Data-Hub, zwei Datenbanken, in denen die Inhalte und die damit verknüpften Metadaten separat verwaltet werden. Sie bilden den Kern einer Architektur von Regeln, Zuständigkeiten, Prozessen und Workflows für die Planung, Produktion, Distribution und Erfolgsmessung.

Die Ziele einer Unified-Content-Strategie

Eine Unified-Content-Strategie bringt für Unternehmen gleich mehrere Vorteile:

- Inhalte lassen sich schneller ausliefern (Time-to-Market).
- Ressourcen und Synergien werden optimal genutzt.
- Kosten für die Content-Produktion werden reduziert.
- Eine gleichbleibende Content-Qualität wird sichergestellt.
- Die Voraussetzung ist gegeben, um die Multi-Channel-Distribution zu automatisieren.

Content erfolgreich vermarkten

»Marketer brauchen eine solide Distributionsstrategie, damit sich die Investition in ihren Content auch lohnt.«

– Ryan Skinner, Analyst[125]

Viele Unternehmen investieren beträchtliche Mittel in die Erstellung von Content, versäumen es dann aber, ihre Inhalte so zu vermarkten, dass sie bei der Zielgruppe auch ankommen. Sie glauben, es sei damit getan, Content zu produzieren und auf der eigenen Website zu veröffentlichen. Die Besucher werden schon kommen, denken sie. Damit bleibt Content-Marketing jedoch weit hinter seinen Möglichkeiten. Inhalte müssen aktiv verbreitet werden, um ihre Wirkung entfalten zu können.

Erfolgreiche Marketingfachleute verbringen deutlich mehr Zeit damit, ihre Inhalte zu vermarkten, als diese zu erstellen. Dabei steht ihnen heute eine ganze Reihe von Kanälen zur Verfügung. Auch das Timing spielt bei der Vermarktung eine wichtige Rolle, denn Content ist nur dann wirksam, wenn er die Zielpersonen dann erreicht, wenn sie ihn auch benötigen. Nicht früher und nicht später.

Erfahren Sie in diesem Kapitel,

- welche Kanäle Ihnen für die Vermarktung und Distribution Ihrer Inhalte zur Verfügung stehen,
- wie Sie diese für Ihre Zwecke sinnvoll kombinieren und
- worauf es bei der Nutzung der verschiedenen Kanäle ankommt.

Distributionskanäle im Überblick

»Owned Media sind wie das eigene Auto, Paid Media wie das Taxi, und bei Earned Media fährt man per Anhalter.«

– Mirko Lange, Talkabout[126]

Für die Verbreitung Ihres Contents stehen Ihnen heute zahlreiche Kanäle zur Verfügung. Man unterscheidet diese in der Regel danach, wie viel Kontrolle Sie jeweils über deren Nutzung haben:

- **Eigene Kanäle (Owned Media)**: Das sind alle Kommunikationskanäle, die Sie selbst kontrollieren, zum Beispiel Ihre Website, Ihre Facebook-Seite, Ihr Twitter-Account etc.
- **Verdiente Kanäle (Earned Media)**: Darunter versteht man Kanäle, über die Sie keine Kontrolle haben. Sie werden von Dritten betrieben, die Ihre Themen und Inhalte aus eigener Initiative aufgreifen, zum Beispiel in Medienberichten, Blogposts, aber auch in Form von Likes, Shares und Kommentaren in sozialen Netzwerken.
- **Bezahlte Kanäle (Paid Media)**: Das sind alle Kommunikationskanäle, für deren Nutzung Sie bezahlen, zum Beispiel Werbeanzeigen in Nachrichtenportalen, Suchmaschinen oder sozialen Netzwerken.

Optimale Ergebnisse bei der Distribution Ihrer Inhalte erreichen Sie, wenn Sie eigene, bezahlte und verdiente Medien sinnvoll kombinieren.

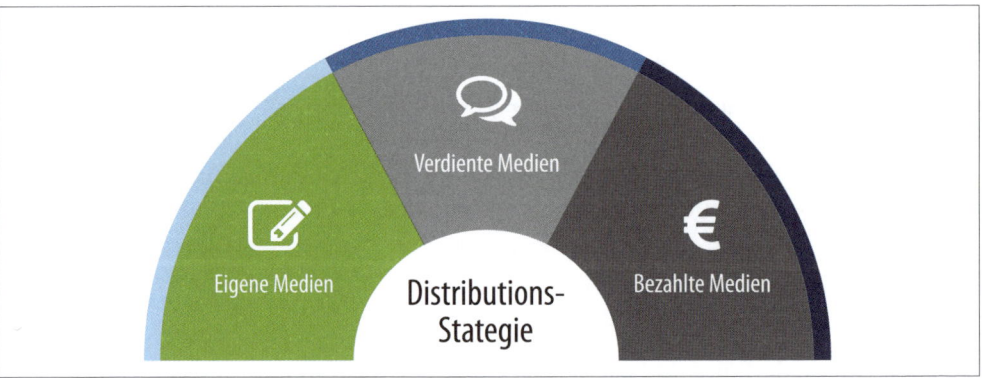

Abbildung 4-1: Distributionskanäle im Content-Marketing

In Tabelle 4-1 finden Sie einen ersten Überblick über die verschiedenen Medien mit ihren jeweiligen Zielen sowie den Vor- und Nachteilen. Auf den folgenden Seiten werden die für das B2B-Content-Marketing wichtigsten Medien detaillierter vorgestellt.

	Eigene Medien	Verdiente Medien	Bezahlte Medien
Definition	• Distributionskanäle, die ein Unternehmen kontrolliert.	• Distributionskanäle, die durch die Mitwirkung Dritter entstehen.	• Distributionskanäle, für deren Nutzung ein Unternehmen bezahlt.
Beispiele	• Corporate Website • Corporate Blog • Profile auf sozialen Plattformen • E-Mail-Newsletter • Broschüren, Flyer • Apps	• Google-Ranking (SEO) • Public Relations • Influencer Relations • Social-Media-Reichweite • Gastbeiträge in Fachportalen • Testberichte	• Google-Advertising (SEM) • Native Advertising • Bannerwerbung • Newsletter-Ads • Sponsored Content
Ziele	• Verdiente Medien aktivieren und mit Content versorgen.	• Zuhören und Lernen im Dialog mit den Zielpersonen.	• Aufmerksamkeit für eigene Medien schaffen.
Vorteile	• Kontrolle über die Nutzung, kosteneffizient, vielseitig einsetzbar, langlebige Inhalte, Nutzung gut messbar.	• Vertrauenswürdig, relevant für Kaufentscheidungen, vielseitig einsetzbar, nachhaltige Wirkung.	• Kontrolle über die Nutzung, nach Bedarf verfügbar, schnell einsetzbar, Nutzung gut messbar.
Nachteile	• Mangel an Neutralität, ohne Vermarktung »unsichtbar«.	• Keine Kontrolle, nicht kurzfristig skalierbar, Nutzung schwer messbar.	• Wenig vertrauenswürdig, Wirksamkeit rückläufig.

Eigene Medien (Owned Media)

Owned Media umfassen jede Art von Kommunikationskanal, über den Sie die komplette Kontrolle haben. Dazu zählen Ihre Unternehmenswebsite und Ihr Blog, aber auch die Profile in sozialen Netzwerken und auf Businessplattformen wie XING, LinkedIn, Google+, Facebook oder Twitter. Letztere können als Erweiterung Ihrer Website die Sichtbarkeit Ihrer Inhalte im Netz deutlich erhöhen. Wenn Sie mehrere eigene Medien betreiben, hat das zudem den Vorteil, dass Sie unterschiedliche Zielgruppen oder Branchen gezielt dort ansprechen können, wo diese sich bewegen.

Website

Die Homepage Ihres Unternehmens ist der Dreh- und Angelpunkt für die Veröffentlichung Ihrer Inhalte. Sie ist zudem die erste Adresse für Besucher, die über Suchmaschinen, Werbung oder soziale Plattformen zu Ihnen gelangen.

- **Ziele**: Leads generieren, Beziehungen zu relevanten Zielgruppen aufbauen, zum Beispiel zu potenziellen Kunden, Journalisten und Bewerbern.

- **Vorteile**: Volle Kontrolle über die Inhalte und deren Nutzung, vielseitig einsetzbar für sämtliche Kommunikationsmaßnahmen.
- **Herausforderung**: Inhalte aktuell und relevant halten, Besuchern Orientierung bieten, Neutralität trotz Produkt- und Unternehmensfokus wahren.
- **Kennzahlen für die Erfolgsmessung**: Besucherzahlen, Konversionsrate, Absprungrate, häufig aufgerufene Seiten, Seitenladezeiten.

Inhalte für verschiedene Zielgruppen anbieten

Ihre Unternehmenswebsite ist das Herzstück Ihrer Content-Marketing-Aktivitäten und sollte deshalb für alle Zielgruppen, die Sie ansprechen wollen, passende Inhalte bieten. Die folgende Tabelle bietet einen Überblick darüber, welche Inhalte für die verschiedenen Zielgruppen von Bedeutung sind.

Tabelle 4-2: Zielgruppen und Inhalte auf Ihrer Website

Zielgruppe	Inhalte und Formate
Interessenten, Kunden	• Produkt- und Unternehmensinformationen (Kundenperspektive) • Case Studies • Whitepapers • Erklärvideos • Referenzen, Testimonials • Webinar-Termine und Anmeldemöglichkeit • Anmeldung zum E-Mail-Newsletter • Corporate Blog mit Einblicken ins Unternehmen • Onsite-Chat, Kontaktmöglichkeit, Ansprechpartner
Geschäftspartner	• Produkt- und Unternehmensinformationen (Partnerperspektive) • Case Studies • Whitepapers • ROI-Kalkulator • Kontaktmöglichkeit, Ansprechpartner
Journalisten	• Produkt- und Unternehmensinformationen (Medienperspektive) • Aktuelle Pressemeldungen, Archiv • Basispressemappe • Studien, Marktforschungsdaten • Bilddatenbank, Infografiken • Presse-Clippings • Pressekontakt, Ansprechpartner
Bewerber	• Produkt- und Unternehmensinformationen (Bewerberperspektive) • Stellenangebote • Testimonials, Stimmen von Mitarbeitern • Checklisten, Anleitungen zur Bewerbung • Blog mit Einblicken in den Unternehmensalltag • Kontaktmöglichkeit, Ansprechpartner

Tabelle 4-2: Zielgruppen und Inhalte auf Ihrer Website *(Fortsetzung)*

Zielgruppe	Inhalte und Formate
Investoren	• Produkt- und Unternehmensinformationen (Investorenperspektive) • Corporate Governance • Marktinformationen zu Aktien und Anleihen • Finanzberichte • Veranstaltungen • Präsentationen • Statistiken • Finanznachrichten • Kontaktmöglichkeit, Ansprechpartner

Welche Inhalte Sie tatsächlich auf Ihrer Website anbieten und wie Sie diese entlang der sogenannten Konversionspfade anordnen, können Sie anhand folgender Fragen ermitteln:

1. Wer besucht Ihre Website?
2. Warum kommen die Besucher auf Ihre Seite?
3. Was sollen sie auf Ihrer Website konkret tun?
4. Wohin gehen Ihre Besucher, nachdem Sie auf Ihrer Website waren?

Landingpage für Kampagnen

Eine Sonderform einer Webseite, die speziell für Kampagnen eingesetzt wird, ist die Landingpage. Wie der Name schon sagt, handelt es sich hierbei um eine Seite im Netz, die als »Landeplatz« für Besucher dient, die durch Werbung oder Empfehlungen in sozialen Netzwerken angelockt wurden. Eine Landingpage unterscheidet sich von der Homepage, also der Startseite Ihres Internetauftritts, im Wesentlichen dadurch, dass sie einen konkreten inhaltlichen Bedarf beim Besucher bedient. Eine Homepage dagegen dient als Einstieg und soll den Besucher dazu inspirieren, weitere Seiten zu besuchen.

Tabelle 4-3: Der Unterschied zwischen Homepage und Landingpage[98]

	Homepage	Landingpage
Zielsetzung	Besucher zu relevantem Content weiterleiten.	Gesuchten Content ausliefern.
Absicht des Besuchers	Allgemeine Informationen.	Spezifische Informationen.
Herkunft des Besuchers	Verschiedene Quellen wie Suchmaschinen, Social Media etc.	Kampagne zur Leadgenerierung.
Navigation auf der Seite	Zum kompletten Angebot der Website.	Keine oder wenige, beispielsweise Kontakt, Impressum, Link zur Website.
Content	Übersicht über die Inhalte der Website, Beschreibung des Anbieters.	Inhalte, die einen bestimmten Informationsbedarf bedienen und zu einem gewünschten Verhalten führen.
Gewünschte Aktion des Besuchers	Tiefer in die Inhalte der Website einsteigen.	Auf einen Call-to-Action reagieren, z. B. Whitepaper-Download oder Newsletter-Anmeldung.

Tipps für die Gestaltung Ihrer Landingpage[129]

- **Einfache Struktur**: Die ideale Landingpage besteht aus einer Seite ohne Navigation, sodass der Besucher möglichst direkt zu einer Handlungsaufforderung, dem Call-to-Action, geführt wird.

- **Konsistente Botschaft**: Headline und Inhalt Ihrer Landingpage sollten inhaltlich zu dem passen, was die Besucher zuvor gesehen haben, beispielsweise eine Anzeige oder einen Post in einem sozialen Netzwerk.

- **Botschaft visualisieren**: Unterstützen Sie Ihre Botschaft mit einem Bild, einer Grafik oder einem Video, ohne jedoch den Nutzer von seiner eigentlichen Intention abzulenken.

- **Nutzen anschaulich beschreiben**: Der Besucher soll davon überzeugt werden, dass es sich lohnt, den nächsten Schritt zu tun. Stellen Sie deshalb den Nutzen aus seiner Sicht in wenigen Argumenten deutlich dar.

- **Social Proof**: Lassen Sie Kunden oder Experten zu Wort kommen, die Ihre Botschaft oder Ihr Versprechen stützen.

- **Einfaches Formular**: In der Regel besteht die Handlungsaufforderung auf einer Landingpage darin, ein Formular auszufüllen, um sich anzumelden oder Content herunterzuladen. Dieses Formular sollte so kompakt wie möglich, jedoch umfangreich genug sein, um verwertbare Kontaktdaten zu generieren.

- **Buttontext mit Nutzen**: Die Aufforderung auf Ihrem Button sollte einen Nutzen transportieren statt nur einen technischen Vorgang beschreiben, zum Beispiel: »Kostenloses E-Book erhalten« statt »Formular abschicken«.

- **Verbindliche Antwort-E-Mail**: Nach der Aktion ist vor der Aktion. Senden Sie Ihrem Lead zum Dankeschön eine E-Mail, in der Sie weitere Inhalte anbieten oder zum persönlichen Gespräch einladen.

> **Tipp:**
> Ein Formular mit wenigen Eingabefeldern generiert mehr Leads, die aber weniger qualifiziert sind. Längere Formulare generieren weniger, aber qualifiziertere Leads. Wägen Sie ab, was Ihnen wichtiger ist.

Landingpages: SaaS oder eigenes Hosting

Für die Umsetzung Ihrer Landingpages haben Sie grundsätzlich zwei verschiedene Möglichkeiten: Entweder Sie betreiben die Seiten auf Ihrem eigenen Server, zum Beispiel mithilfe eines Plug-ins, wenn Sie mit einem

Content-Management-System wie WordPress arbeiten, oder Sie nutzen eine entsprechende Software-as-a-Service, die es ermöglicht, Landingpages online zu erstellen und auf dem Server des Anbieters zu hosten.

Tabelle 4-4: Eigenes Hosting und SaaS für Landingpages im Vergleich

	Eigenes Hosting	SaaS
Funktionsweise	Seiten werden in der eigenen Serverumgebung erstellt und betrieben.	Seiten werden in einer fremden Serverumgebung erstellt und betrieben.
Vorteile	Volle Kontrolle über Inhalte und Daten. Integration in die eigene Website möglich.	Große Auswahl vorgefertigter Templates. Ergänzende Funktionen häufig integriert (E-Mail, Analyse).
Herausforderung	Export von Nutzerdaten und Anbindung an CRM.	Nutzung und Weiterleitung eigener Internetadressen. Export von Nutzerdaten und Anbindung an CRM.
Anbieter (Auswahl)	*launcheffectapp.com* *thrivethemes.com* *optimizepress.com* *wpbeaverbuilder.com* *seedprod.com*	*unbounce.com* *getresponse.com* *leadpages.net* *kickofflabs.com* *launchrock.com*

Website und Landingpage optimieren: A/B-Testing

Studien zeigen, dass nur etwa ein Fünftel der befragten Marketingverantwortlichen mit der Konversionsrate ihrer Website zufrieden sind.[130] Diese Kennzahl gibt an, welcher Anteil der Website-Besucher eine gewünschte Aktion ausführt, also zum Beispiel ein bestimmtes Dokument herunterlädt oder Kontakt mit dem Vertrieb aufnimmt. Die Konversionsrate wird dabei nicht nur von den Inhalten, sondern auch von Gestaltungs- und Steuerungselementen auf einer Internetseite bestimmt.

Elemente, die die Konversionsrate beeinflussen:

- Gestaltung von Handlungsaufforderungen, dem Call-to-Action (Buttons, Wording, Größe, Farbe, Platzierung)
- Überschriften und Produktbeschreibungen
- Länge und Gestaltung von Formularen
- Bilder und Grafiken
- Länge von Fließtexten

Um sicherzugehen, dass Ihre Website den Erwartungen und Bedürfnissen Ihrer Besucher entspricht, sollten Sie Inhalte und Layout regelmäßig auf die Probe stellen. Der A/B-Test ist dabei eine gängige Testmethode, um herauszufinden, wie Ihre Besucher auf Veränderungen an den Inhalten oder der Struktur reagieren würden. Dabei wird eine Originalversion einer Seite gegen eine geänderte Version getestet. Die Version mit dem besseren Ergebnis wird im Live-Betrieb eingesetzt.

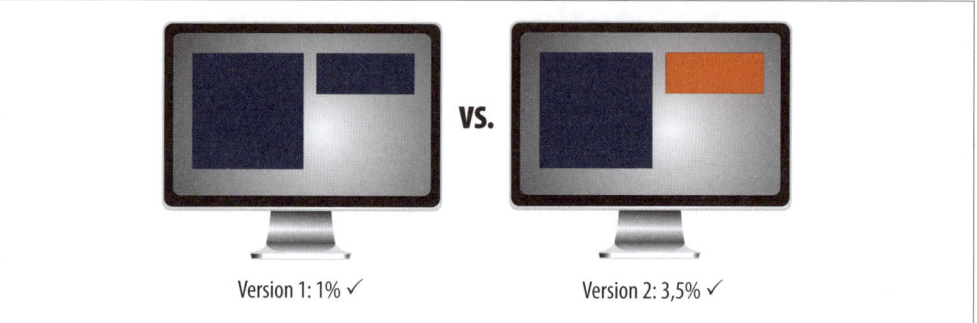

Abbildung 4-2: Prinzip des A/B-Tests mit Messung der Konversionsrate

Ablauf eines A/B-Tests

A/B-Testing ist als laufender Prozess zu verstehen, bei dem Merkmale Ihrer Internetseite der Reihe nach optimiert werden. Gehen Sie dabei wie folgt vor:

1. Entscheiden Sie, was Sie testen wollen.

Von der Farbe eines Buttons bis zum gesamten Layout einer Seite können Sie alles testen. Um die Ergebnisse jedoch möglichst eindeutig auf einzelne Unterschiede zurückführen zu können, sollten Sie pro Entwicklungsschritt nur ein Merkmal verändern.

2. Definieren Sie Ziele und legen Sie fest, wie Sie die Ergebnisse messen wollen.

Bestimmen Sie vor dem Test, was Sie mit einer Optimierung Ihrer Inhalte erreichen wollen und wie Sie das messen. Hier kommen gängige Kennzahlen wie die Klickrate, die Absprungrate oder die Verweildauer auf einer Seite in Betracht.

> **Tipp:**
> Beschränken Sie Ihre Analyse nicht auf einzelne Kennzahlen, sondern beobachten Sie auch mögliche Veränderungen im Kaufprozess. So kann sich beispielsweise die Konversionsrate verbessern, obwohl sich die Klickrate des getesteten Buttons nicht signifikant verändert.

3. Erstellen Sie eine Testanordnung.

Erstellen Sie die Inhalte für Ihren Test einschließlich der Merkmale, die gegeneinander getestet werden sollen. Für die Anordnung und Umsetzung des Tests können Sie eine entsprechende Testing-Software einsetzen.

4. Promoten Sie die Testvarianten.

Um aussagekräftige Ergebnisse zu erzielen, sollten Sie möglichst viele Besucher aus Ihrer Zielgruppe dazu bringen, die Testvariante zu nutzen.

5. Sammeln Sie genug Daten.

Ihr Test hilft Ihnen nur dann weiter, wenn er statistisch signifikant ist. Das bedeutet, es müssen genügend Besucher die Seite genutzt haben. Wie lange Ihr Test dazu laufen sollte, hängt von Ihrem Traffic und dem Besucherverhalten ab. Wenn Sie eine spezielle A/B-Testing-Software einsetzen, wird die Signifikanz in der Regel automatisch berücksichtigt.

6. Validieren Sie Ihre Erkenntnisse.

Testen Sie verschiedene Versionen über einen längeren Zeitraum oder wiederholen Sie Tests zu unterschiedlichen Zeitpunkten. So stellen Sie sicher, dass die Ergebnisse nicht durch außergewöhnliche Ereignisse – wie etwa Ferien, politische Entwicklungen, Trends und News – beeinflusst wurden.

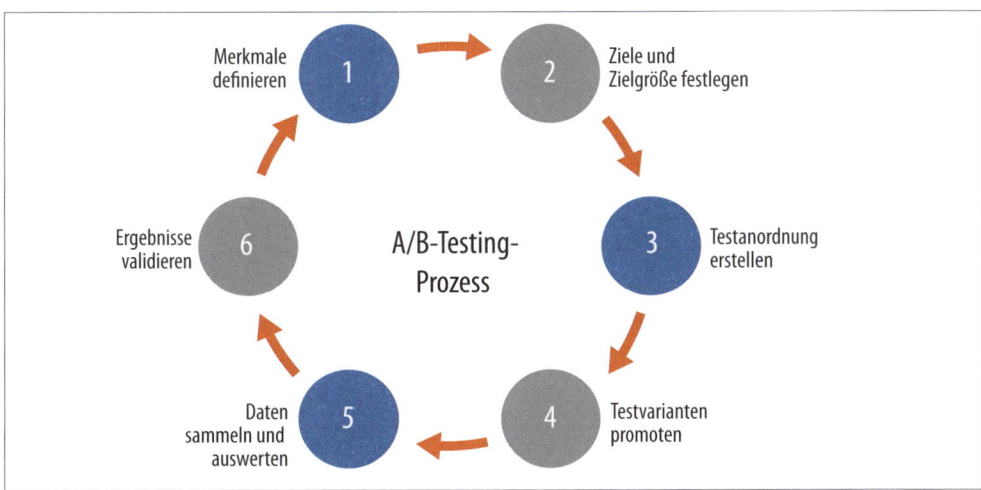

Abbildung 4-3: Prozessschritte eines A/B-Tests im Überblick

Exkurs: Warnung vor langen Ladezeiten

Neben den Inhalten selbst entscheidet die Geschwindigkeit, in der die Seite geladen wird, wesentlich über die Wirkung beim Nutzer. Studien zufolge erwartet jeder Zweite, dass Website-Inhalte innerhalb von zwei Sekunden erscheinen. 40 Prozent der Besucher geben an, eine Internetseite zu verlassen, wenn sie länger als drei Sekunden auf die Inhalte warten müssen.[131] Und das kommt häufiger vor, als man denkt. Die durchschnittliche Ladezeit von Webseiten liegt heute noch bei fünf Sekunden.[132] Amazon geht davon aus, dass jede Sekunde Ladezeit seiner Onlineplattform das Unternehmen 1,6 Milliarden Dollar Umsatzausfall kostet.[133] Auch wenn die Dimensionen bei Ihnen andere sein mögen: Achten Sie bei der Gestaltung der Inhalte auf Ihrer Website darauf, dass die Ladezeiten optimiert sind – und natürlich nicht nur für das Surfen am Desktop, sondern vor allem auch für mobile Endgeräte. Denn lange Ladezeiten wirken sich negativ auf das Ranking Ihrer Website in Suchmaschinen aus.

Tipps für eine schnellere Website

- Messen und optimieren Sie die Antwortzeiten Ihres Webservers.
- Ermöglichen Sie das Komprimieren Ihrer Seiten.
- Ermöglichen Sie das Speichern Ihrer Seiten im Browser.
- Optimieren Sie Ihr HTML, CSS und JavaScript.
- Optimieren Sie die Größe und Auflösung Ihrer Bilder.
- Trennen Sie HTML und CSS konsequent voneinander.
- Beschränken Sie den Einsatz von Plug-ins in Ihrem Content-Management-System auf das Nötigste.
- Vermeiden Sie Weiterleitungen innerhalb Ihrer Seite.

Blog

Ein Blog bietet Raum für Marketinginhalte, die über die reine Produkt- und Unternehmenspräsentation hinausgehen: für fachliche Exkurse, Aktuelles und Persönliches aus dem Unternehmen, Unterhaltsames und Kritisches, aber vor allem für nützliche Inhalte, die Ihren Zielpersonen dabei helfen, eine Kaufentscheidung zu treffen. Auch in der internen Kommunikation als Plattform für den Austausch und das Wissensmanagement lässt sich ein Blog nutzen. Für viele Unternehmen ist das Blog die zentrale Stelle, an der sie ihre Inhalte veröffentlichen. Als *Content-Hub* steht er im Mittelpunkt der Content-Marketing-Aktivitäten.

- **Ziele**: Inhalte und Botschaften testen, Kompetenz zeigen, in einen Dialog mit der Zielgruppe treten, eine Community aufbauen.
- **Vorteile**: Inhaltliche Freiheiten über den rein fachlichen Tellerrand hinaus, Content mit geringem Aufwand veröffentlichen.

- **Herausforderung**: Blog durch regelmäßige Beiträge aktuell halten, Inhalte werbefrei und nutzerorientiert gestalten, inhaltliche Freiheiten mit Richtlinien und CI in Einklang bringen.
- **Kennzahlen für die Erfolgsmessung**: Häufig aufgerufene Seiten, Shares und Likes in sozialen Medien, Reaktionen und Kommentare von Nutzern.

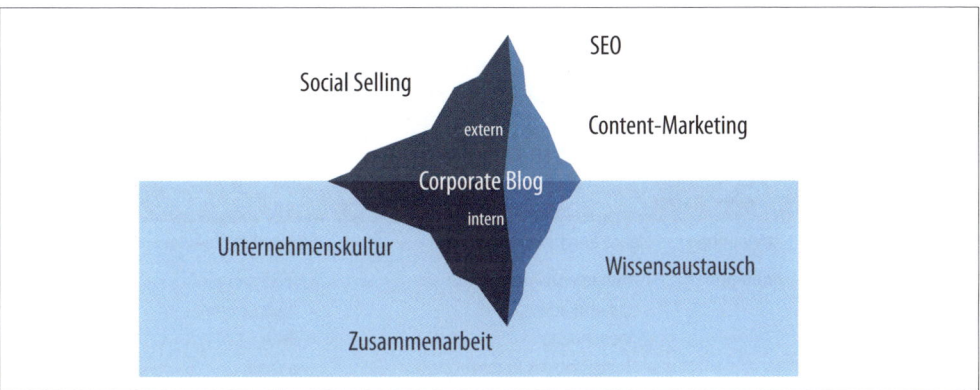

Abbildung 4-4: Das Blog als Plattform für die interne und externe Kommunikation

Weiterlesen:

Mehr darüber, wie Sie ein Corporate Blog einrichten, erfahren Sie im Abschnitt *Das Blog als Content-Zentrale* auf Seite 35 ff.

Publishing- und Curation-Plattformen

Publishing-Plattformen funktionieren im Prinzip ähnlich wie ein Blog. Denn auch hier besteht die Möglichkeit, Fachartikel zu platzieren, die andere Nutzer kommentieren und weiterempfehlen können. Daneben gibt es sogenannte Curation-Plattformen, auf denen Unternehmen ihre eigenen Inhalte zusammen mit denen von anderen Anbietern veröffentlichen können. Der Unterschied zwischen Publishing- und Curation-Plattformen besteht im Wesentlichen darin, dass auf Curation-Plattformen Inhalte aus unterschiedlichen Quellen gesammelt und als Teaser mit Link zur Quelle veröffentlicht werden. Dagegen sind auf Publishing-Plattformen eher originäre Inhalte zu finden.

- **Ziele**: Veröffentlichen von Ideen und Meinungen, Mehrfachverwerten von Blogbeiträgen und Fachartikeln, Positionierung als Experte, Aufmerksamkeit für das eigene Blog schaffen.
- **Vorteile**: Die gängigen Plattformen sind einfach in der Handhabung und bieten eine große Reichweite. Dadurch können Sie die Suchma-

schinenrelevanz Ihrer Inhalte wesentlich steigern. Die Veröffentlichung von Inhalten ist mit geringen Ressourcen möglich. Analysefunktionen geben Auskunft darüber, wie Ihr Content genutzt wird.

- **Herausforderungen**: Sie müssen sich als Autor erst einen Namen machen, bevor Ihre Artikel gelesen und weiterempfohlen werden. Dabei kommt es auf die richtige Mischung aus eigenen und fremden Inhalten an. Die Inhalte müssen werbefrei und für Ihr Publikum hilfreich sein.
- **Kennzahlen für die Erfolgsmessung**: Besuche, Likes, Shares in sozialen Medien, Reaktionen und Kommentare von Nutzern.

Tabelle 4-5: Gängige Plattformen im Überblick

	Publishing-Plattformen	Curation-Plattformen
Anwendung	Eigene Inhalte veröffentlichen	Fremde Inhalte kuratieren
Anbieter	• competence-site.de • growthhackers.com • inbound.org • instantarticles.fb.com • linkedin.com • medium.com	• feedly.com • flipboard.com • list.ly • paper.li • scoop.it • storify.com • xing.de
Tipps für die Nutzung	• Inhalte mit visuellen Elementen anreichern (Grafiken, Videos) • Quellen und Bildrechte nachweisen • Auf eigene Blogbeiträge verlinken • Zum Handeln auffordern (»Ihre Meinung ist gefragt«)	• Markt laufend beobachten • Inhalte mit echtem Nutzwert teilen • Auf Aktualität und Qualität achten • Eigene Kommentare ergänzen • Quellen sauber nachweisen • Inhalte nach Themen sortieren

Fallbeispiel: Softwarehersteller auf medium.com[134]

Zendesk, ein Hersteller von Software für den Kundenservice in Unternehmen, bloggt nicht nur auf der eigenen Website, sondern auch auf der Blogging-Plattform Medium. »Zendesk Engineering« richtet sich an ein eher technisch orientiertes Publikum, das sich auch für die Produktentwicklung interessiert. Deshalb kommen hier in erster Linie Entwickler von Zendesk und von Partnerunternehmen zu Wort. Wer allerdings trockene Materie erwartet, wird positiv überrascht. Denn die Inhalte sind unterhaltsam mit Memes und Storytelling-Elementen aufbereitet. Ein Internet-Meme ist eine Bild-, Audio- oder Videodatei, die schnell eine große Verbreitung im Netz findet.

> **Weiterlesen:**
>
> Mehr über das Kuratieren fremder Inhalte lesen Sie im Abschnitt *Fremde Inhalte nutzen* auf Seite 125 ff.

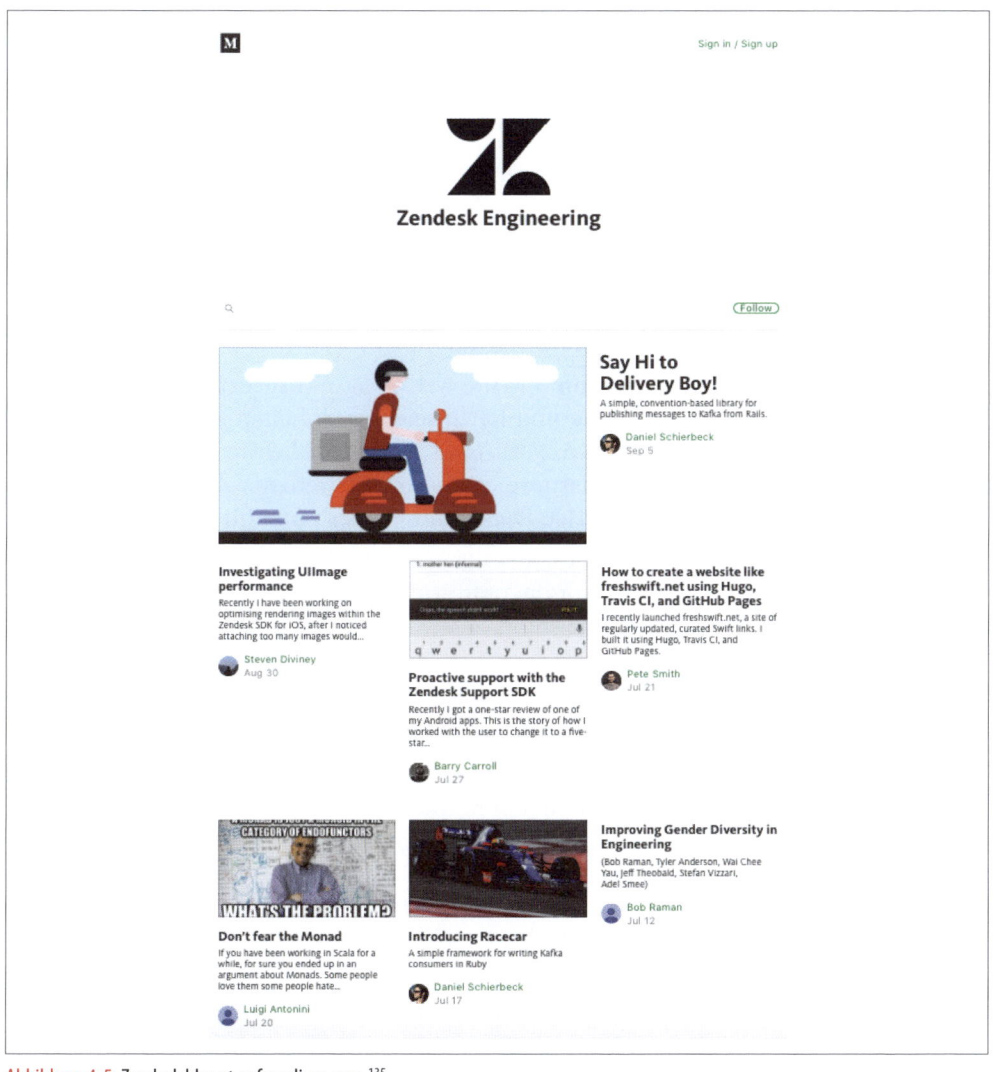

Abbildung 4-5: Zendesk bloggt auf medium.com.[135]

Soziale Medien

Neben der eigenen Website und dem Blog zählen die Unternehmenspro-file auf sozialen Netzwerken zu den wichtigsten eigenen Kanälen für die Content-Distribution. Dies liegt vor allem daran, dass die Inhalte dort über Empfehlungen und Diskussionen ein großes Publikum erreichen können. Zudem ist hier ein direkter Dialog mit potenziellen Kunden möglich.

Zu den wichtigsten Plattformen für B2B-Unternehmen zählen die Busi-nessnetzwerke XING und LinkedIn, die sozialen Medien Twitter, Facebook und Instagram sowie SlideShare und YouTube. Welche dieser Plattformen sich für Ihr Unternehmen am besten eignen, lässt sich nicht pauschal sagen. Dies hängt ganz wesentlich von Ihrer Branche, Ihren Zielen und Ihren Themen ab.

- **Ziele**: Aufbau einer Community, die als *Earned Medium* Inhalte aktiv verbreitet, Aufbau von Beziehungen zu Multiplikatoren im Netzwerk.
- **Vorteile**: Inhaltliche Freiheiten mit der Möglichkeit, über den rein fachlichen Tellerrand hinauszublicken, Veröffentlichung von Inhalten mit geringen Ressourcen möglich.
- **Herausforderung**: Inhalte werbefrei und zielgruppenorientiert gestalten, Nutzung und Reichweite von Inhalten können nicht exakt gemessen werden, Form und inhaltliche Schwerpunkte müssen an verschiedene Plattformen angepasst werden, es bedarf verbindlicher Regeln für den Dialog mit Nutzern und für Krisenszenarien.
- **Kennzahlen für die Erfolgsmessung**: Reichweite, Likes, Shares, Reaktionen und Kommentare von Nutzern, Backlinks auf Unternehmenswebsite oder Blog.

Geeignete Plattformen für Ihren Content finden

Seit dem Aufkommen der sozialen Medien häufen sich Missverständnisse gepaart mit Misserfolgen. Verlockend für Berater ist das schnelle Geschäft. Verlockend für das Marketing ist die angeblich so bequeme Lösung, schnell eine große Zahl an »Fans« zu gewinnen. Fans sind jedoch nicht immer gleich potenzielle Kunden. Daher sollten Sie zunächst gewissenhaft prüfen, welche Medien Ihre speziellen Zielgruppen nutzen. Machen Sie sich auch bewusst, dass Sie sich in den sozialen Medien – anders als in bezahlten Medien – Ihre Community zunächst aufbauen müssen. Dafür braucht es Engagement und einen langen Atem.

Bei der Entwicklung Ihrer Social-Media-Strategie können Sie sich an folgenden Fragen orientieren:

1. Können Sie mit der sozialen Plattform Ihre Zielgruppen erreichen?

Behalten Sie bei der Wahl der Kanäle immer die Zielgruppe im Auge: Wo informiert sie sich? In welchen Netzwerken ist sie unterwegs? Sprechen Sie am besten direkt mit Vertretern Ihrer Zielgruppe, um mehr über ihr Informations- und Kommunikationsverhalten zu erfahren.

2. Hilft die soziale Plattform dabei, Ihre Unternehmensziele zu erreichen?

Prüfen Sie, ob der Kanal auch für Ihre Ziele geeignet ist: Wollen Sie Ihre Sichtbarkeit erhöhen, Interessenten in Leads verwandeln oder mit bestehenden Kunden in Kontakt bleiben? Die meisten Unternehmen nutzen soziale Medien, um auf sich aufmerksam zu machen und Leads zu generieren.[136] Dabei stehen XING und LinkedIn in der Gunst ganz oben, da sie ausschließlich im geschäftlichen Bereich genutzt werden.[137]

Lesetipp:

Eine umfassende Übersicht über die sozialen Medien, die sich für das B2B-Content-Marketing eignen, finden Sie in »Social Media Marketing im B2B – Besonderheiten, Strategien, Tipps« von Felix Beilharz (O'Reilly, 2014).

---

3. Verfügen Sie über die notwendigen Ressourcen für das Social-Media-Management?

Soziale Medien leben vom Dialog und der Interaktion zwischen den Teilnehmern. Sie allein für das Veröffentlichen von Inhalten zu nutzen, würde ihr Potenzial nicht ausschöpfen. Für das Marketing von Mensch zu Mensch braucht es allerdings Ausdauer und die nötige Manpower: Mitarbeiter, die sich dieser Aufgabe voll und ganz widmen können.

Tipps für den richtigen Einsatz von sozialen Medien

Soziale Medien gehören zu den Top-Themen im B2B-Marketing.[138] Sie bergen jedoch das Risiko, dass das Ringen um »Fans« und »Likes« eine Eigendynamik entwickelt, die an den wesentlichen Unternehmenszielen wie Leadgenerierung und Verkauf vorbeigeht. Damit Ihre Social-Media-Initiativen erfolgreich sind, sollten Sie folgende Regeln beachten:

1. Schlank starten

Wenn Sie neu ins Content-Marketing einsteigen, müssen Sie nicht gleich auf allen möglichen Kanälen präsent sein. Wählen Sie für den Einstieg ein oder zwei Plattformen, auf denen Sie Ihre Zielgruppe erreichen. So halten Sie den Aufwand gering und können Erfahrungen im Umgang mit diesen Plattformen sammeln, bevor Sie sich auf neues Terrain wagen. Empfehlenswert sind zum Beispiel XING oder LinkedIn für den Kontaktaufbau und die Beziehungspflege sowie Twitter oder Facebook, um die eigene Reichweite zu erhöhen.

2. Dialog statt Einwegkommunikation

Unternehmen sehen sich in sozialen Netzwerken häufig dem Druck ausgesetzt, laufend Neuigkeiten produzieren zu müssen. Dabei vernachlässigen sie die Möglichkeiten, mit potenziellen Kunden in den Dialog zu treten. Doch gerade hier liegt der Vorteil der sozialen Netzwerke: im Dialog mehr über die eigene Zielgruppe zu erfahren und persönliche Beziehungen aufzubauen. Unternehmen, die Social Media lediglich als weiteren Kanal für ihre Einwegkommunikation betrachten, werden rasch an die Grenzen des Mediums stoßen und dann wahrscheinlich voreilig schlussfolgern, dass »Social Media nichts bringt«.

Kunden auf einer persönlichen, emotionalen Ebene anzusprechen, ist auch deshalb wichtig, weil 86 Prozent der Entscheider im B2B kaum einen Unterschied zwischen den Anbietern sehen. Klassische Produktbotschaften finden kaum noch Gehör. Stattdessen spielt die persönliche Bindung und das Vertrauen zum Unternehmen eine wichtige Rolle bei der Kaufentscheidung.[139]

3. Fokus auf wertvolle Leads

Manche Unternehmen würden alles tun, um mehr »Fans« und »Likes« zu bekommen. Sie übersehen dabei jedoch, dass ein »Fan« nicht per se ein potenzieller Käufer im Sinne der Leadgenerierung ist. Das gilt besonders für »Fans«, die über Aktionen und Gewinnspiele gelockt wurden, ohne ein wirkliches Interesse am Unternehmen oder seinen Produkten zu haben. Denken Sie daran, dass ein echter Interessent oder »Influencer« – ein Meinungsführer und Multiplikator im Social Web – wertvoller sein kann als 100 Gewinnspielfans.

4. Auf Werbung verzichten

Je größer ein Unternehmen, desto größer ist oft auch die Tendenz, von sich selbst zu erzählen. Doch Posts darüber, wie toll das Unternehmen und seine Produkte sind, werden niemanden zu einem echten Fan machen, geschweige denn zum Teilen von Inhalten motivieren. Sie sind vielmehr für die Nutzer ein Grund, den Unternehmen nicht zu folgen (vgl. Abbildung 4-6).

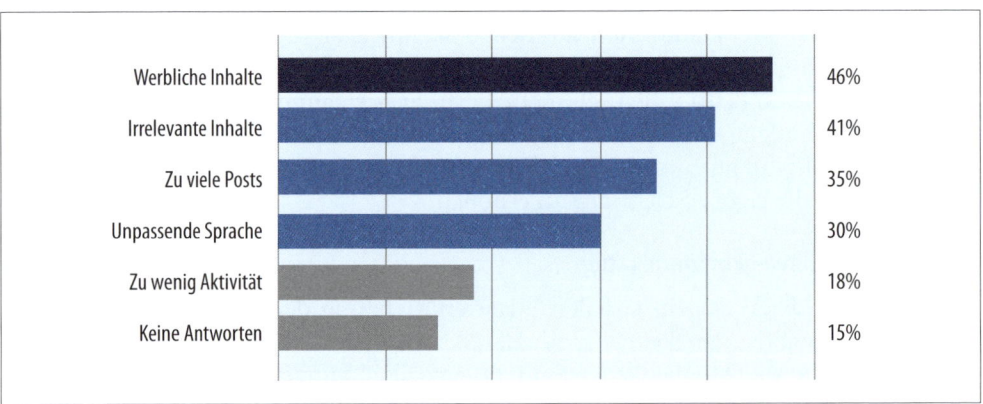

Abbildung 4-6: Warum Nutzer den Marken nicht mehr folgen[140]

Verzichten Sie deshalb auf Werbung und konzentrieren Sie sich darauf, Ihren Zielgruppen einen wirklichen Mehrwert zu bieten und sie an Ihrem Fachwissen teilhaben zu lassen. Sehr gut funktionieren Inhalte, die konkret und emotional auf die Bedürfnisse Ihrer Zielgruppen eingehen.

5. Nicht von Fans und Likes blenden lassen

Häufig geben sich Marketingverantwortliche mit einer großen Zahl an »Fans« oder »Likes« zufrieden. Doch die Zahlen allein sagen nichts über die Qualität der Kontakte aus. Berücksichtigen Sie daher auch die Art der Reaktionen sowie zusätzliche »harte« Kennzahlen wie die Anzahl von Leads und Verkäufen. Sie zeigen, ob Ihre Social-Media-Aktivitäten auch auf Ihre Businessziele einzahlen.

6. Kanäle aktiv promoten

Der Wettbewerb um die Aufmerksamkeit der Nutzer wächst, dadurch sinkt die Wahrscheinlichkeit, dass Ihre Zielpersonen Ihr Social-Media-Profil von allein finden. Daher sollten Sie nicht nur Ihre Inhalte, sondern auch Ihre Präsenz in sozialen Medien aktiv vermarkten. Nutzen Sie alle verfügbaren Marketingkanäle, um Ihre Zielgruppen darauf aufmerksam zu machen.

7. Automatisierung gezielt einsetzen

Es gibt heute zahlreiche Tools, mit denen Sie Inhalte in den sozialen Medien automatisiert verbreiten können. Das Prinzip: Sie speisen Ihren Inhalt einmal ein, und das System veröffentlicht diesen automatisch auf verschiedenen sozialen Plattformen. Der Haken: Die Form der Inhalte wird dabei automatisch an die jeweilige Formatvorgabe der Plattform angepasst, was oft zu unschönen Ergebnissen führt. Machen Sie sich die Mühe, Ihre Inhalte auf die jeweiligen Plattformen zuzuschneiden, und überwachen Sie die Tools bei ihrer Arbeit.

> **Weiterlesen:**
> Mehr darüber, wie Sie Aufgaben der Content-Distribution automatisieren können, erfahren Sie im Abschnitt *Automatisierung im Content-Marketing* auf Seite 239 ff.

E-Mail-Newsletter

Die Kommunikation per E-Mail zählt nach wie vor zu den wichtigsten Instrumenten, wenn es darum geht, Ihre Zielpersonen direkt und zudem mit einer persönlichen Note anzusprechen. Für die Content-

Distribution bietet sich einerseits ein eigener Newsletter an. Hierfür benötigen Sie die E-Mail-Kontaktdaten und das Einverständnis Ihrer Empfänger. Andererseits kommen auch Newsletter von Fremdanbietern in Betracht, die Sie als bezahlte Kanäle nutzen können, beispielsweise indem Sie dort Anzeigen platzieren.

- **Ziele**: Leads qualifizieren, bestehende Beziehungen weiterentwickeln und festigen.
- **Vorteile**: Ihre Leser sind bekannt, sodass Sie die Inhalte auf die individuellen Anforderungen zuschneiden können. Die Nutzung (Öffnungs- und Klickrate) kann exakt gemessen werden.
- **Herausforderung**: Nicht jeder E-Mail-Newsletter wird geöffnet, sodass Inhalte in mehrstufigen Kampagnen gestreut werden müssen. Nützliche Inhalte und Fachkompetenz sind gefragt, nicht vordergründige Werbung.
- **Kennzahlen für die Erfolgsmessung**: Öffnungsrate, Klickrate, Konversionsrate, Abmeldungen.

Tabelle 4-6: Typische Anwendungsfälle für E-Mail-Newsletter

Anlass	Inhalt	Versand	Benchmark[141]
Kundengewinnung	Call-to-Action zur Aktivierung von Interessenten, zum Beispiel durch Anbieten eines Whitepapers zum Download oder durch Einladung zum Webinar oder zu einer Messe.	Nach einem vorherigen Kontakt	Öffnungsrate: 21,6 % Klickrate: 2,69 % Abmelderate: 0,28 %
Kundenbindung	Neuigkeiten aus dem Unternehmen, Produkt-News, Aktionen, Rabatte.	Regelmäßig (alle zwölf Wochen)	
Profilierung als Experte	Kuratierte Inhalte aus eigenen und fremden Quellen (Fachartikel, Studien, Whitepapers).	Regelmäßig (alle zwei oder vier Wochen)	

Die »Customer Journey« beim Newsletter

Bei jedem E-Mail-Newsletter, den Sie versenden, müssen Ihre Nutzer eine Reihe von Hürden überwinden. Angefangen bei der Entscheidung, ob sie die E-Mail öffnen sollen, über die Prüfung der Überschrift und das Scannen der Inhalte bis hin zu der Entscheidung, ob sie einer Handlungsaufforderung folgen sollten. Auf diesem »Weg« durch den Newsletter muss Ihr Nutzer somit fünfmal »Ja« sagen, um zum eigentlichen Ziel, dem Call-to-Action, zu gelangen. Damit er unterwegs nicht abbricht, müssen die Botschaften und die Form Ihrer Inhalte überzeugen.

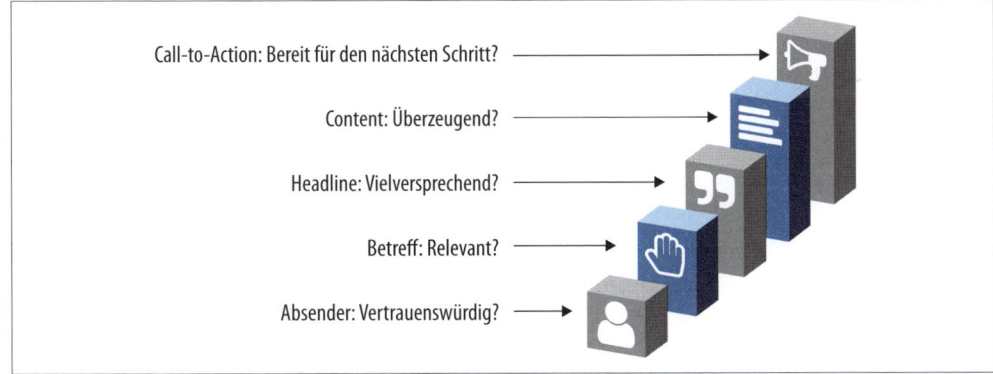

Call-to-Action: Bereit für den nächsten Schritt?

Content: Überzeugend?

Headline: Vielversprechend?

Betreff: Relevant?

Absender: Vertrauenswürdig?

Abbildung 4-7: Fünf Stufen der Customer Journey einer E-Mail[142]

Nicht ohne Einwilligung des Interessenten

Bevor Sie mit einem Interessenten per E-Mail-Kontakt aufnehmen, benötigen Sie seine ausdrückliche Einwilligung dazu. Er muss sich aktiv damit einverstanden erklären, dass Sie ihm E-Mails zusenden. Dies ergibt sich aus § 7 Absatz 1 des Gesetzes gegen den unlauteren Wettbewerb (UWG), der nach Absatz 2 Nr. 3 auch für E-Mails gilt.[143] Ausnahmen bestätigen diese Regel, wenn

- zwischen Ihnen und dem Empfänger eine Geschäftsbeziehung besteht (z. B. nach einem Kauf) und
- sich Ihre E-Mails inhaltlich auf den Absatz eigener ähnlicher Waren und Dienstleistungen beziehen,
- der Empfänger schon bei der Abgabe der Mailadresse auf sein Recht hingewiesen wurde, sein Einverständnis jederzeit widerrufen zu können, und auch jede E-Mail diesen Hinweis enthält, und von dieser Möglichkeit keinen Gebrauch gemacht hat.

Gehen Sie nicht davon aus, der Empfänger sei mit einer Kontaktaufnahme einverstanden, wenn er seine E-Mail-Adresse als Gegenleistung für den Download eines Whitepapers oder eines E-Books hinterlässt. Erst wenn ein Interessent aktiv das entsprechende Häkchen in Ihrem Downloadformular setzt, sind Sie berechtigt, ihn per E-Mail zu kontaktieren. Experten empfehlen, dies durch ein Double-Opt-in, eine doppelte Einwilligung, abzusichern.

Nicht nur aus rechtlichen Gründen sollten Sie dem Grundprinzip des Permission-Marketings folgen und den Empfänger nur dann per E-Mail über Ihr Angebot informieren, wenn er es wünscht. Geben Sie ihm möglichst jederzeit Entscheidungsfreiheit darüber, welche Inhalte er erhalten möchte. Dadurch können Sie die Treffsicherheit und Akzeptanz Ihrer E-Mail-Kampagnen verbessern.

Folgende Daten sollten Sie über ein Onlineformular abfragen, um Ihre E-Mail-Kampagnen gezielt auf die Interessen Ihrer Abonnenten zuschneiden zu können:

- Name (Textfeld, Pflichtfeld)
- E-Mail-Adresse (Textfeld, Pflichtfeld)
- Telefonnummer (Textfeld)
- Position im Unternehmen (Auswahl)
- Fachliches Interesse (Auswahl)
- Interesse an weiteren Informationen per E-Mail (Checkbox)

Tipps für die Erstellung und den Versand von E-Mail-Newslettern

1. Ist der Absender vertrauenswürdig?

Nutzen Sie als Name des Absenders Ihren eigenen Namen statt des Namens Ihres Unternehmens oder gar einer anonymen E-Mail-Adresse. Das wirkt persönlicher. Verzichten Sie vor allem auf Absendernamen, die maschinell wirken, wie etwa »1A-mailinglist-14-11-17@domain.de«, oder den Eindruck von Spam erwecken, wie etwa »JetztmehrGeld@domain.de«.

2. Wird im Betreff ein relevantes Thema angekündigt?

In der Kürze liegt die Würze. Skizzieren Sie in der Betreffzeile den Inhalt Ihrer E-Mail in wenigen Worten. Sie sollte aber so aussagekräftig sein, dass sie Interesse weckt. Schaffen Sie einen persönlichen Bezug, indem Sie den Betreff personalisieren, zum Beispiel indem Sie den Vornamen des Adressaten als *Merge-Tag*, das heißt einen Platzhalter für dynamische Inhalte, integrieren.

> **Weiterlesen:**
> Tipps für die Automatisierung Ihrer E-Mail-Kampagnen finden Sie auf den Seiten 239 ff.

3. Ist die Überschrift vielversprechend?

Nicht selten sind Betreff und Headline einer E-Mail identisch. Daran ist grundsätzlich nichts auszusetzen. Allerdings wird damit auch die Chance vergeben, den mit dem Betreff hergestellten Kontakt inhaltlich weiterzuentwickeln. Schreibt ein CRM-Hersteller im Betreff beispielsweise »Chaos im Adressmanagement«, könnte er dies in seiner Überschrift konkretisieren, zum Beispiel: »Jede dritte Adresse im B2B ist fehlerhaft«.

4. Ist der Content überzeugend?

Nach einem Intro wie im Beispiel oben erwartet der Leser eine kompakte Analyse der Problematik sowie konkrete Lösungsvorschläge. Entscheidend ist hier, dass Sie beide Aspekte möglichst neutral darstellen, ohne gleich Ihr Produkt ins Spiel zu bringen. Denn Ihr Leser ist in den meisten Fällen noch nicht so weit, sich damit zu beschäftigen.

5. Ist der Nutzer bereit für den nächsten Schritt?

Im Idealfall hat der Nutzer am Ende Ihrer E-Mail den Entschluss gefasst, sich näher mit dem Thema zu beschäftigen. Dann ist er bereit, auf Ihre Einladung zum nächsten Schritt einzugehen. Aber auch hier gilt das Prinzip »Überzeugen statt Überreden«: Ein Call-to-Action wie »Mehr Informationen« oder »Weiterlesen« wird besonders in einer frühen Phase des Kaufprozesses eher angeklickt als »Jetzt kaufen«.

Weiterlesen:

Mehr über das Thema Personalisierung im Content-Marketing finden Sie im Abschnitt *Website-Inhalte personalisieren* auf Seite 243 ff.

Mobile Apps

Über 50 Prozent der Internetnutzung findet über mobile Endgeräte statt,[144] Tendenz steigend. Mobile Apps, also Anwendungen für Smartphone und Tablet, sind deshalb schon heute ein wichtiger Kanal, um Zielkunden zu erreichen. Je nach technischer Umsetzung können Sie über mobile Anwendungen nicht nur Ihre Inhalte verbreiten, sondern auch den direkten Dialog mit potenziellen Kunden fördern. Die große Herausforderung bei Mobile Apps besteht darin, eine gewisse »App-Müdigkeit« beim Nutzer zu überwinden, denn die Zahl der Installationen ist seit 2014 rückläufig.[145]

- **Ziele**: Interaktion mit Interessenten, Kunden und Partnern.
- **Vorteile**: Mobile Endgeräte sind sehr »nah« am Nutzer.
- **Herausforderungen**: Optimierung der Inhalte für kleine Displays, technische Anpassung an eine Vielzahl unterschiedlicher Endgeräte, App-Müdigkeit der Nutzer.
- **Kennzahlen für die Erfolgsmessung**: Installationen, Anmeldungen, Häufigkeit der Nutzung, Konversionsrate.

Je nachdem, welche Ziele Sie verfolgen und welche Funktionen Sie benötigen, können die Kosten für eine App stark schwanken, da die Anforderungen an die Konzeption und die technische Umsetzung sehr unterschiedlich sind. Zu unterscheiden ist dabei die Native App im Sinne einer

Software, die auf dem Endgerät installiert wird, von der Web-App im Sinne einer Website, die für mobile Endgeräte optimiert ist.

Tabelle 4-7: Native App und Web-App im Vergleich

	Native App	Web-App
Beschreibung	Software, die auf mobilen Endgeräten installiert wird.	Webanwendung, die für mobile Endgeräte optimiert ist.
Vorteile	• Content und Funktionen sind offline verfügbar. • Nutzung ist ohne Webbrowser möglich. • Direkter Zugriff auf Hardware und Betriebssystem des Endgeräts.	• Geringe Entwicklungskosten • Einfache zentrale Pflege der Inhalte • Breite Palette an HTML5-Funktionen
Nachteile	• Aufwendige Entwicklung und Pflege • Aufwendige Anpassung an verschiedene Betriebssysteme • Akzeptanz für Apps beim Nutzer rückläufig	• Eingeschränkter Offlinebetrieb • Wird nur mit Browser ausgeführt

Hybride Apps für den schnellen Einstieg

Sogenannte *hybride Apps* bündeln die Vorteile und Funktionen von nativen Apps und Web-Apps in einer Applikation. Dabei basieren hybride Apps auf mobilen Webseiten, die mittels integrierter nativer App an die Bedienmöglichkeiten und Schnittstellen einzelner Endgeräte angepasst werden. Die Anpassung des nativen Teils sorgt für eine stets optimale Bedienung der Applikation. Der webbasierte Teil ermöglicht die Einbindung aktueller Inhalte.

> **Tipp:**
> Für die Umsetzung hybrider Apps steht eine Reihe von Baukästen, sogenannte »Frameworks« wie etwa Ionic, Intel XDK, Onsen UI oder Kendo UI, zur Verfügung, die die technische Umsetzung auch ohne Programmierkenntnisse ermöglichen. Der Funktionsumfang beschränkt sich jedoch in der Regel auf das Anzeigen und Filtern von Content sowie das Einbinden von Dialogfunktionen.

Fallbeispiel: Produkt-App in einem Industrieunternehmen[146]

PTF Pfüller GmbH & Co. KG ist ein Hersteller von mechanischen Präzisionsteile und Baugruppen mit CNC-Fräsen und CNC-Drehmaschinen. Für die Kommunikation mit Kunden, auch für die interne Kommunikation in der Unternehmensgruppe, wurde eine hybride App umgesetzt. Mitarbeiter können hier Informationen über Produkte und deren Herstellung, Stellenausschreibungen, Standorte sowie aktuelle Nachrichten aus dem Unternehmen und aus der Branche abrufen. Sämtliche Inhalte und Funktionen sind auch offline verfügbar.

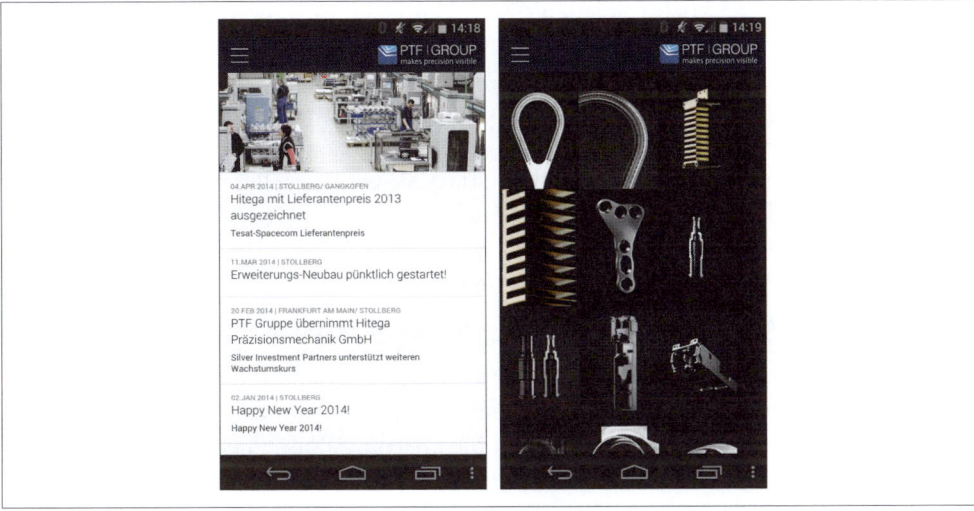

Abbildung 4-8: Aktuelle Nachrichten und Produktinformationen in der App[147]

Fachmessen und Veranstaltungen

Schon oft für tot erklärt, zählt die Fachmesse nach wie vor zu den wichtigsten Instrumenten im B2B-Marketing-Mix. Laut AUMA Messetrend[149] stimmen dieser Aussage 83 Prozent der deutschen Unternehmen zu. Im Durchschnitt geben Unternehmen rund 45 Prozent ihres Budgets für Messen aus. Damit wollen sie in erster Linie Neukunden gewinnen, die Beziehung zu Stammkunden pflegen, ihre Bekanntheit steigern und neue Produkte präsentieren.

Doch vielen Messeständen mangelt es an wirklich innovativen, kundenorientierten Ansätzen für die Besucherkommunikation: Die Stände gleichen sich wie ein Ei dem anderen, die Botschaften sind austauschbar: Alles ist »innovativ«, »effizient«, »skalierbar« und »4.0« – und das, obwohl Fachmessen für B2B-Unternehmen sehr wohl ein wirksamer Verkaufskanal sind. Es ist also lohnenswert, sich als Aussteller einmal in den Besucher hineinzuversetzen und seine Fragen zu beantworten:

- Was bringt Ihre »disruptive Innovation« seinem Business?
- Wie profitieren seine Mitarbeiter von der »Effizienz« Ihrer Lösung?
- Warum sollte er sich heute mit Zukunftstechnologie beschäftigen?

Wenn es Ihnen gelingt, auf Ihrem Messestand oder in Ihrem Fachvortrag konkrete Antworten auf diese Fragen zu liefern oder gar einen echten Dialog jenseits des reinen Verkaufsgesprächs zu führen, würden Sie damit positiv aus der Masse der Anbieter hervorstechen. Entscheidend ist, dass Sie Botschaften senden und Geschichten erzählen, die potenzielle Kunden wirklich erreichen. Dazu benötigen Sie eine *Content-Strategie* für Ihre Veranstaltung, die darauf ausgerichtet ist, mit potenziellen Kunden ins Gespräch zu kommen – und zwar nicht, um vordergründig zu verkaufen, sondern um etwas über ihren Bedarf zu erfahren, zu unterstützen oder zu unterhalten. Ziel sollte es sein, Erlebnismomente zu schaffen, die so nachwirken, dass Sie als Aussteller nach der Messe mühelos daran anknüpfen können.

Tipps für Ihren nächsten Messeauftritt

1. Social Acquisition: Beginnen Sie mit der Akquise im Netz.

Viele Messeveranstalter versprechen eine bestimmte Qualität und Zusammensetzung der Besucherstruktur. Um von Ihrem Messeauftritt optimal zu profitieren, sollten Sie allerdings zusätzlich eigene potenzielle Kunden als Besucher akquirieren. Nutzen Sie Businessplattformen wie XING oder LinkedIn, um gezielt Wunschkunden anzusprechen und auf Ihren Stand einzuladen, und zwar mit einem Angebot, das einen überzeugenden Mehrwert für Ihre Besucher bietet. Mit dem üblichen Gratisticket und Produktinformationen ist es hier nicht getan. Gefragt sind beispielsweise exklusive Panel-Diskussionen mit Meinungsbildnern auf Ihrem Stand oder Mini-Workshops zu ausgewählten Themen, die Ihre Besucher bewegen.

2. Speaker Slot: Überzeugen Sie mit einem neutralen Fachvortrag.

Eine gute Möglichkeit, vor einem größeren Publikum Fachkompetenz zu demonstrieren, sind Fachvorträge auf einer der Messebühnen. Leider entpuppen sich viele Vorträge auf Messen als reine Verkaufsveranstaltungen. Grund genug, mit einem unterhaltsamen und fachlich fundierten Vortrag ein Zeichen zu setzen. Versuchen Sie ein Experiment: Sprechen Sie über ein Thema, das Ihrer Zielgruppe unter den Nägeln brennt, aber verzichten Sie darauf, Ihr Produkt zu nennen. Zeichnen Sie Ihren Vortrag auf und veröffentlichen Sie ihn im Anschluss auf Ihrem Blog. Damit haben Sie zugleich einen wertvollen Inhalt und Aufhänger für Ihre Nachfassaktionen.

3. Customer Experience: Setzen Sie auf Erlebnis statt Hard Selling.

Fachmessen generieren im Vergleich zu anderen Marketingmaßnahmen Leads von sehr hoher Qualität. Nutzen Sie dieses Potenzial, indem Sie nicht auf vertriebliche Manpower, sondern auf Inhalte setzen. Locken Sie Besucher mit guten Geschichten und echten Erlebnissen an Ihren Stand. Interaktive Präsentationen, VR-Anwendungen, Live-Vorträge und Workshops sind hier die Mittel der Wahl. Ihr Vertrieb kommt erst bei Bedarf ins Spiel, wenn Messebesucher Interesse an einem Dialog signalisieren.

Und auch dann sollten sich Ihre Mitarbeiter auf dem Stand nicht in erster Linie als Verkäufer, sondern als Coachs, Moderatoren und Berater verstehen, die Besucher in ihrem individuellen Informations- und Orientierungsprozess unterstützen.

4. Sales Enablement: Steuern Sie Gespräche mit dem passenden Content.

Gespräche auf Messen sollten sich weniger am Produkt des Ausstellers als vielmehr am individuellen Bedarf des Besuchers orientieren. Beginnt dieser gerade erst, sich mit einer bestimmten Frage zu beschäftigen, ist Content gefragt, der bei der Informationsbeschaffung unterstützt. Statt stapelweise Produktprospekte aufzufahren, sollten Sie eher dafür sorgen, dass Ihre Mitarbeiter möglichst flexibel und produktneutral auf die Bedürfnisse des Besuchers reagieren können. Interaktive Präsentationen sind hierfür zum Beispiel ideal.

Sogenannte *Sales-Enablement-Plattformen* können die Standmitarbeiter ebenfalls unterstützen. Sie ermöglichen via Tablet Zugriff auf zentrale Content-Bibliotheken, sodass Whitepapers, Broschüren, Videos, Case Studies oder auch Fachbeiträge schnell zur Hand sind und zur Nachbereitung eines Gesprächs per E-Mail an einen Besucher geschickt werden können. Auch kann darüber jedes Gespräch quasi in Echtzeit dokumentiert werden. Beispiele für solche Plattformen sind Showpad, IGREX und Vermo Cloud.

5. Customer Insights: Erfahren Sie mehr über Ihre potenziellen Kunden.

Ihr Messeauftritt bietet Ihnen großartige Möglichkeiten, mit Interessenten unverbindlich ins Gespräch zu kommen und mehr über ihre Bedürfnisse zu erfahren. Räumen Sie die Bühne Ihres Messestands und schaffen Sie Platz für Ihre Kunden – im räumlichen wie im inhaltlichen Sinn. Laden Sie Besucher zum Dialog ein, hören Sie zu und lernen Sie aus Ihren Gesprächen. Workshops und Diskussionsrunden eignen sich sehr gut, um den Dialog in Gang zu bringen.

6. Lean Content: Testen Sie Inhalte und Botschaften.

Die begrenzte Öffentlichkeit einer Fachmesse bietet optimale Rahmenbedingungen, um neue Botschaften und Inhalte live zu testen, denn Sie erhalten hier ein direktes Feedback vor Ort. Warum also Marketingphrasen dreschen, wenn Sie wertvolle Marktforschung im Kleinen betreiben können? Erfassen Sie Kunden-Feedback systematisch, sodass Sie daraus später Learnings ableiten können. So entstehen aus Ideen und Prototypen nach dem Lean-Prinzip schrittweise marktreife Content-Produkte für Ihre Marketingkommunikation.

7. Multichannel: Vernetzen Sie Online- und Offlinebereich.

Die Herausforderung im Content-Marketing liegt darin, die richtigen Inhalte zur richtigen Zeit über die richtigen Kanäle zu verbreiten. Um Ihren Messeauftritt richtig zu vermarkten, brauchen Sie mehr als nur einen Messestand und eine Pressemeldung. Verbinden Sie Ihre Online- mit den Offlineaktivitäten, indem Sie Inhalte aus Ihrem Blog und den sozialen Medien, Infografiken und Videos auf Ihrem Messestand einsetzen. Digitale Systeme wie Touchscreens und VR-Brillen bieten hier viele Möglichkeiten, Produkte und Inhalte erlebbar zu machen.[148] Gleiches gilt umgekehrt: Veröffentlichen Sie Videos und Berichte von Ihrem Messeauftritt in sozialen Medien, um auch potenzielle Kunden zu erreichen, die Sie nicht vor Ort treffen können. Über Dienste wie Facebook Live können Sie Vorträge und Eindrücke von der Messe sogar in Echtzeit übertragen.

> **Tipp:**
> Messen sind bei Entscheidern gerade deshalb beliebt, weil sie hier Produkte und Menschen real erleben können. Ersetzen Sie die reale Produktpräsentation und das Gespräch von Mensch zu Mensch daher nicht komplett durch digitale Systeme und Anwendungen.

8. Content Sourcing: Generieren Sie Inhalte für Ihr Content-Marketing.

Wenn Sie Ihren Messeauftritt als Plattform und Bühne begreifen, schaffen Sie den Rahmen für neue Geschichten und Inhalte, die im Dialog mit potenziellen Kunden und Partnern entstehen. Diese Inhalte sind der Treibstoff für Ihr Content-Marketing während und nach der Messe. So kann beispielsweise ein Fachvortrag auf Ihrem Stand zu einem Webinar im Netz werden. Oder bieten Sie Ihren potenziellen Kunden einen Liveticker von der Messe auf Twitter oder Facebook an. Diesen können Sie nach dem Event auch als Grundlage für Ihre Nachberichterstattung nutzen.

9. Gamification: Sammeln Sie spielerisch Kontaktdaten.

Das Gewinnspiel zählt zu den Klassikern unter den Instrumenten zum Sammeln von Kontaktdaten. Die Qualität der Adressen lässt jedoch besonders dann zu wünschen übrig, wenn das Spiel inhaltlich nichts mit Ihrem Produkt zu tun hat. Besser funktionieren Formen der *Gamification* (siehe Glossar), die darauf abzielen, Ihre Wunschkunden fachlich zu erreichen, und zwar so, dass diese nicht nur wegen einer Belohnung teilnehmen, sondern weil sie durch das Spiel etwas lernen und so einen echten Mehrwert erhalten – ein Erlebnis, an das Sie in der

Nachbereitung gezielt anknüpfen können. Man spricht hier auch von *Serious Gaming*.

Weiterlesen:

Mehr über Gamification im Content-Marketing erfahren Sie im Abschnitt *Gamification: Kaufentscheidungen spielerisch fördern* auf Seite 229 ff.

10. Leadgenerierung: Setzen Sie auch beim Follow-up auf Erlebnis.

Wer A sagt, muss auch B sagen. Wenn Sie also bei der Anbahnung von Kontakten auf der Messe auf Content-Marketing setzen, sollten Sie das bei der Nachbereitung konsequent fortsetzen. Das bedeutet, dass jeder Anruf und jede E-Mail einen Mehrwert für Ihre Leads haben sollten. Ein abruptes Umschwenken von Erlebnis auf vordergründiges Verkaufen würde die Beziehung, die Sie auf Ihrem Messestand aufgebaut haben, gefährden. Sammeln Sie deshalb schon im ersten Gespräch auf der Messe Anhaltspunkte dafür, wie sie den Kontakt inhaltlich weiterentwickeln können.

11. Messestand: Mit Content zum Dialog einladen.

Ein Messestand, der als Plattform für den Dialog dienen soll, muss Raum bieten für Kurzvorträge und Workshops. Multimediale Inhalte schaffen Aufmerksamkeit und wecken Interesse, indem sie informieren, weiterbilden und unterhalten. Aber lassen Sie Ihre Besucher mit den Inhalten eines Touchscreens oder einer VR-Brille nicht allein: Erklären Sie, begleiten Sie ihn und suchen Sie den Dialog.

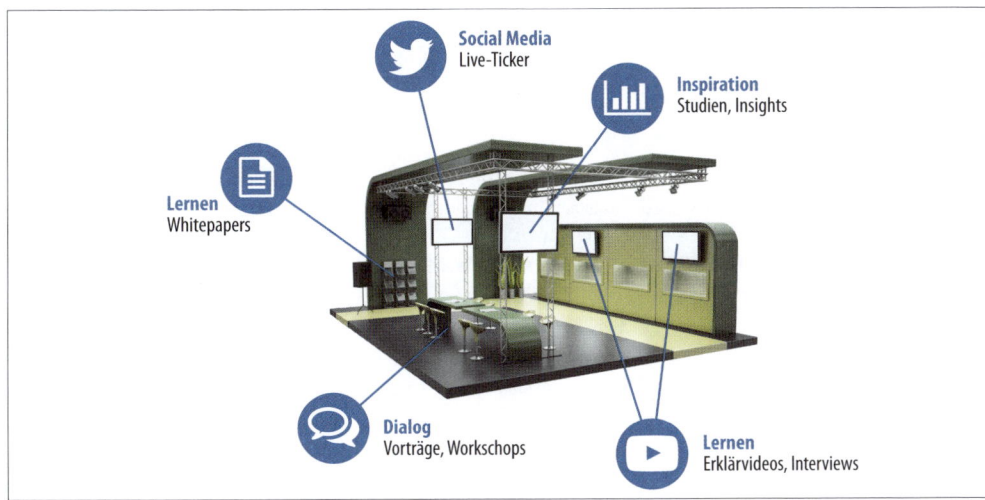

Abbildung 4-9: So könnte ein Content-getriebener Messestand aussehen.

Gedruckte Medien

Klassische Printmedien spielen gerade im B2B-Bereich noch eine große Rolle. Wenn Sie potenzielle Kunden zum Beispiel auf Messen oder Kongressen erreichen wollen, sollten Sie Print nicht vernachlässigen. Die Herausforderung besteht darin, Printmedien in Ihre Multi-Channel-Strategie zu integrieren. Ziel ist es, einen fließenden Übergang von den Print- zu den Onlinemedien zu schaffen und beide Welten sinnvoll zu vernetzen. Das heißt, Ihre Nutzer sollten möglichst komfortabel von Broschüren, Briefen oder Magazinen auf Ihre Website, Landingpage oder auf ein Social-Media-Profil gelangen. Gleichzeitig sollten Sie den umgekehrten Weg ermöglichen und in Ihren Onlinekanälen auch gedruckte Materialien anbieten – als digitale Downloads oder Printversionen zum Bestellen.

Um von gedruckten Medien ins Netz zu führen, haben sich Weblinks bewährt. Diese lassen sich in Textform als sogenannte *Shortlinks* oder als Bildelement in den Print-Content integrieren. Ein Beispiel für Letzteres sind QR-Codes, bei denen ein Link als Grafik codiert ist. Aber auch ein Bild kann einen codierten Link enthalten. Mit einer speziellen App kann der Leser Grafik oder Bild decodieren und den Link anschließend im Browser öffnen.

Tabelle 4-8: Shortlink, QR-Code und Bilderkennung im Vergleich

	Shortlink	QR-Code	Bilderkennung
Beschreibung	Internetadresse erscheint als Text im gedruckten Medium.	Internetadresse erscheint codiert als grafisches Element im gedruckten Medium und wird mithilfe einer App im Smartphone aufgerufen.	Internetadresse erscheint codiert in Bildern, Grafiken oder Logos und wird mithilfe einer App im Smartphone aufgerufen.
Vorteile	• Adresse der Zielseite ist für den Nutzer erkennbar.	• Einfache Handhabung. • QR-Apps sind kostenlos in App-Stores verfügbar. • Tracking des Nutzerverhaltens ist möglich.	• Codierung in Bildern nicht sichtbar. • Mit Virtual Reality kombinierbar. • Tracking des Nutzerverhaltens ist möglich.
Nachteile	• Adresse muss manuell in den Browser eingegeben werden. • Tracking des Nutzerverhaltens ist nur über einen Redirect möglich.	• Geringe Akzeptanz bei Nutzern. • Mobiles Endgerät und spezielle App notwendig. • Code lässt sich nur bedingt an das CI anpassen. • Adresse der Zielseite ist für den Nutzer nicht sichtbar.	• Verfahren wenig verbreitet. • Nutzer braucht eine konkrete Anleitung. • Mobiles Endgerät und spezielle App notwendig. • Adresse der Zielseite ist für den Nutzer nicht erkennbar.
Tools	bitly.com	qrcode-generator.de	catchoom.com

Verdiente Medien (Earned Media)

»Denke wie ein Publisher, nicht wie ein Marketer.«
– *David Meerman Scott*[150]

Neben eigenen und bezahlten Medien können Sie für Ihre Content-Distribution auch Kanäle nutzen, die dadurch entstehen, dass Nutzer Ihre Inhalte aus eigener Initiative verbreiten. Das ist zum Beispiel in sozialen Netzwerken der Fall, wenn die Nutzer über Ihre Inhalte sprechen oder sie teilen. Theoretisch können Sie hier mit wenig Aufwand viel erreichen, vorausgesetzt, Ihr Thema ist interessant genug. Dann kann es sich im Markt von selbst, also viral, verbreiten. Allerdings ist dieser Effekt nicht planbar: Sie haben kaum Einfluss darauf, wie schnell und in welche Richtung Ihre Inhalte im Netz weitergegeben werden.

Es wird viel darüber spekuliert, welche Eigenschaften Content haben muss, um viral zu werden. Fest steht: Damit die Nutzer Ihren Content verbreiten, muss er für sie einen Wert haben. Dieser Wert ergibt sich aus den klassischen Kriterien für den Marktwert eines »knappen Guts«: Häufigkeit, Nutzwert und Aufwand für die Herstellung. Das heißt, gute Inhalte, die selten und aufwendig in der Erstellung sind, zum Beispiel exklusive Marktdaten, werden eher geteilt als beispielsweise kuratierte Inhalte, die mit geringem Aufwand veröffentlicht werden können.

Bei verdienten Medien kommt es besonders darauf an, dass die Marketinginhalte auf die Bedürfnisse derjenigen ausgerichtet sind, die die Inhalte weiterleiten sollen. Sie sind die *Gatekeeper*, die entscheiden, ob Ihre Inhalte im Netz verbreitet werden oder nicht. Und dabei handelt es sich nicht nur um Menschen, sondern auch um Maschinen wie etwa Google.

Suchmaschinen (SEO)

Eine gute Position im Suchmaschinen-Ranking müssen sich Unternehmen heute »verdienen«. Mit einfachen Tricks, die noch vor ein paar Jahren funktionierten, etwa einer hohen Keyword-Dichte in den Texten, erreichen Sie heute nicht mehr viel. Stattdessen zählen für Suchmaschinen verstärkt die Qualität und die Relevanz der angebotenen Inhalte.

- **Ziele**: Sichtbarkeit in einer fachlichen Nische erhöhen, Interessenten auf eigene Inhalte leiten.
- **Vorteile**: Jene Interessenten gezielt erreichen, die nach einem bestimmten Thema suchen. Hohe Konversionsrate, wenn es gelingt, passende Inhalte zu bieten.

- **Herausforderung**: Langfristig planen, Themen gezielt und in fachlicher Tiefe besetzen, breite Streuung von Themen vermeiden, Nische dauerhaft bearbeiten.
- **Kennzahlen für die Erfolgsmessung**: Position im Suchmaschinen-Ranking, organischer Traffic, Konversionsrate.

> **Tipp:**
>
> Achten Sie darauf, dass Sie relevante Inhalte mit Tiefgang bieten, damit Sie von wichtigen Akteuren im Netz empfohlen werden – in Form von Backlinks oder durch das Teilen in sozialen Netzwerken. Das wirkt sich direkt auf die Position im Ranking aus.

Google-Ranking-Faktoren im Überblick[151]

1. Content

Guter Content ist seit Langem der wichtigste Ranking-Faktor. Im Fokus der Suchmaschine steht dabei die Relevanz der Inhalte für den Nutzer. Dabei definiert sich Relevanz weniger über die Dichte und Verteilung von Keywords als darüber, wie intensiv die Nutzer mit dem Content interagieren. Eine wichtige Kennzahl ist hier beispielsweise die Verweildauer auf der Website oder das Teilen in sozialen Medien.

Tipps für die Content-Optimierung

- Besetzen Sie eine fachliche Nische und fokussieren Sie sich auf einige wenige Themen, die für Ihre Zielgruppe wirklich relevant sind.
- Behandeln Sie jedes Thema in jedem Stück Content möglichst umfassend und tiefgründig.
- Analysieren Sie Ihre Inhalte mithilfe einer SEO-Software (z.B. entsprechender Plug-ins für WordPress) und optimieren Sie sie laufend.
- Achten Sie auf eine einfache Sprache.
- Versuchen Sie nicht, künstlich Keywords zu streuen. Google zeigt auch solche Seiten in den Suchergebnissen an, die das gesuchte Keyword nicht enthalten. Denn die Suchmaschine erkennt anhand einer semantischen Zuordnung die Verwandtschaft der Seiteninhalte zum gesuchten Keyword.[152]

2. Backlinks

Führen Links von fremden Seiten auf Ihre Inhalte, wirkt sich dies positiv auf das Suchmaschinen-Ranking aus. Dabei unterscheidet Google allerdings zwischen guten und schlechten Links: Hat die Herkunftsseite eine hohe Reputation im Netz, profitieren Ihre Inhalte durch die Backlinks. Das gilt auch für Verweise aus sozialen Medien wie Facebook oder Twitter. Der Schlüssel zu hochwertigen Backlinks liegt somit in der gezielten Platzierung Ihrer Inhalte.

Tipps für die Optimierung von Backlinks

- Investieren Sie 20 Prozent Ihrer Zeit in die Erstellung hochwertiger Inhalte und 80 Prozent in deren Verbreitung. Prüfen Sie laufend, wie viele Links auf Ihre Inhalte verweisen und welche Qualität diese Links haben.
- Versuchen Sie, Seiten mit hoher Reputation dafür zu gewinnen, dass sie Links auf Ihre Inhalte setzen.
- Wenn Sie spamverdächtige Links entdecken, versuchen Sie, diese löschen zu lassen.

> **Tipp:**
> Finden Sie einen Artikel zu Ihrem Fachgebiet, auf den bereits viele Backlinks verweisen. Versuchen Sie, an diesen anzuknüpfen und das Thema auszubauen, indem Sie zum Beispiel weitere Aspekte aufgreifen, auf neue Studien verweisen oder Sachverhalte mit Grafiken visualisieren. Promoten Sie Ihren Artikel gezielt an Influencer und Interessierte im Markt.[153]

3. Mobile User Experience

Für Suchmaschinen gilt heute »Mobile First«: Sie legen besonderen Wert auf das mobile Nutzererlebnis und indizieren daher in erster Linie die mobile Version einer Website. Achten Sie daher darauf, dass Ihre Inhalte für mobile Endgeräte optimiert, also responsive, sind. Sie können dies mit verschiedenen Google-Tools überprüfen:

- *Google Search Console* bewertet die Nutzerfreundlichkeit auf Mobilgeräten.
- Mit *PageSpeed Insights* können Sie die Geschwindigkeit Ihrer Seite überprüfen. Das Laden einer Seite sollte nicht mehr als drei Sekunden dauern.
- Nutzen Sie *TXT Testing Tool*, um sicherzustellen, dass der Google-Bot Zugang zu Ihrer mobilen Website hat.

4. Technische Faktoren

Google bewertet die Qualität einer Webseite auch danach, ob bestimmte technische Anforderungen erfüllt sind. Dazu gehören insbesondere die Verschlüsselung bei der Datenübertragung, die Strukturierung von Texten durch Überschriften, das Vorhandensein von beschreibenden Linktexten und Pop-ups. Letztere gelten als störend beim mobilen Lesen und werden daher negativ bewertet.

SEO und bezahlte Content-Promotion sinnvoll kombinieren

Eine gute Platzierung im Google-Ranking ist nicht auf die Schnelle zu erreichen. Sie wird sich erst langfristig einstellen, wenn Sie mit guten Inhalten Kompetenz in einer fachlichen Nische bewiesen haben. Unternehmen, die einen schnellen Zugang zu potenziellen Kunden suchen, sind daher gut beraten, auch über eine bezahlte Vermarktung ihrer Inhalte nachzudenken. Sie könnten beispielsweise Ihre Inhalte mit Anzeigen in Suchmaschinen und sozialen Medien oder auf Fachportalen bewerben – zumindest so lange, bis die Suchmaschinenoptimierung ihre volle Wirkung entfaltet. Dann können Sie die Ausgaben für bezahlte Promotion wieder auf einen Minimalbetrag reduzieren. Die folgende Abbildung veranschaulicht diese Vermarktungskombination.

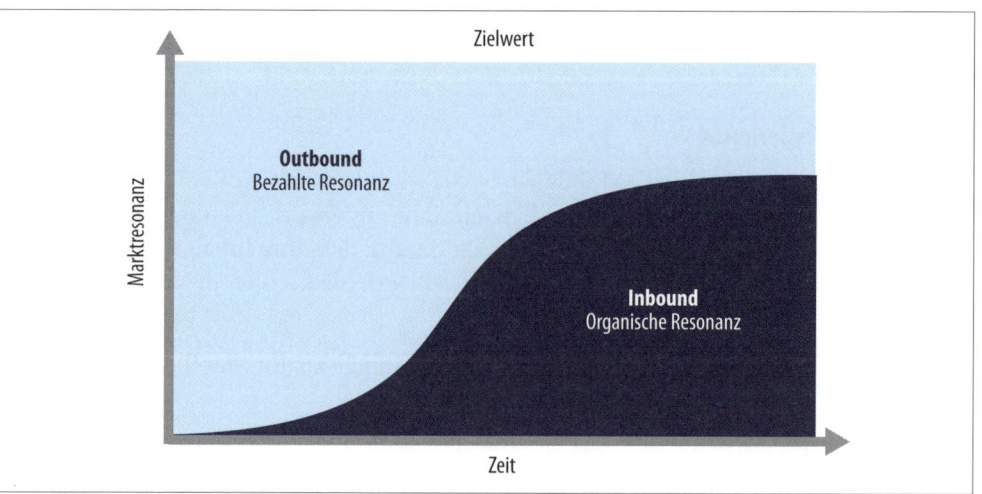

Abbildung 4-10: Übergang vom bezahlten zum organischen Traffic im zeitlichen Verlauf[154]

Die Zukunft: Voice Search

Die Suche per Spracheingabe, die sogenannte Voice Search, wird besonders für die schnelle Informationsbeschaffung künftig an Bedeutung gewinnen. Sowohl Google als auch Apple, Microsoft und Amazon bieten bereits entsprechende Dienste an.

Tabelle 4-9: Voice-Search-Dienste und -Anbieter im Überblick[155]

Dienst	Anbieter	Technische Basis
Alexa Voice Service	Amazon	Bing
Siri	Apple	Bing
Google Voice Search	Google	Google Search
Cortana	Microsoft	Bing

Entsprechend wird der Bedarf an kompakten und hochwertigen Inhalten, die sich für die Ausgabe per Sprache eignen, wachsen. Unternehmen sollten das bei der Gestaltung von Marketinginhalten berücksichtigen, indem sie auf eine natürliche Sprache und eine responsive Gestaltung achten.

Natürliche Sprache statt einzelner Keywords

Was sich in klassischen Suchmaschinenanfragen schon lange abzeichnet, wird bei Voice Search zur Regel: Nutzer suchen nicht nach einzelnen Keywords, sondern formulieren komplette Fragen. Ob Inhalte als relevant bewertet werden, ergibt sich somit aus der Bedeutung und dem Kontext der Inhalte, nicht aus dem Vorhandensein bestimmter Begriffe. Während Ihre Nutzer früher beispielsweise gezielt nach *CRM-Software* gesucht haben, fragen sie heute eher »Wie kann ich Kundendaten einfach verwalten?« und erwarten eine hilfreiche Antwort.

Mobile First

Sprachsuche ist in erster Linie für mobile Endgeräte wie das Smartphone oder für Assistenten wie Amazon Echo oder Google Home gedacht. Deshalb wird die Optimierung Ihrer Inhalte für mobile Geräte noch weiter an Bedeutung gewinnen. Daneben ist auch die Geschwindigkeit, in der Ihre Inhalte für Sprachanfragen bereitgestellt werden können, ausschlaggebend.

Soziale Medien

Social Media gehört für 93 Prozent der B2B-Marketingverantwortlichen zu den wichtigsten Taktiken, um potenzielle Kunden zu erreichen.[156] Der Grund: Wie kaum ein anderer Kanal bieten soziale Medien die Möglichkeit, ein großes Zielpublikum zu erreichen und mit potenziellen Kunden in einen Dialog zu treten. Damit Ihre Inhalte in sozialen Netzwerken wahrgenommen und von anderen Nutzern weiterverbreitet werden, müssen Sie es den Multiplikatoren möglichst einfach machen, Ihnen zu folgen und Ihre Inhalte zu teilen. Erfolgskritisch sind außerdem eine hohe Qualität und eine professionelle Aufbereitung der Inhalte.

- **Ziele**: Mehr über den Bedarf potenzieller Kunden erfahren, Dialog mit Experten und Influencern, Sichtbarkeit in einer fachlichen Nische erhöhen.
- **Vorteile**: Persönlicher Dialog mit potenziellen Kunden, Inhalte über Influencer verbreiten lassen.
- **Herausforderung**: Langfristig planen, Themen gezielt und in fachlicher Tiefe besetzen, Eins-zu-eins-Dialog mit Interessenten und Influencern gestalten.
- **Kennzahlen für die Erfolgsmessung**: Soziale Reichweite, Likes, Shares, Backlinks auf eigene Inhalte.

Um Inhalte entwickeln zu können, die sich gut in sozialen Netzwerken verbreiten, sollten Sie sich vergegenwärtigen, was Menschen überhaupt dazu antreibt, Inhalte mit anderen austauschen.

Warum Menschen Inhalte im Netz teilen

- **Unterstützung**: Sie wollen andere mit wertvollen und unterhaltsamen Inhalten versorgen.
- **Reputation**: Häufig steht der Wunsch dahinter, sich selbst in der Community als Experte zu positionieren.
- **Networking**: Menschen geben ihr Wissen weiter, um Beziehungen im Netzwerk aufzubauen und zu festigen.
- **Anerkennung**: Der Wunsch, von anderen geschätzt und anerkannt zu werden, treibt viele Nutzer an.
- **Dialog**: Nutzer wollen sich mit Gleichgesinnten austauschen.

Grundsätzlich gilt in sozialen Netzwerken – ebenso wie in der realen Welt – das Prinzip des reziproken Austauschs: Wer Content gibt, der für einen anderen einen Wert darstellt, ruft damit im positiven Sinne eine Gegenleistung hervor. Erwähnt man beispielsweise in einem Fachartikel oder in einem Blogpost einen Experten, wird sich dieser wahrscheinlich auch dafür erkenntlich zeigen – etwa indem er den Fachartikel in seinem Netzwerk verbreitet oder andere Inhalte des Verfassers mit seiner Community teilt.

Welche Content-Formate werden in sozialen Netzwerken geteilt?

Abbildung 4-11 zeigt, welche Arten von Inhalten besonders häufig in Social Media geteilt werden. Listen und Infografiken führen die Rangliste mit großem Abstand an, was vor allem daran liegt, dass sie leichter zu konsumieren sind als Texte.

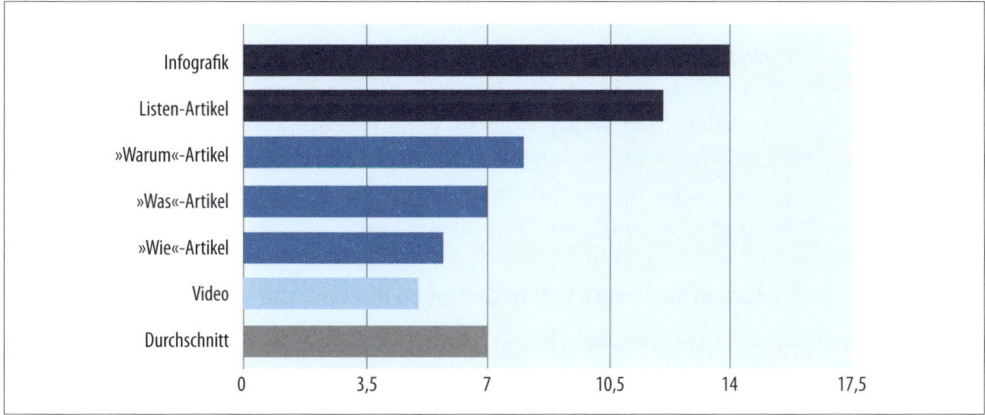

Abbildung 4-11: Welche Arten von Inhalten geteilt werden (Durchschnittswerte in Tausend)[157]

Tipps für die Verbreitung von Content über soziale Medien

1. Setzen Sie auf Themen, die Ihre Zielgruppen beschäftigen.

Fragen Sie sich bei jedem neuen Content, den Sie entwickeln, ob er den Bedürfnissen Ihrer Zielgruppe entspricht. Wie Sie herausfinden, welche Themen relevant sind, erfahren Sie im Abschnitt *Was kommunizieren wir? – Die Themen* auf Seite 22. Um aktuelle Trends aufzudecken, sollten Sie zudem mit entsprechenden Tools regelmäßig analysieren, welche Begriffe in Suchmaschinen häufig gesucht werden, die Diskussionen in den sozialen Medien beobachten und einschlägige Fachmedien, Meinungsbildner und auch Ihre Wettbewerber stets im Blick haben.

2. Formulieren Sie ansprechende Headlines statt Verkaufsphrasen.

Verzichten Sie darauf, Vorteile und Features Ihrer Produkte und Dienstleistungen in den Mittelpunkt zu stellen. Beschreiben Sie stattdessen den Nutzen, den Ihre Inhalte für Ihr Publikum bieten. Ein Nutzen könnte beispielsweise darin bestehen, dass Ihr Fachartikel Antworten darauf gibt, »warum« der Leser sich mit einem Thema beschäftigen sollte, »wie« man ein bestimmtes Problem löst oder »was« andere Unternehmen tun, um erfolgreich zu sein.

3. Bieten Sie Inhalte für Schnellleser.

Strukturieren Sie Texte mit Zwischenüberschriften und Absätzen, sodass Ihre Leser die Inhalte schnell überfliegen und ohne viel Aufwand entscheiden können, ob sie tiefer einsteigen oder die Inhalte gegebenenfalls mit anderen Nutzern teilen wollen. Einen schnellen Überblick über ein Thema bieten sogenannte *Listicles* – Artikel in Form einer Liste, etwa »10 Tipps für mehr Erfolg in der Leadgenerierung«.

4. Visualisieren Sie Ihre Inhalte und Botschaften.

Menschen erfassen und lernen Dinge in der Regel einfacher, wenn sie sie sehen. Aus diesem Grund zählen Infografiken zu den Formaten, die in sozialen Medien am meisten geteilt werden. Verwenden Sie in Ihren Social-Media-Posts daher nach Möglichkeit Bilder und Grafiken, die Ihre Botschaften visualisieren oder durch außergewöhnliche Motive das Interesse an Ihrem Content wecken.

5. Machen Sie Ihren Nutzern das Teilen Ihrer Inhalte so einfach wie möglich.

Versehen Sie Ihre Inhalte, wo immer es geht, mit Social-Sharing-Buttons, die gut sichtbar und einfach zu bedienen sind, in einem Blogartikel idealerweise an mehreren Stellen: am Anfang, am Ende und mitlaufend neben dem Artikel. Eine sinnvolle Ergänzung sind auch Funktionen, die es ermöglichen, einzelne Textpassagen mit einem Klick beispielsweise in Twitter zu posten. Für WordPress gibt es hierfür spezielle Plug-ins.

6. Entwickeln Sie eine Fangemeinde.

Ohne Publikum werden Ihre Inhalte in sozialen Medien nicht geteilt oder weitergeleitet. Daher müssen Sie zunächst eine Community interessierter Nutzer aufbauen, die Ihre Inhalte aktiv teilen. Das braucht Zeit und Geduld. Es ist nicht damit getan, einfach nur Inhalte zu posten, hier ist der persönliche Dialog gefragt, um Beziehungen zu Multiplikatoren aufzubauen und zu pflegen.

7. Teilen Sie die Inhalte anderer Nutzer.

Das Prinzip des Gebens und Nehmens gilt auch im sozialen Netz. Nutzer, deren Inhalte Sie teilen und verbreiten, werden im Gegenzug auch Ihre Inhalte wohlwollend teilen.

8. Prüfen Sie Inhalte, bevor Sie sie teilen.

Sechs von zehn Artikeln werden geteilt, ohne dass sie vorher gelesen wurden.[158] Das bedeutet, dass viele Social-Media-Nutzer vor dem Teilen gar nicht prüfen, ob der Artikel relevant für andere ist. Das schafft zwar »sozialen Krach«, aber nicht immer Mehrwert. Prüfen Sie deshalb stets, ob ein Inhalt einen echten Nutzen für andere stiftet, bevor Sie ihn teilen.

9. Klinken Sie sich in aktuelle Trends und Entwicklungen ein.

Nutzen Sie aktuelle Trends und Diskussionen, um Ihre Botschaften und Inhalte in die soziale Meinungsbildung einzuspeisen. Entscheidend bei diesem sogenannten *Newsjacking* sind ein gutes Timing und Inhalte, die zur Thematik passen.

Weiterlesen:

Nähere Informationen zum Thema Newsjacking finden Sie im Abschnitt *Newsjacking* auf Seite 183 ff.

Gastbeiträge in Blogs und Fachmedien

Um Ihr Publikum zu erreichen, sollten Sie Inhalte nicht nur auf den eigenen Kanälen, sondern auch auf fremden Plattformen platzieren. Das können sowohl Fachmedien als auch Blogs von anderen Unternehmen sein. Entscheidend ist, dass die inhaltliche Ausrichtung der Plattform zu Ihrem Unternehmen passt und sich die Leserschaft mit Ihrer Zielgruppe deckt. Von Interesse sind besonders Partner, die bereits über eine große Community von treuen Lesern verfügen und selbst an der Vermarktung von Gastbeiträgen auf XING, LinkedIn und sozialen Kanälen mitwirken. So können Sie ein großes Publikum erreichen.

- **Ziele**: Sichtbarkeit in einer fachlichen Nische erhöhen, Fachkompetenz demonstrieren, Interessenten auf eigene Inhalte leiten.
- **Vorteile**: Zugang zu einer vorhandenen Community, Nutzung der Suchmaschinenrelevanz der Partnerseite, hohe Konversionsrate, wenn es gelingt, passende Inhalte zu bieten.
- **Herausforderung**: Die richtigen Plattformen identifizieren, der Redaktion den Mehrwert der eigenen Inhalte erfolgreich »verkaufen«.
- **Kennzahlen für die Erfolgsmessung**: Suchmaschinen-Ranking, organischer Traffic auf eigene Medien, Resonanz in sozialen Netzwerken.

Wenn Sie Ihren Inhalt auf der Plattform eines Partners platzieren und im Gegenzug dessen Gastbeitrag in Ihrem Blog veröffentlichen, spricht man von *Content Syndication*.

Tipps für das Content-Marketing mit Gastbeiträgen

1. Identifizieren Sie relevante Plattformen und Blogs.

Suchen Sie über Suchmaschinen oder in sozialen Netzwerken nach bestimmten Keywords aus Ihrem Fachgebiet in Verbindung mit Suchbegriffen wie »Gastbeitrag« oder »Gastautor«. Erstellen Sie aus den Suchergebnissen eine Liste von Seiten, die für Ihre Zwecke infrage kommen. Und machen Sie sich im nächsten Schritt ein genaues Bild davon, welche Bedingungen für Gastbeiträge gelten und welche Themen bei den Lesern gut ankommen.

2. Finden Sie eine inhaltliche Nische für Ihren Gastbeitrag.

Die Betreiber von Blogs oder Fachportalen sind besonders interessiert an Themen, die sie bisher noch nicht redaktionell abgedeckt haben. Aber auch Updates und neue Blickwinkel auf vorhandene Themen sind gefragt. Um herauszufinden, wo Sie eine Lücke füllen könnten, durchsuchen Sie die vorhandenen Inhalte mit Google Site Search in dem Themenbereich, den Sie gern besetzen möchten.

3. Bauen Sie die Beziehung zum Publisher schrittweise auf.

Erfolgreiche Blogger und Redaktionen von Fachmedien erhalten täglich Anfragen und Angebote für Gastbeiträge. Da kann es durchaus sinnvoll sein, sich schrittweise anzunähern, statt gleich mit der Tür ins Haus zu fallen. Es gilt, das Interesse des Publishers zu wecken. Das kann direkt per E-Mail geschehen oder indem Sie Beiträge der Redaktion kommentieren, in sozialen Netzwerken erwähnen oder teilen. Dabei sollten Sie allerdings keine Werbung in eigener Sache machen.

4. Entwickeln Sie Fachinhalte gemeinsam.

Auch wenn Fachblogger oder Redakteure offen für Gastbeiträge sind, so behalten sie doch gern die Hoheit und Kontrolle über ihre Inhalte. Beziehen Sie Ihren Gastgeber daher möglichst in die Konzeption Ihres Gastbeitrags ein. Dadurch vermitteln Sie ihm ein Gefühl für Ihre Arbeitsweise und schaffen Vertrauen für das gemeinsame Projekt.

5. Mit Referenzen überzeugen.

Jeder Gastbeitrag ist für den Gastgeber mit einem gewissen Risiko verbunden, vor allem dann, wenn er noch keine Erfahrungen mit dem Gastautor gesammelt hat. Ein schlechtes Ergebnis fällt auch auf ihn zurück, deshalb sollten Sie schon beim ersten Kontakt Belege dafür liefern, dass Sie Wert auf fachliche Qualität in Ihren Beiträgen legen. Fügen Sie deshalb Ihrer Anfrage aussagekräftige Referenzen bei.

6. Starten Sie mit Partnern aus der zweiten Reihe.

Aller Anfang ist schwer. Das gilt auch für Fachmedien und Plattformen, die sich mit Gastbeiträgen im Markt etablieren wollen. Diese sind erfahrungsgemäß leichter für eine Zusammenarbeit zu gewinnen als Leitmedien, die täglich Angebote für Gastbeiträge aus den PR-Abteilungen der

Unternehmen bekommen. Besonders um Referenzen zu sammeln, sollten Sie sich anfangs auf die zugänglicheren Redaktionen konzentrieren, auch wenn diese in der Regel weniger Reichweite bieten.

> **Weiterlesen:**
>
> Mehr darüber, wie Sie relevante Multiplikatoren im Markt finden und sie mit den richtigen Inhalten für Ihr Marketing gewinnen, erfahren Sie im Abschnitt *Influencer-Marketing* auf Seite 178 ff.

Online-PR

Hochwertiger Content ist für Journalisten und deren Leser gleichermaßen nützlich. Wenn Sie aktuelle Themen besetzen, die im Markt diskutiert werden, und diese journalistisch aufbereiten, werden Sie im Rahmen klassischer Pressearbeit keine Mühe haben, Journalisten als Multiplikatoren für Ihren Content zu gewinnen. Setzen Sie dabei auch in Zeiten der digitalen Kommunikation auf den persönlichen Kontakt zu Journalisten und Redaktionen.

*   **Ziele**: Sichtbarkeit in einer fachlichen Nische erhöhen, sich als Experte in der Branche einen Namen machen.
*   **Vorteile**: Zugang zu vorhandener Leserschaft, Nutzung der Suchmaschinenrelevanz des Mediums, hohe Konversionsrate, wenn es gelingt, passende Inhalte zu bieten.
*   **Herausforderung**: Redaktionen überzeugen.
*   **Kennzahlen für die Erfolgsmessung**: Suchmaschinen-Ranking, organischer Traffic auf eigene Medien, Resonanz in sozialen Netzwerken.

Presseinformationen über Presseportale verbreiten

Ergänzend zur klassischen Pressearbeit können Sie Ihre Pressemeldungen auch über Onlinepresseportale oder Presseverteiler verbreiten. Einzelne Portale bieten Ihnen die Möglichkeit, Ihre Inhalte direkt auf deren Plattform zu veröffentlichen, während Sie über einen Presseverteiler gleich eine Vielzahl von Portalen erreichen, was den Aufwand deutlich verringert. Der Nutzen für Ihre Online-PR liegt in beiden Fällen weniger darin, Journalisten direkt zu erreichen. Denn die Portale werden von Journalisten kaum für ihre Recherche genutzt. Vielmehr können Presseportale und -verteiler dazu beitragen, die Sichtbarkeit Ihrer Inhalte im Netz zu erhöhen.

»Die Verteilung von Pressemitteilungen auf Presseportalen dient in erster Linie der Online-PR, also der Veröffentlichung von PR-Inhalten im Internet. Die Portale zielen auch nicht primär auf die Kommunikation mit Redakteuren und Journalisten, sondern sie dienen dem Aufbau von möglichst vielen potenziellen Anlaufstellen für die Zielgruppen im Internet.«

– Melanie Tamblé, PR-Gateway[159]

Erhoffen Sie sich aber für das Suchmaschinen-Ranking nicht zu viel: Auch die Zeiten, in denen Presseportale zu schnellen SEO-Erfolgen verholfen haben, sind vorbei. Das liegt vor allem daran, dass Google seine Anforderungen an die Qualität von Inhalten und Backlinks in Presseinformationen erhöht hat. Um Sanktionen von Google zu vermeiden, haben fast alle seriösen Presseportale ihre Links auf »nofollow« umgestellt, sodass diese für die SEO keine Rolle mehr spielen.

Tabelle 4-10: Presseportale und -verteiler im Überblick

Portale	Verteiler
• openpr.de • firmenpresse.de • online-artikel.de • dailynet.de • fair-news.de • news4press.com • deutschepresse.de • prcenter.de • presseanzeiger.de • trendkraft.de	• pr-gateway.de • newsaktuell.de • pressebox.de • pressetext.com/de • press1.de • release-net.de

Tipps für die Nutzung von Presseportalen

- Schreiben Sie für Ihre Zielgruppe, nicht für Suchmaschinen.
- Versehen Sie Links im Fließtext mit einem aussagekräftigen Linktext.
- Achten Sie darauf, dass Links im Portal auf »nofollow« gesetzt sind, um negative SEO-Effekte für die Reputation Ihrer Seite zu vermeiden.
- Stellen Sie zu Ihrer Presseinformation ergänzendes Bildmaterial und Grafiken zur Verfügung.
- Wenn Sie einen Presseverteiler nutzen, überprüfen Sie regelmäßig, wie Ihre Inhalte in Presseportalen dargestellt werden.

Influencer-Marketing

Sich als vertrauenswürdige Quelle für Fachinformationen im Markt zu etablieren, kann für Unternehmen sehr langwierig sein. Da liegt es nahe, auch solche Kanäle zum Konsumenten zu nutzen, die bereits vorhanden sind – zum Beispiel indem man Meinungsführer, sogenannte Influencer, dazu bringt, die eigenen Botschaften und Inhalte in die Zielgruppe zu transportieren. Man spricht hier von Influencer-Marketing. Und selbstverständlich spielen auch in diesem Bereich hochwertige Inhalte eine große Rolle.

Ein Influencer ist definiert als »eine Person, die aufgrund ihrer starken Präsenz und ihres hohen Ansehens in einem oder mehreren sozialen Netzwerken eines kommerzialisierten Internets für Werbung und Vermarktung infrage kommt«.[160] Solche Meinungsmacher binden Unternehmen beim Influencer-Marketing gezielt in ihre Marketingkommunikation ein. Sie verfolgen damit unterschiedliche Ziele, wobei die Verbreitung von Content für die meisten Unternehmen an erster Stelle steht, wie die folgende Abbildung zeigt.

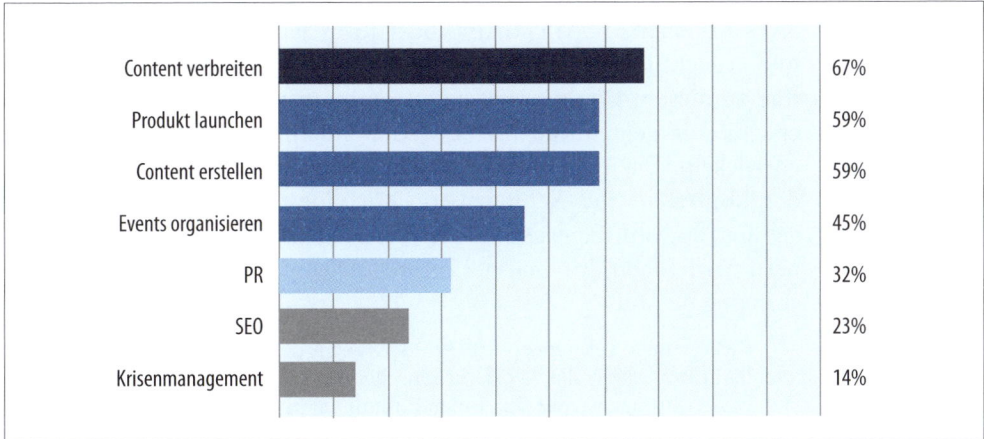

Abbildung 4-12: Anwendungsbereiche für Influencer-Marketing in Unternehmen[161]

Influencer müssen nicht immer die großen Namen im Markt sein. Auch Meinungsmacher aus der zweiten Reihe, sogenannte Micro-Influencer, können einen Zugang zur Zielgruppe schaffen und ebenso Personen aus dem direkten Umfeld von Unternehmen, beispielsweise Mitarbeiter oder Kunden. Fünf Arten von Influencern lassen sich im B2B-Bereich unterscheiden:[162]

- Begeisterte **Kunden**, die bereit sind, über ihre Erfahrungen mit einem Unternehmen oder einem Produkt zu sprechen.
- Begeisterte **Mitarbeiter**, die bereit sind, für ihr Unternehmen zu sprechen.
- Relevante **Fachmedien**, die in der Branche von Entscheidern gelesen werden.

- Namhafte **Marktforschungsinstitute**, die Entwicklungen in einer Branche analysieren.
- Vordenker, sogenannte **Thought Leader**, die eine gewichtige Stimme in der Branche haben.

Meinungsmacher zu gewinnen, ist leichter gesagt als getan, denn sie sind sich ihrer Rolle und Stellung im Markt durchaus bewusst. Und sie sind darauf bedacht, ihren Ruf und das Vertrauen ihrer Community nicht zu gefährden. Neutralität ist ihnen wichtig. Dementsprechend wählen sie sehr gewissenhaft aus, für wen sie aktiv werden. Dabei prüfen sie vor allem, welchen Vorteil sie von einer Zusammenarbeit haben. Verlockend für Influencer sind unter anderem die Vergrößerung der eigenen Community, die eigene Reputation und hochwertiger Content, mit dem man Kompetenz zeigen kann.

Fallbeispiel: Event-Marketing mit Influencern bei SAP[163]

SAPs Konferenz »SAPPHIRE« lockt jedes Jahr 20.000 Teilnehmer an und erreicht bis zu 100.000 Zuschauer online. Einen wesentlichen Beitrag zu diesem Erfolg leistet eine Community von Influencern, die in erster Linie gemeinsam mit SAP Content für die Kundengewinnung entwickeln. Dazu gehören vor allem Experteninterviews, Vorträge auf der Konferenz und Whitepapers. Zur Community der Unterstützer gehören sowohl Experten aus der Branche als auch Kunden und Partnerunternehmen. Ein Teil der Influencer wird von SAP für ihre Unterstützung bezahlt.

> »Wenn man Influencer wie Kunden behandelt, so wie es SAP tut, dann hinterlässt das bei den Menschen ein positives Gefühl, und sie wollen immer wieder mit Ihnen zusammenarbeiten. Wenn die Beziehung einen gegenseitigen Nutzen stiftet, dann profitieren beide Seiten von der Zusammenarbeit.«
>
> *– Amisha Gandhi, Senior Director of Influencer Marketing[164]*

Content-Strategie für das Influencer-Marketing

Auch Meinungsmacher wollen überzeugt und nicht überredet werden. Aus Sicht des Content-Marketings gelten hier also die gleichen Regeln wie bei der Kundengewinnung: Nutzen stiften, unterstützen, Vertrauen schaffen – und nicht offensichtlich verkaufen. Content ist die Leitwährung.

Deshalb kommt es darauf an, die Geschäftsinteressen des Unternehmens mit den Interessen des Influencers in Einklang zu bringen, und zwar für den gesamten Content-Prozess von der Planung über die Content-Erstellung und -Distribution bis hin zur Erfolgsmessung.

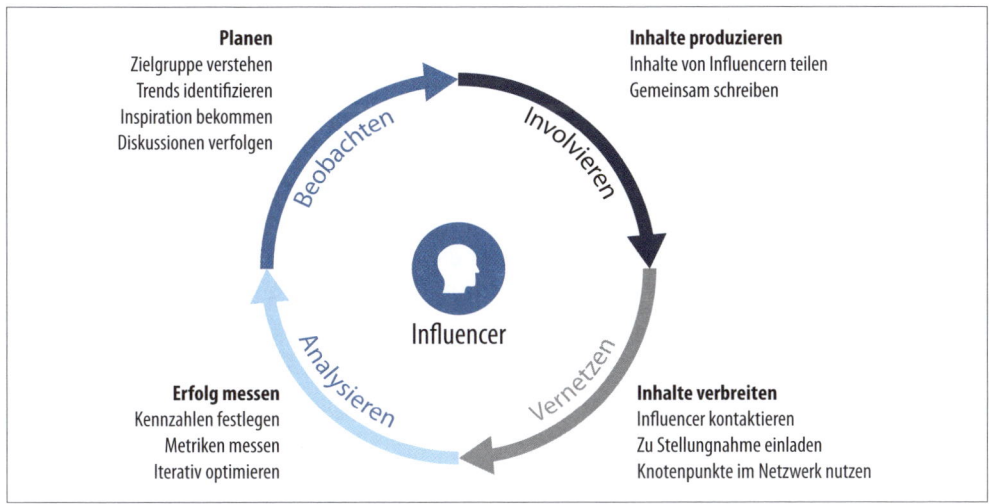

Planen
Zielgruppe verstehen
Trends identifizieren
Inspiration bekommen
Diskussionen verfolgen

Inhalte produzieren
Inhalte von Influencern teilen
Gemeinsam schreiben

Beobachten

Involvieren

Influencer

Analysieren

Vernetzen

Erfolg messen
Kennzahlen festlegen
Metriken messen
Iterativ optimieren

Inhalte verbreiten
Influencer kontaktieren
Zu Stellungnahme einladen
Knotenpunkte im Netzwerk nutzen

Abbildung 4-13: Content-Strategie für das Influencer-Marketing[165]

Tipps für das Influencer-Marketing[166]

1. Konzentrieren Sie sich auf die Meinungsmacher, die Ihre Zielgruppe beeinflussen.

Popularität allein macht noch keinen guten Meinungsmacher aus. Entscheidend ist, dass Sie über ihn einen Zugang zu Ihrer Zielgruppe erreichen. Was nützt Ihnen beispielsweise ein Influencer, der als Experte für CRM-Lösungen gilt, Sie jedoch eine spezielle CRM-Lösung für Servicecenter anbieten? In diesem Fall sollten Sie sich auf Influencer konzentrieren, die sich unter Entscheidern im Kundenservice einen Namen gemacht haben.

2. Scheren Sie nicht alle Meinungsmacher über einen Kamm.

Ähnlich wie jeder potenzielle Kunde, den Sie gewinnen wollen, hat auch jeder Meinungsmacher unterschiedliche Interessen und Vorlieben. Wenn Sie beispielsweise einen Liebhaber kurzer, kompakter Inhalte wie den Marketing-Guru Seth Godin dazu bringen wollen, Ihre Inhalte zu verbreiten, sollten Sie ihm nicht einen Artikel mit mehreren Tausend Zeichen schicken. Gleiches gilt für fachliche Unterschiede, die klein, aber entscheidend sein können, wenn Sie einen Influencer als Experte in seiner Fachsprache ansprechen.

3. Überreden Sie nicht, sondern überzeugen Sie.

Der Erfolg im Influencer-Marketing steht und fällt mit einer guten Beziehung. Der plumpe Versuch, einen Influencer zu etwas zu überreden, wird mit hoher Wahrscheinlichkeit fehlschlagen. Überzeugen Sie stattdessen mit nützlichen Inhalten. Stellen Sie beispielsweise einem Influencer Marktdaten oder Studienergebnisse exklusiv zur Verfügung. Nach dem Prinzip der Reziprozität – wer gibt, bekommt dafür auch etwas zurück – stehen die Chancen gut, dass er sich dafür erkenntlich zeigt, zum Beispiel indem er Ihr Unternehmen positiv erwähnt oder Ihre Inhalte in seine Community transportiert.

4. Wählen Sie Meinungsmacher, die zu Ihrem Unternehmen passen.

Entscheidend für Ihren Erfolg ist außerdem, dass Sie Meinungsmacher nicht nur nach der fachlichen Kompetenz auswählen, sondern auch dessen Ruf in der Branche beachten. Wenn ein Pharmaunternehmen einen Professor als Meinungsbildner engagiert, der unter Ärzten einen schlechten Ruf hat, bringt die Zusammenarbeit wenig. Meiden Sie Influencer, die in der Branche als käuflich oder »verbraucht« gelten. Das könnte negativ auf Ihre Marke und Ihre Reputation zurückfallen.

5. Fangen Sie klein an und planen Sie langfristig.

Beziehungen brauchen Zeit und Geduld, damit sie sich gesund entwickeln können. Planen Sie Ihr Influencer-Marketing daher langfristig und starten Sie in kleinen Schritten:

- Erstellen Sie eine Liste von Meinungsmachern in Ihrer Branche.
- Wählen Sie die Top 3 mit der höchsten Reputation und Reichweite aus.
- Planen Sie für jeden dieser Influencer eine Reihe von Inhalten, in denen Sie ihn erwähnen oder zitieren oder auf den Sie in sozialen Medien verweisen.
- Fragen Sie die Influencer nach ihrer Meinung zu Ihren Inhalten und bitten Sie um ein Feedback per Kommentar.
- Bitten Sie jeden der Top 3 um ein Experteninterview in Ihrem Blog. Bieten Sie im Zweifel als Gegenleistung an, den Blogbeitrag über Anzeigen in Fach-Newslettern zu promoten.
- Messen Sie die Resonanz auf gemeinsam entwickelte Inhalte laufend und reduzieren Sie den Kreis Ihrer Top-Influencer auf drei Personen.
- Versuchen Sie die Top 3 als Botschafter für Ihr Unternehmen auf Konferenzen zu gewinnen.
- Ergänzen Sie die Top 3 um Gruppen von Micro-Influencern für bestimmte Themen.

Newsjacking

»Die meisten Marketer schauen zu sehr auf die Zukunft. Sie entwickeln nur Marketingpläne für die nächste Woche, den nächsten Monat oder für das nächste Jahr. Das Problem ist, dass diese Leute nicht das nutzen, was jetzt geschieht, heute, in diesem Moment. Wir müssen im Marketing eine Achtsamkeit dafür entwickeln, Interessenten dann zu erreichen, wenn sie bereit sind zu kaufen.«

– David Meerman Scott[167]

Eine maximale Wirkung erreichen Unternehmen mit ihren Inhalten dann, wenn es ihnen gelingt, ihre Inhalte und Botschaften genau zur richtigen Zeit zu platzieren: wenn das Interesse am größten ist. Deshalb nutzen Unternehmen ein Prinzip aus der PR, das sogenannte *Newsjacking*. Dabei »injizieren« sie die eigenen Inhalte und Botschaften in aktuelle Nachrichtenströme, um von der Aufmerksamkeit im Markt zu profitieren.

Ziel dieses Vorgehens ist es zum einen, selbst inhaltlich mitzumischen und als Experte wahrgenommen zu werden. Zum anderen ergibt sich für Unternehmen so die Möglichkeit, Journalisten zu unterstützen, die nach Hintergrundinformationen recherchieren. Entscheidend für erfolgreiches Newsjacking ist, den richtigen Zeitpunkt im Lebenszyklus einer Nachricht zu finden, um sich mit passenden Inhalten einzuklinken.

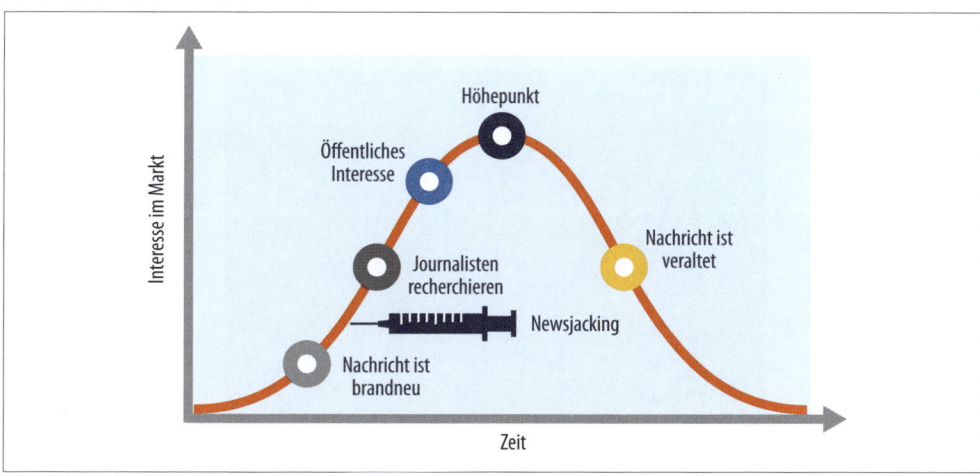

Abbildung 4-14: News-Lifecycle: den richtigen Zeitpunkt finden[168]

Besonders für kleinere Unternehmen und Start-ups bietet Newsjacking einen sehr wirtschaftlichen Weg, von der aktuellen Aufmerksamkeit im Markt zu profitieren. Newsjacking sollte daher in keiner Lean-Content-Marketing-Strategie fehlen.

Fallbeispiel: Newsjacking bei einem BaaS-Anbieter

Als Kinvey, ein US-amerikanischer Anbieter von Mobile Backend as a Service (BaaS), davon erfuhr, dass sein Wettbewerber Salesforce dabei war, mit einer ähnlichen Plattform in seinen Markt einzudringen, reagierte das Unternehmen ebenso spontan wie souverän: Man aktualisierte kurzerhand eine Infografik, in der alle Anbieter im Markt verzeichnet waren, und begrüßte Salesforce in einem Blogbeitrag als »Vendor #32«. Dies war in zweierlei Hinsicht erfolgreich: Die Marktübersicht stieß sowohl bei Journalisten als auch bei potenziellen Kunden auf großes Interesse. Und Kinvey konnte sich als erster Anbieter von BaaS-Lösungen darstellen. Geschrieben wurde der Blogartikel in Nachtarbeit vom CEO persönlich.

Backend as a Service Welcomes Vendor #32:

Salesforce.com

Sravish Sridhar | April 9, 2013

Today, Salesforce.com unveiled Salesforce Platform Mobile Services, a new collection of services designed to accelerate mobile app development for developers, partners and enterprise customers. Although the comprehensive press release contained more than 1,100 words, somehow Salesforce managed to sidestep the five most important: "mobile backend as a service." Make no mistake, despite the conspicuous absence of arguably the hottest buzzword in cloud service, BaaS is exactly the category Salesforce just entered – and for that reason, we've added them to our category-defining "Subway Map" graphic.

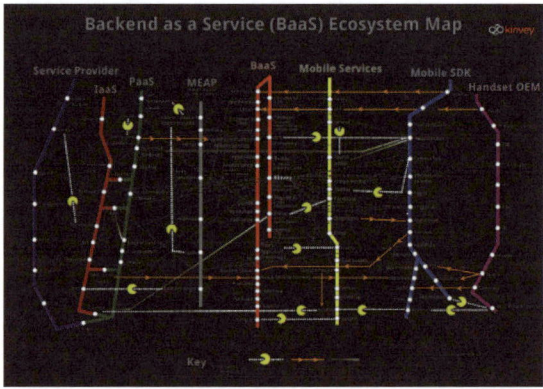

Click image to enlarge

Our "map" contains 29 different BaaS vendors. By my personal calculations, there are 32 vendors (not all justify presence on the graphic). One prominent industry analyst estimates there are at least 47 vendors. Regardless of your tally, this is a crowded space with the longtail predictably struggling to earn mindshare, customers and revenue. Salesforce has now become a very thick segment in the BaaS tail. (And, if speculation is correct, they will soon be joined by Amazon Web Services.)

Abbildung 4-15: Newsjacking mit Blogartikel und Infografik auf dem Blog von Kinvey[169]

Newsjacking ist Lean-Content-Marketing pur, denn eine umfassende Planung und Konzeption von Inhalten entfällt zugunsten kurzer Reaktionszeiten im Sinne von *Realtime-Publishing*. Das bedeutet jedoch nicht, dass Newsjacking ohne Vorbereitung funktioniert. Im Gegenteil: Vorbereitung ist eine der wichtigsten Voraussetzungen für gelungenes Newsjacking.

Voraussetzungen für erfolgreiches Newsjacking

- **Vorbereitung ist alles**: Stellen Sie alle verfügbaren Kanäle und Kontakte für die Verbreitung Ihrer Inhalte in einer Checkliste zusammen. Definieren Sie den internen Prozess und die Zuständigkeiten, damit Sie, wenn es so weit ist, Ihr Vorgehen kurz mit den beteiligten Personen und Abteilungen in Ihrem Unternehmen abstimmen können.

- **Den Markt immer im Blick**: Verfolgen Sie laufend die Aktivitäten von Journalisten und Meinungsmachern auf sozialen Plattformen, in Blogs und Fachmedien, um aktuelle Marktentwicklungen im Blick zu haben. Automatisieren Sie das mit Monitoring-Tools wie Google Alert, Talkwalker Alerts oder Mention.

- **Die passenden Nachrichten nutzen**: Negative Ereignisse und Nachrichten sind tabu. Gefragt ist, was die Aufmerksamkeit im Markt auf positive Weise erregt. Das können auch Nachrichten außerhalb der eigenen Branche sein. Lifestyle-Themen können ebenfalls interessante Anknüpfungspunkte für B2B-Newsjacking bieten.

- **Schnell reagieren**: Erstellen Sie einen Artikel in Ihrem Blog und verbreiten Sie ihn über Ihre Kanäle (XING, LinkedIn, Twitter, Facebook etc.). Nehmen Sie direkt Kontakt zu Journalisten auf, die sich mit dem Thema beschäftigen. Sorgen Sie intern dafür, dass Sie Anfragen von Journalisten und Interessenten zeitnah bearbeiten können.

- **Mehrwert statt Werbephrasen**: Newsjacking ist dann erfolgreich, wenn Sie die Grundprinzipien des Content-Marketings beachten: Orientieren Sie sich am Interesse Ihrer Zielgruppe und richten Sie Ihr Engagement konsequent darauf aus, Diskussionen im Netz zu bereichern, indem Sie wertvolle Beiträge dazu leisten.

- **Leads generieren**: Aufmerksamkeit bringt wenig, wenn Sie daraus keinen wirtschaftlichen Vorteil ziehen können. Nutzen Sie deshalb jeden Kontakt, den Sie durch Newsjacking erreichen, um Leads zu generieren. Ihre Content-Strategie sollte dazu bestimmte Szenarien definieren, für die Sie nutzwertige Inhalte bereithalten und bei Bedarf schnell verbreiten können.

Oft unterschätzt: Newsjacking und SEO

Mit der Popularität einer Nachricht wächst auch die Suche nach Keywords im dazugehörigen Themenbereich. Wenn es Ihnen gelingt, rechtzeitig Content mit diesen Keywords zu publizieren, wird dieser kurzfristig von Google und in sozialen Netzwerken hervorgehoben. Wenngleich dieser Effekt nicht zwingend nachhaltig ist, so können Sie doch kurzfristig von der Popularität eines Themas profitieren.

Realtime – die große Herausforderung im Marketing

Der Erfolg des Newsjackings steht und fällt mit der Fähigkeit, schnell zu reagieren. Das gilt besonders in sozialen Medien, in denen sich Nachrichten mit Höchstgeschwindigkeit verbreiten. Und hier liegt eine der großen Schwächen vieler Marketingabteilungen: Jede zweite ist der Meinung, dass es wichtig ist, Marketingbotschaften innerhalb von wenigen Minuten (oder gar Sekunden) in den Markt bringen zu können. Aber nur die Hälfte der Befragten sieht sich in der Lage, in weniger als 30 Minuten auf neue Nachrichten in sozialen Medien zu reagieren. [170]

Bezahlte Medien (Paid Media)

Als Paid Media bezeichnet man Distributionskanäle, in denen Sie dafür bezahlen, dass man Ihre Inhalte verbreitet, zum Beispiel indem Sie Anzeigen schalten oder Inhalt sponsern. Das kostet zwar Geld, ist aber skalierbar, und Sie bestimmen die Laufzeit und den Umfang der Werbeeinblendungen. Bezahlte Medien sind vor allem dann interessant, wenn Sie schnell eine hohe Reichweite erzielen wollen oder müssen.

Wichtig für den erfolgreichen Einsatz bezahlter Kanäle sind neben der Gestaltung der Werbemittel vor allem die Inhalte, auf die Sie Ihre Besucher nach dem Klick führen. Dort entscheidet sich, ob aus dem ersten Kontakt ein Lead mit echtem Interesse wird.

Zur bezahlten Verbreitung Ihrer Inhalte eignen sich alle Kanäle, die auch im klassischen Online-Marketing zur Anwendung kommen. Der Unterschied im Content-Marketing besteht jedoch darin, dass Sie statt Ihres Produkts oder Ihres Unternehmens Ihre Inhalte bewerben. Das ist für viele auch die größte Herausforderung: Es gilt, die Marketingbotschaften auf den Content zu fokussieren und sich als Unternehmen mit einem Verkaufsinteresse im Hintergrund zu halten. Die folgende Abbildung zeigt die Wirksamkeit verschiedener bezahlter Medien im Vergleich.

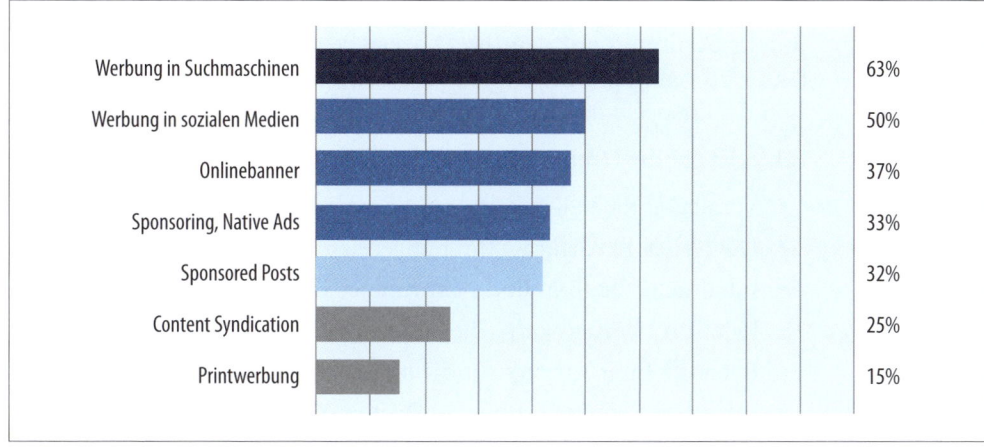

Werbung in Suchmaschinen	63%
Werbung in sozialen Medien	50%
Onlinebanner	37%
Sponsoring, Native Ads	33%
Sponsored Posts	32%
Content Syndication	25%
Printwerbung	15%

Abbildung 4-16: Die Wirksamkeit bezahlter Medien im Vergleich[171]

Werbung in Suchmaschinen (SEA)

Werbung in Suchmaschinen spielt vor allem dann eine große Rolle, wenn Ihr Unternehmen (noch) nicht über den nötigen Zugang zu sozialen Netzwerken, Fachredaktionen oder Bloggern verfügt, das heißt, wenn Sie nur wenige Möglichkeiten haben, Ihren Content über verdiente Medien zu verbreiten. Werbung in Suchmaschinen, insbesondere über Google AdWords, bietet Ihnen in diesem Fall kurzfristig eine große Reichweite in Ihrem Markt und lässt sich sehr präzise auf Ihren Bedarf ausrichten. Vorausgesetzt, diese suchen nach Ihren Keywords.

- **Ziele**: Besucher auf Ihre eigenen Medien (Unternehmenswebsite, Blog, Landingpage) bringen.
- **Vorteile**: Jederzeit verfügbar, Reichweite je nach Budget skalierbar, Ergebnisse lassen sich in Echtzeit messen.
- **Herausforderung**: Optimale Keywords für die Zielgruppenansprache (Targeting) definieren, optimales Preis-Leistungs-Verhältnis für gute Positionierung erreichen.
- **Kennzahlen für die Erfolgsmessung**: Cost per Lead (CPL).

Google AdWords: Kosten senken mit guten Inhalten

Für Anzeigen, die Sie über Google AdWords schalten, zahlen Sie nur, wenn jemand tatsächlich auf Ihre Anzeige klickt. Der Klickpreis hängt dabei wesentlich von der Qualität und der Relevanz Ihrer Inhalte ab. Denn wo genau Ihre Anzeige platziert wird – der sogenannte Ad Rank –, richtet sich nicht nur nach Ihrem Gebot für einen Klick auf Ihre Anzeige (Cost per Click), sondern auch nach einem Qualitätsfaktor

(Quality Score). Und dieser wird ganz wesentlich von der Qualität des Inhalts bestimmt, auf den Ihre Anzeige verlinkt. Ein hoher Qualitätsfaktor gibt an, dass Ihre Inhalte für den Nutzer relevant und nützlich sind. Er lässt sich für jedes Ihrer Keywords ermitteln.

Faktoren für die Optimierung des Quality Score Ihrer Anzeige:[172]

- Voraussichtliche Klickrate eines Keywords.
- Die bisherige Klickrate Ihrer angezeigten URL.
- Inhaltliche Qualität und Performance Ihrer Zielseite.
- Relevanz der Keywords, die Sie buchen.
- Relevanz Ihrer Anzeige für die ausgewählte Region.
- Inhaltliche Fokussierung von Display-Kampagnen.
- Ausrichtung auf verschiedene Endgeräte.

Social Advertising

Die Basis für erfolgreiches Marketing auf sozialen Plattformen ist Ihr Unternehmensprofil, das Sie in der Regel kostenfrei einrichten können. Kostenlos ist ebenfalls das Veröffentlichen von Inhalten in Ihrem Netzwerk oder – wie bei XING und LinkedIn – die Interaktion in Fachgruppen. Wollen Sie kurzfristig viele Interessenten in sozialen Netzwerken erreichen, können Sie Ihren Content zusätzlich über bezahlte Werbung verbreiten. Jede Plattform bietet hierfür eigene Werbeformate an.

- **Zielsetzung**: Besucher auf Ihre eigenen Medien (Social-Media-Profil, Blog, Landingpage) leiten.
- **Vorteile**: Interessenten werden in einem thematisch passenden Umfeld erreicht.
- **Herausforderung**: Die relevante Zielgruppe ansprechen (Targeting), Wettbewerb im Werbeumfeld.
- **Kennzahlen für die Erfolgsmessung**: Cost per Lead (CPL), Reichweite in Netzwerken.

Tabelle 4-11 bietet einen ersten Überblick über Werbemöglichkeiten in sozialen Netzwerken. Sie erhebt jedoch keinen Anspruch auf Vollständigkeit, vor allem weil sich die Angebote immer wieder ändern. Detaillierte Informationen zu Werbemöglichkeiten erhalten Sie bei den Plattformbetreibern.

Tabelle 4-11: Social Advertising: Werbemöglichkeiten im Überblick

Plattform	Display-Ads	Promoted Content	Promoted Accounts	Newsletter-Ads	Mobile-Ads
Facebook	+	+	–	–	+
Google+	+	–	–	–	–
LinkedIn	+	+	–	+	–
Pinterest	–	+	–	–	–
SlideShare	–	–	–	–	–
Twitter	–	+	+	–	–
XING	+	–	+	+	+
YouTube	+	–	–	–	–

Werbeanzeigen

Ebenso wie Anzeigen in Suchmaschinen und in sozialen Medien bietet auch Werbung in Fachmedien einen wichtigen Zugang zu Ihren Zielgruppen. In Betracht kommen hier vor allem Banner oder Textanzeigen, die Sie auf Branchenportalen oder Onlineauftritten von Fachzeitschriften schalten können, sowie Anzeigen in Printpublikationen.

- **Ziele**: Besucher auf Ihre eigenen Medien (Unternehmenswebsite, Blog, Landingpage) bringen.
- **Vorteile**: Interessenten werden in einem thematisch passenden Umfeld erreicht.
- **Herausforderung**: Die relevante Zielgruppe ansprechen (Targeting), Wettbewerb im Werbeumfeld.
- **Kennzahlen für die Erfolgsmessung**: Cost per Lead (CPL).

Erfolg mit unsichtbaren Redirect-Pages messen

Um die Wirksamkeit Ihrer Werbeanzeigen zu messen, sollten Sie Ihre Interessenten über eine unsichtbare Zwischenseite auf Ihren Content leiten. Das gibt Ihnen einen Überblick über die Klickzahlen. Zudem können Sie jederzeit flexibel bestimmen, wohin Ihre Nutzer weitergeleitet werden sollen. Letzteres kann zum Beispiel dann wichtig sein, wenn Sie auf Inhalte verlinken, die nur eine bestimmte Zeit verfügbar sind, wie beispielsweise eine Aktion oder ein Fachartikel, der sich auf ein aktuelles Ereignis bezieht. Wenn dieser Inhalt nicht mehr aktuell ist, leiten Sie die Verlinkung einfach auf einen anderen Content um.

In WordPress lassen sich Weiterleitungsseiten mit einem Plug-in wie etwa dem kostenfreien *Simple Redirect* umsetzen. Damit können Sie sehr einfach unsichtbare Seiten erstellen, die auf eine Webseite Ihrer Wahl weiterleiten. Und Sie haben die Möglichkeit, Shortlinks für Ihre Kampagnen zu erstellen, etwa um Ihr Whitepaper zu vermarkten. Die URL der Weiterleitungsseite könnte zum Beispiel *domain.de/whitepaper* lauten.

Alternativ können Sie auch Dienste wie *bit.ly* in der »Enterprise Edition« nutzen, um Shortlinks und Weiterleitungen zu Landingpages oder Blogposts zu erstellen.

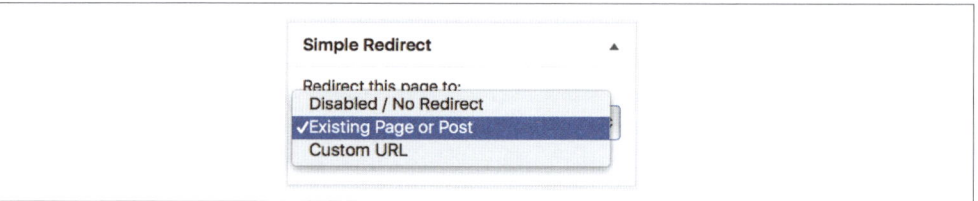

Abbildung 4-17: Redirect-Pages lassen sich mit WordPress »Simple Redirect« einfach einrichten.

Programmatic Advertising

Eine flexible und voll automatisierte Form der Werbung im Netz bietet die datengetriebene Werbung, das sogenannte *Programmatic Advertising*. Dabei werden Werbeflächen unabhängig von Kanal und Format passend zu Ihren Marketingzielen eingekauft. Das geschieht weitgehend automatisch, und der Preis für eine Anzeigenschaltung wird in Echtzeit aus Angebot und Nachfrage ermittelt.

Der Vorteil des Programmatic Advertising liegt darin, dass sich Ihre Anzeigen sehr präzise auf Ihre Zielkunden zuschneiden lassen und Sie sie genau dort erreichen, wo sie sich im Internet bewegen. Algorithmen und Daten sollen dafür sorgen, dass Ihr Budget für Onlineanzeigen optimal verwendet wird.

Newsletter-Ads

Textanzeigen in E-Mail-Newslettern von Fachzeitschriften und Nachrichtenportalen bieten Ihnen die Möglichkeit, Ihr Marketing auf eine klar definierte Zielgruppe auszurichten. Newsletter-Ads haben gegenüber Werbebannern in Fachportalen den Vorteil, dass sie vom Leser besser wahrgenommen werden. Das liegt vor allem an der überschaubaren Menge an Inhalt bei geringer Anzeigendichte in einer E-Mail.

- **Zielsetzung**: Besucher auf Ihre eigenen Medien (Unternehmenswebsite, Blog, Landingpage) bringen.
- **Vorteile**: Thematisch passendes Umfeld im Newsletter, geringe Anzeigendichte, hohe Aufmerksamkeit durch Text-Bild-Kombination.

- **Herausforderung**: Passende Newsletter finden, optimale Positionierung im Newsletter sichern, kurze und prägnante Formulierungen finden.
- **Kennzahlen für die Erfolgsmessung**: Klickrate, Cost per Lead.

Fallbeispiel: Blogbeitrag per Textanzeige vermarkten

Die Contiago AG bietet B2B Content Licensing als digitales Geschäftsmodell für Verlage. Um Entscheider in Fachverlagen gezielt zu erreichen, bewarb der Anbieter ein im Blog veröffentlichtes Interview mit einer Branchenexpertin, indem er eine Textanzeige in einem Branchen-Newsletter schaltete.

- Anzeige -

Innovation in Fachverlagen: Noch viel Luft nach oben
Unternehmen brauchen Startups, um ihr Wachstumspotenzial voll auszuschöpfen. Das gilt auch für Fachverlage. Im Interview mit Contiago erläutert die **Unternehmensberaterin Katja Nettesheim**, wie Fachverlage von Startups profitieren können und gibt Tipps für die Zusammenarbeit. Zum Interview

Abbildung 4-18: Textanzeige in einem Newsletter für Fachverlage[173]

Die Anzeige wurde inhaltlich und formal so gestaltet wie redaktioneller Content, sodass sie auf den ersten Blick nicht wie Werbung wirkte. Sie erreichte dadurch überdurchschnittliche Klickzahlen – und das, obwohl die Anzeige klar als solche gekennzeichnet war.

Native Advertising

Native Ads bezeichnen eine Werbeform, bei der Inhalte in das redaktionelle Umfeld einer Onlinepublikation integriert werden, ohne dass man sie auf den ersten Blick als Werbung erkennt. Native Ads sind somit eine Weiterentwicklung des klassischen Advertorials im Printbereich. Wie dieses unterscheiden sie sich inhaltlich nicht von einem normalen Fachbeitrag und werden von den Lesern daher als hochwertig und nützlich wahrgenommen.

- **Ziele**: Besucher auf Ihre eigenen Medien (Unternehmenswebsite, Blog, Landingpage) bringen.
- **Vorteile**: Native Anzeigen werden nicht auf den ersten Blick als Werbung erkannt.
- **Herausforderung**: Anpassung der Anzeigeninhalte an das redaktionelle Umfeld, Verzicht auf werbliche Inhalte.

- **Kennzahlen für die Erfolgsmessung**: Traffic auf eigenen Medien, Verbreitung in sozialen Medien.

Abbildung 4-19: Beispiel für ein Native Ad im Bereich Automotive[174]

Vermarktung von Native Ads in sozialen Medien

Bezahlte Inhalte im journalistischen Kontext sollten stets als solche erkennbar sein. Darüber sind sich Fachwelt und Leserschaft einig. Deshalb werden Native Ads dort, wo sie erscheinen, mit dem Hinweis »Anzeige« oder »Gesponsert von« gekennzeichnet. Wenn Sie Ihr Native

Ad über soziale Kanäle teilen, geht die Kennzeichnung als Werbung verloren. Ihre Nutzer denken dann, es handele sich um originären Content, und sind möglicherweise irritiert, wenn sie auf eine Anzeige stoßen. Stellen Sie daher sicher, dass Sie bezahlte oder gesponserte Inhalte in Tweets und anderen Posts klar als solche kennzeichnen. Das zeigt Souveränität und Transparenz.

Sponsored Content

Als Sponsor von fremden Inhalten fördern Sie bestimmte Themen, die zu Ihrer Positionierung passen, halten sich als Unternehmen jedoch im Hintergrund. Ihre Marke profitiert hier unterschwellig vom Sponsoring, indem sie über die Inhalte transportiert wird. Auf die Inhalte selbst haben Sie beim Sponsoring allerdings meist keinen Einfluss, da die Erstellung und Gestaltung häufig komplett beim jeweiligen Verlag liegt.

- **Ziele**: Imagebildung, Themen forcieren.
- **Vorteile**: »Unverdächtige« Markenkommunikation in vertrauenswürdigen Medien.
- **Herausforderung**: Langfristige, indirekte Wirkung, Gefahr, »übersehen« zu werden, in Fachmedien nur begrenzter Einfluss auf die inhaltliche Ausrichtung der Inhalte.
- **Kennzahlen für die Erfolgsmessung**: Traffic auf eigenen Medien, Verbreitung in sozialen Medien.

Medienkonvergenz: Kanäle richtig kombinieren

> »Medienkonvergenz verknüpft zwei oder mehr Kanäle aus bezahlten, verdienten oder eigenen Medien. Sie zeichnet sich durch einen roten Faden in der Story und ein einheitliches Look-and-feel aus.«
>
> – *Rebecca Lieb*[175]

Das Informationsverhalten Ihrer Zielgruppen ändert sich täglich. Jemand, der gestern noch ausschließlich im Internet surfte, bewegt sich heute vielleicht zwischen verschiedenen Medien und Endgeräten, oft nahezu gleichzeitig. Jeder Ihrer Wunschkunden hat heute mehrere Tausend Kontakte mit kommerziellen Angeboten am Tag, verteilt auf eine Vielzahl von Medien und Kanälen. Für die Verbreitung Ihrer Inhalte bedeutet dies, dass Sie die verfügbaren Kanäle so kombinieren müssen, dass Sie Ihre Zielpersonen dort erreichen, wo sie sich bewegen. Dazu bedarf es eines hybriden Konzepts, das eigene, bezahlte und verdiente Medien intelligent verbindet.

Eine solche Medienkonvergenz, auch *Converged Media* genannt, erreichen Sie, indem Sie je nach Ziel und Zielgruppe für Ihre Kampagne zwei oder mehr geeignete Mediengattungen so verknüpfen, dass Sie wichtige Touch Points auf dem Weg des Kunden zur Kaufentscheidung mit überzeugenden Inhalten gestalten.

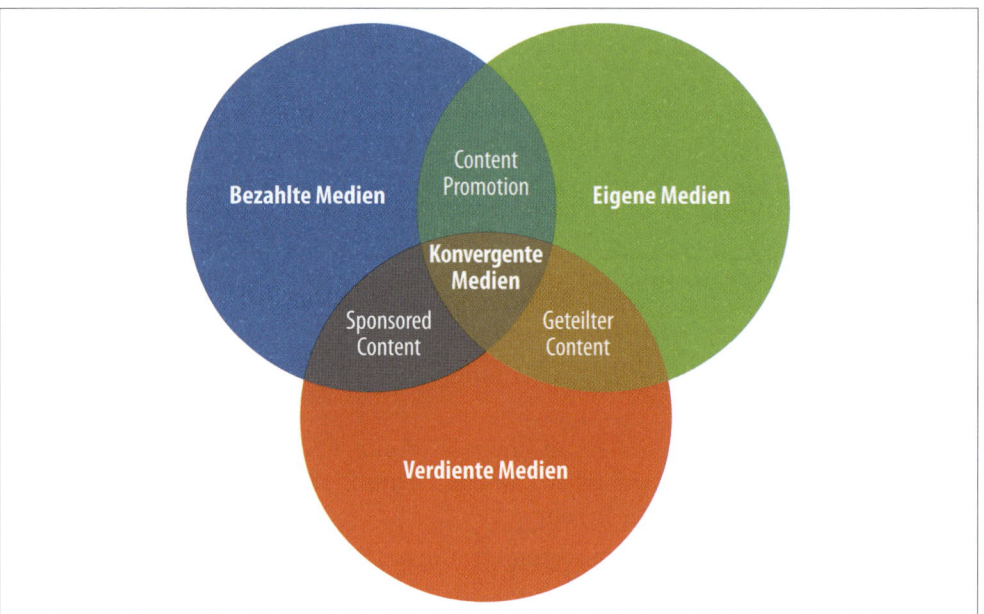

Abbildung 4-20: Medienkonvergenz verknüpft eigene, verdiente und bezahlte Medien.[176]

Beispiel: Medienkonvergenz für die Leadgenerierung

- **Eigene Medien**: Sie stellen Ihr neues Whitepaper auf Ihrer Internetseite oder Ihrer Landingpage zum Download bereit und integrieren hier ein Downloadformular, über das Sie Kontaktdaten Ihrer Interessenten sammeln. Sie posten über Ihre Profile auf Twitter, Facebook oder XING Nachrichten, um Ihre Zielgruppe auf Ihr neues Whitepaper aufmerksam zu machen.

- **Verdiente Medien**: Sie verwenden in Ihren Social-Media-Posts eine Infografik oder eine Abbildung aus dem Whitepaper als Anreiz, um andere Nutzer zum Teilen Ihrer Nachricht anzuregen.

- **Bezahlte Medien**: Sie unterstützen die Vermarktung Ihres Whitepapers, indem Sie auf den sozialen Plattformen zusätzlich auch Werbung schalten.

Content im Multi-Channel-Marketing

Heute kann niemand genau vorhersagen, mit welchen Ausgabegeräten wir Inhalte im Internet zukünftig abrufen werden. Fest steht: Die Vielfalt der Kanäle wird weiter zunehmen. Lösen heute mobile Endgeräte wie Tablet und Smartphone den klassischen PC am Arbeitsplatz langsam ab, werden in naher Zukunft wahrscheinlich tragbare Systeme, sogenannte Wearables, bestimmen, wie wir Inhalte konsumieren – und damit auch, wie Unternehmen diese bereitstellen müssen.

Mit der Zahl der verschiedenen Ausgabemedien wachsen die Anforderungen an den Content. Nicht nur Form und Gestaltung müssen sich dynamisch an das Ausgabegerät anpassen, sondern auch die Inhalte selbst. Schon bei der Erstellung der Inhalte sollten Unternehmen dies berücksichtigen und an sämtliche Kanäle und Endgeräte denken, über die sie zu den Nutzern gelangen könnten. Es gilt, den Content so zu erstellen und zu verwalten, dass er bei Bedarf zur Verfügung steht und sich flexibel an den jeweiligen Distributionskanal bzw. das Endgerät anpasst. Dazu bedarf es einer allgemeingültigen Form des Contents. Man spricht hier vom Prinzip des *Unified Content*.

> **Weiterlesen:**
>
> Mehr über Unified Content erfahren Sie im Abschnitt *Unified-Content-Strategie* auf Seite 135 ff.

Content im Kaufprozess

»Content entwickelt Beziehungen. Beziehungen brauchen Vertrauen. Vertrauen bringt Umsatz.«

– Andrew Davis[177]

Content-Marketing bietet Unternehmen die Möglichkeit, das Interesse potenzieller Kunden zu gewinnen und dieses Interesse in eine Kaufentscheidung zu verwandeln. Es geht darum, sie mit wertvollem Content während des gesamten Entscheidungsprozesses zu begleiten: vom Erstkontakt bis zum Kaufabschluss und auch darüber hinaus. Dazu braucht es einen systematischen Ansatz. Doch dieser fehlt vielen Unternehmen bislang: Während sie viel Geld in die Gewinnung von Kaufinteressenten investieren, werden die so gewonnenen Kontakte nur selten systematisch qualifiziert und weiter bei ihrer Kaufentscheidung unterstützt. Erfahren Sie in diesem Kapitel, wie Sie Content in jeder Phase des Kaufprozesses optimal einsetzen.

Der richtige Content zur richtigen Zeit

Wie bei einem guten Essen sollte auch in jeder Phase des Kaufprozesses das passende Angebot zur richtigen Zeit serviert werden: Man beginnt mit einer Vorspeise, um den Appetit anzuregen, es folgt der Hauptgang, der den Hunger stillt, und den Abschluss bildet ein Dessert. Jeder Gang befriedigt dabei unterschiedliche Bedürfnisse. Ganz ähnlich ist es im Content-Marketing: Je nachdem, in welcher Phase des Kaufprozesses sich ein potenzieller Kunde gerade befindet, benötigt er ganz unterschiedliche Inhalte.

Die Customer Journey

Um ihren potenziellen Kunden die richtigen Inhalte zur richtigen Zeit bieten zu können, ist es entscheidend, dass Unternehmen die Reise ihrer Kunden, die sogenannte *Customer Journey*, verstehen. Diese lässt sich vereinfacht in drei Phasen einteilen:

1. **Entdecken (Awareness)**: Der Interessent hat ein Problem bzw. einen Bedarf erkannt und will die Situation verändern. Ziel des Anbieters ist es in dieser Phase, auf die eigene Marke aufmerksam zu machen. Das gelingt am besten mit Inhalten, die Fachwissen demonstrieren und Geschichten erzählen, in denen sich der Interessent wiederfindet.

2. **Vergleichen (Consideration)**: Ein potenzieller Kunde vergleicht Anbieter und Lösungen. Hier gilt es, sich als kompetenter Problemlöser zu positionieren und die Kontaktdaten des Interessenten zu gewinnen, um ihn gezielt betreuen zu können.

3. **Entscheiden (Decision)**: Der Interessent will seine Kaufentscheidung absichern. Er benötigt Inhalte, die signalisieren, dass man als Unternehmen sein Problem verstanden hat und es besser lösen kann als der Wettbewerb. In dieser Phase ist auch der persönliche Kontakt sehr wichtig.

Die einzelnen Phasen können dabei noch weiter unterteilt werden. Das AIDA-Modell beispielsweise gliedert das »Vergleichen« in »Interest« und »Desire« auf. Entscheidend ist jedoch, dass Unternehmen ein grundlegendes Verständnis dafür entwickeln, wie sich die Reise des Kunden gestaltet. Denn nur so ist es möglich, einheitliche Kundenerlebnisse sicherzustellen. Dem stimmen auch vier von fünf Entscheidern zu. Allerdings: Nur 33 Prozent sagen, sie würden die Customer Journey gut bis sehr gut kennen.[178] Hier besteht also für viele Unternehmen noch großer Nachholbedarf.

Der Verkaufstrichter

Dem »Kaufprozess« des Kunden steht aus Sicht des Unternehmens der »Verkaufsprozess« gegenüber. Dieser systematisiert die Interessenten und potenziellen Kunden danach, wie weit sie in ihrem Kaufprozess vorangeschritten sind, um sie entsprechend unterschiedlich bearbeiten zu können.

Für die Darstellung des Verkaufsprozesses hat sich das Konzept des Verkaufstrichters, des sogenannten *Sales Funnel*, etabliert. Dieser lässt sich der Einfachheit halber in drei Bereiche – einen oberen, einen mittleren und einen unteren – unterteilen (vgl. Abbildung 5-1).

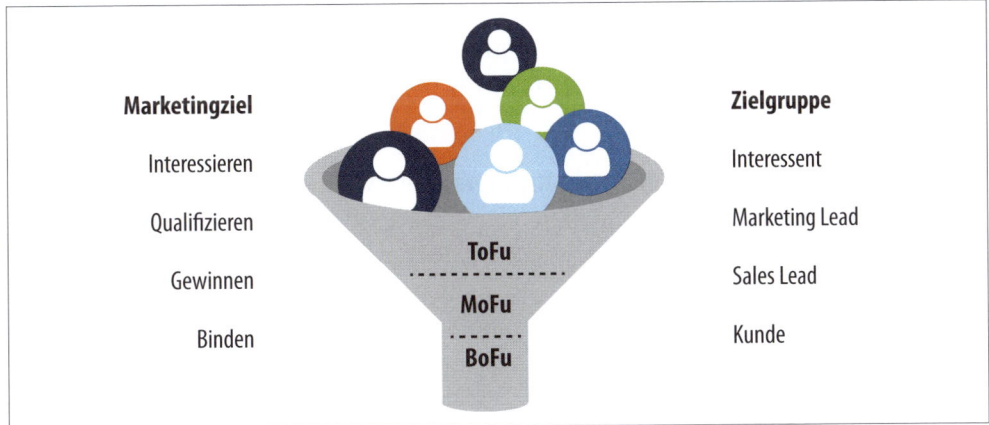

Abbildung 5-1: Ziele und Zielgruppen im Verkaufstrichter

ToFu – Top of the Funnel:

In der ersten Phase des Verkaufsprozesses wollen Sie möglichst viele Interessenten mit Potenzial erreichen. Hierfür eignen sich Inhalte, die Nutzen stiften und Probleme der Zielgruppe thematisieren, zum Beispiel Fachartikel, Whitepapers oder E-Books.

MoFu – Middle of the Funnel:

Interessenten in der zweiten Phase müssen weiter qualifiziert werden. Die Herausforderung besteht für Unternehmen darin, diese häufig sehr heterogene Gruppe zielgerichtet anzusprechen. Hier kommt es besonders darauf an, dass Sie sich als Problemlöser positionieren und den persönlichen Dialog vorbereiten, zum Beispiel mit Webinaren, Video-Podcasts, Fallbeispielen oder Gutscheinen.

BoFu – Bottom of the Funnel:

In der letzten Phase des Verkaufsprozesses sind Sie Ihren Interessenten bereits bekannt, und Ihre Lösung befindet sich in der engeren Wahl. Nun sollten Sie in den Eins-zu-eins-Dialog einsteigen. Um den Kaufabschluss vorzubereiten, eignen sich konkrete Angebote, Produkttests und die persönliche Beratung.

Content Mapping

Welcher Content in den einzelnen Phasen geeignet ist, um Ihre Interessenten bestmöglich durch den Kaufprozess zu begleiten, ist je nach Branche und Angebot Ihres Unternehmens sehr unterschiedlich. Grundsätzlich gilt jedoch, dass Sie Ihre Inhalte genau auf die spezifischen Anforderungen Ihrer Interessenten zuschneiden sollten. Es geht darum, den richtigen Content zur richtigen Zeit anzubieten. Bei der Zuordnung des Contents, dem *Content Mapping*, können Sie sich an folgenden Fragen orientieren:

1. Welchen Weg nimmt ein Interessent vom Erstkontakt bis zum Kauf?

Skizzieren Sie mögliche Szenarien und Wege, die Ihre Interessenten zum Kauf führen können. Über eine Analyse Ihrer Website-Besucher, zum Beispiel mit Google Analytics, können Sie Schritt für Schritt zurückverfolgen, welche Stationen und Aktionen dem Kauf vorausgehen. Welche Seiten Ihres Webauftritts haben Interessenten besucht? In welcher Reihenfolge? Auf welche Aktionen, Angebote oder Themen haben sie reagiert? Welche E-Mails haben sie geöffnet? Die folgende Abbildung zeigt, wie ein logischer Pfad vom Erstkontakt zum Kaufabschluss aussehen könnte. In der Regel gibt es mehr als nur einen möglichen Pfad, der zum Kaufabschluss führt. Eine strukturierte Analyse des Nutzerverhaltens auf Ihrer Website gibt Ihnen wichtige Hinweise auf die häufigsten und vor allem profitabelsten Szenarien.

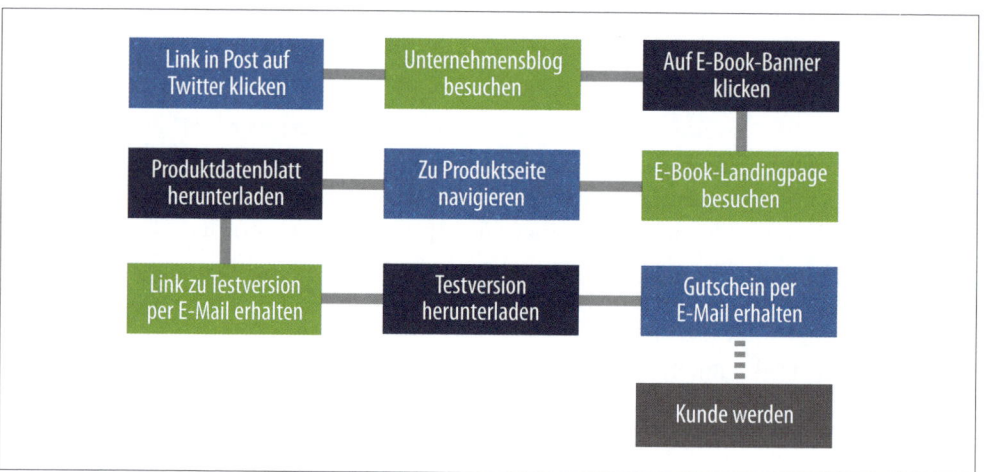

Abbildung 5-2: Beispiel für einen möglichen Pfad vom Erstkontakt zum Kaufabschluss

2. Welche Inhalte bringen Ihren Interessenten durch den Kaufprozess?

Nachdem Sie wissen, auf welchen Wegen Ihre Interessenten zu Kunden werden, stellt sich die Frage, welche Art von Inhalt sie in welcher Phase des Kaufprozesses benötigen. Die folgende Übersicht zeigt, welche Formate sich beispielsweise für eine Entscheidung über den Kauf eines IT-Produkts im B2B eignen.

Tabelle 5-1: Beispiel: Content-Formate und ihre Relevanz für den IT-Kaufprozess[179]

	Business-anforderungen festlegen	Technische Anforderungen festlegen	Angebote und Anbieter evaluieren	Vorauswahl treffen	Vorauswahl intern »verkaufen«	Entscheidung absichern und kaufen
1	Technologie-nachrichten	Produktdemo, -beschreibung	Produkttests, Erfahrungsbe-richte, Nutzer-meinungen	Produkttests, Erfahrungsbe-richte, Nutzer-meinungen	Produktdemo, -beschreibung	Produkttests, Erfahrungsbe-richte, Nutzer-meinungen
2	Fachartikel über Trends, Strategie und Manage-ment	Produkttests, Erfahrungsbe-richte, Nutzer-meinungen	Produktdemo, -beschreibung	Produktdemo, -beschreibung	Case Studies, Fallbeispiele	ROI-Kalkulator
3	Case Studies, Fallbeispiele	Technologie-nachrichten	Verkaufspräsen-tation	Verkaufsprä-sentation	ROI-Kalkulator	Produktdemo, -beschreibung
4	Fachartikel über Technologie	Fachartikel über Technologie	Wettbewerber-Präsentation	Studien, Markt-forschung	Studien, Markt-forschung	Studien, Markt-forschung
5	Studien, Markt-forschung	How-to-Artikel, Anleitungen	Technologie-nachrichten	Technologie-nachrichten	Produkttests, Erfahrungs-berichte, Nutzer-meinungen	Verkaufspräsen-tation

Einige Content-Formate kommen in mehr als einer Phase des Kaufprozesses zum Einsatz, zum Beispiel das Webinar. Das liegt daran, dass Webinare unterschiedliche inhaltliche Schwerpunkte haben können. Ein Webinar für eine frühe Phase des Kaufprozesses informiert zu einem allgemeinen fachlichen Aspekt, während ein Webinar für Interessenten in der Evaluationsphase bereits auf das Produkt als konkrete Lösung ausgerichtet ist.

> **Tipp:**
> Nutzen Sie Ihren Content an strategisch wichtigen Stationen im Kaufprozess, den sogenannten *Touch Points*, um jeden Kontakt inhaltlich aufzuwerten und neue Impulse zu setzen. Damit erhöhen Sie die Wahrscheinlichkeit, dass aus Interessenten tatsächlich Kunden werden.

3. Mit welchen Botschaften erreichen Sie Ihre Zielpersonen?

Bevor Sie Ihre Botschaften formulieren, sollten Sie festlegen, welche Personenkreise Sie erreichen wollen und welchen Informationsbedarf diese haben. Dabei sollten Sie berücksichtigen, dass an einer Kaufentscheidung im Unternehmen in der Regel mehrere Bereiche beteiligt sind: Fachabteilung, Einkauf, IT, Finanzen und Geschäftsführung. Und jeder dieser Bereiche hat unterschiedliche Informationsbedürfnisse.

Dazu ein Beispiel: Als Zulieferer in der Automobilindustrie werden Sie einen Ingenieur, der Fahrzeuge entwirft, anders ansprechen als den Geschäftsführer, denn während der Ingenieur primär an technischen Details interessiert ist, möchte der Geschäftsführer eher wissen, wie er Kosten senken kann.

Entwickeln Sie eine Typologie für typische Zielpersonen, um Ihre Botschaften und Inhalte möglichst gezielt ausrichten zu können. Stellen Sie dabei wichtige Merkmale dieser Personen, der sogenannten *Buyer Personas*, zusammen. Klären Sie im nächsten Schritt, wie Sie die Botschaften in Ihren Inhalten gestalten müssen, um jede Person optimal anzusprechen. Einige Inhalte wie etwa FAQs (häufig gestellte Fragen) funktionieren gleichermaßen für verschiedene Käufertypen, während andere Inhalte wie etwa eine Fallstudie oder ein Webinar auf einen bestimmten Personenkreis zugeschnitten werden müssen, um eine optimale Wirkung zu erzielen.

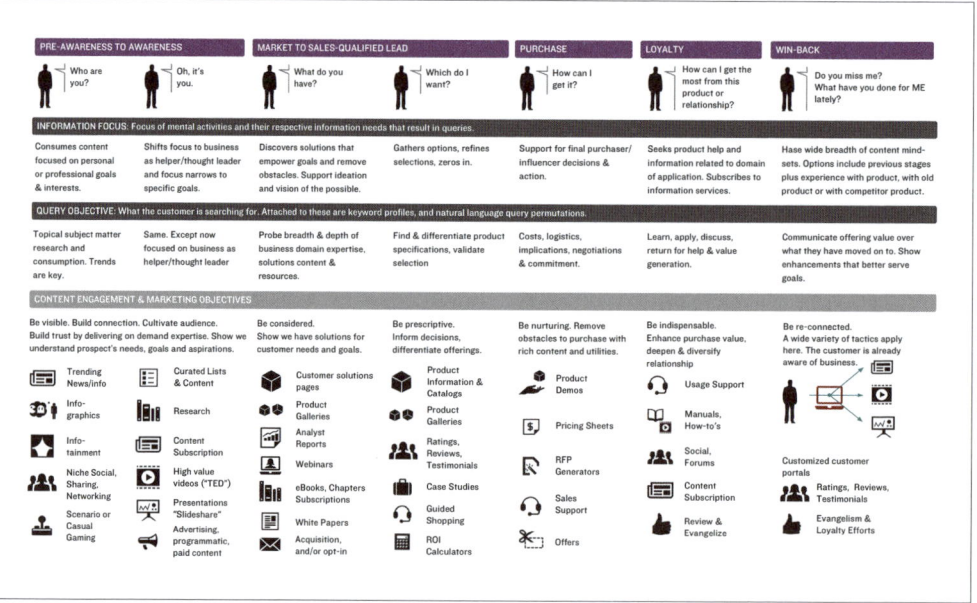

Abbildung 5-3: Content Mapping entlang des Kaufprozesses bei 3M[180]

Weiterlesen:

Mehr über die Definition von Buyer Personas erfahren Sie im Abschnitt *Wen wollen wir erreichen? – Die Zielpersonen* auf Seite 19 ff.

Buying Center: Entscheider im B2B-Kaufprozess

Bei Kaufentscheidungen im B2B sind in der Regel mehrere Unternehmensbereiche eingebunden, wie etwa Einkauf, IT, Finanzen und Geschäftsführung. Diese Bereiche wirken in einem sogenannten *Buying Center* zusammen, in dem jeder von ihnen eine andere Rolle einnimmt. Die Herausforderung im Content-Marketing besteht darin, den verschiedenen Funktionen und Informationsbedürfnissen gleichermaßen gerecht zu werden und passende Inhalte für die Zielpersonen bereitzustellen.

Dabei hilft es, wenn Sie sich den gesamten Kaufprozess vor Augen führen. Denn in den verschiedenen Phasen sind jeweils unterschiedliche Rollen bzw. Personen des Buying Center gefragt. Manche Personen übernehmen auch mehrere Rollen im Buying Center. Das ist beispielsweise der Fall, wenn ein Marketingleiter im Internet auf einen interessanten Artikel zum Thema Marketingautomatisierung stößt und die Recherche von Anbietern und Lösungen an einen Praktikanten delegiert. Dann kommt das Thema in einer späteren Phase des Kaufprozesses wieder zu ihm zurück.

Tabelle 5-2: Typische Rollen im B2B-Kaufprozess[181]

	Rolle	Motivation	Content
Einkäufer	• Ausschreibung • Kaufabwicklung	• Sicherheit	• ROI-Kalkulation • Kalkulationshilfen • Whitepaper • transparentes Angebot
Influencer	• Fachkompetenz • Evaluation von Alternativen	• Wissensvorsprung	• Fachartikel • Reports • Studien • Checklisten • Testzugang • Funktionsvergleiche
Entscheider	• leitende Position • letztes Wort	• geschäftlicher Nutzen	• Artikel in Fachmedien • Business Cases • Referenzen
Nutzer	• konkreter Bedarf • Initiierung des Kaufs	• Arbeitserleichterung	• Fachartikel • Tutorials • Erklärvideos • Podcasts • Leitfäden • Webinare • Workshops
Gatekeeper	• Sammlung, Verteilung und Blockierung von Informationen	• mitgestalten	• persönlicher Dialog • Wertschätzung • werbefreie Kommunikation

Entscheidend ist, dass Sie ein Verständnis dafür entwickeln, was die Person in der jeweiligen Rolle antreibt, worin ihr Bedürfnis besteht und welche Inhalte ihr weiterhelfen könnten.

> **Tipp:**
> In der Praxis kommt einer weiteren Person im Buying Center eine wichtige Rolle zu, nämlich derjenigen, die Lösungsalternativen recherchiert. Das kann ein Assistent oder Student sein, der darüber entscheidet, welche Lösungen im Evaluationsprozess überhaupt berücksichtigt werden.

Was Menschen motiviert, Inhalte auszutauschen

Die Analyse der Rollen und Motive in einem B2B Buying Center macht deutlich, dass Sie unterschiedliche Personen erreichen müssen, um Ihre Botschaften an den richtigen Stellen im Unternehmen zu platzieren. Bedenken Sie dabei, dass es neben eher fachlich motivierten Beweggründen auch eine soziale Motivation für die Weiterleitung von Inhalten an Kollegen und Vorgesetzte gibt. Analog zur Weiterleitung von Inhalten in sozialen Netzwerken wie Facebook oder Twitter kann man dabei folgende Beweggründe unterscheiden:

- **Aktualität**: Menschen leiten Inhalte weiter, die ihr eigenes Prestige steigern, weil sie Insiderwissen bekunden oder zeigen, dass Sie fachlich auf dem neuesten Stand sind. Für diese Personen eignen sich Infografiken, Reports und Studien.

- **Anregung**: Menschen teilen Content, wenn sie persönlich aktiviert werden, etwa durch aktuelle Ereignisse. Hier können Sie sich das Prinzip des Newsjackings zunutze machen (vgl. Seite 183 ff.).

- **Emotionen**: Menschen teilen Inhalte, die ihnen nahegehen, die sie belustigen, verärgern oder berühren. Videos, Podcasts, Bilder sind hier die Formate der Wahl.

- **Vorbilder**: Menschen folgen dem Herdentrieb und leiten das weiter, was auch andere weiterleiten. Hier kommen etwa Blogbeiträge infrage, die sichtbar häufig gelesen, kommentiert oder geteilt wurden.

- **Praktischer Nutzen**: Menschen leiten praktische, wertvolle Inhalte weiter – Inhalte, von denen sie meinen, andere könnten sie ebenfalls gut gebrauchen, zum Beispiel Checklisten, Whitepapers oder Leitfäden.

- **Gute Geschichten**: Menschen teilen unterhaltsame, packende oder interessante Geschichten. Daher sind Videos, Podcasts und Bilder sehr gefragt.

Interesse wecken

»Ihr Content für den Beginn des Kaufprozesses sollte intellektuell von Ihrem Produkt getrennt, aber emotional mit ihm verheiratet sein.«
– *Joe Chernov*[182]

Der erste Eindruck zählt

Content-Marketing setzt auf nützliche Inhalte statt auf vordergründigen Verkauf. Content soll Vertrauen aufbauen und überzeugen, ohne vertrieblich mit der Tür ins Haus zu fallen. Denn dann besteht die Gefahr, dass der Nutzer das Weite sucht, bevor Sie Kontakt mit ihm aufnehmen können. Damit Ihr Content ein Bewusstsein für Ihre Marke aufbauen und Interesse gewinnen kann, sollte er folgende Eigenschaften haben:

- **Kompetenz demonstrieren**: Positionieren Sie sich als Experte auf Ihrem Gebiet, indem Sie Content anbieten, der wertvolle Einblicke in Ihr Thema, Analysen und Meinungen liefert, die nur ein erwiesener Fachmann haben kann.

- **Problem lösen**: Menschen schenken ihre Aufmerksamkeit Inhalten und Unternehmen, die sie unmittelbar bei der Lösung eines Problems unterstützen. Versuchen Sie daher, bereits in einer frühen Phase der Kontaktanbahnung zu punkten, um Ihre Position bei einer späteren Kaufentscheidung zu verbessern.

- **Geschichten erzählen**: Storytelling zählt zu den ältesten Prinzipien des Marketings. Gute Geschichten veranlassen Menschen zum Zuhören, Mitmachen und Weitererzählen. Nutzen Sie diesen Effekt und werden Sie zum Botschafter Ihrer Marke (vgl. Seite 116 ff.).

- **Das Teilen leicht machen**: Content, den Ihre Interessenten über soziale Netzwerke einfach mit Freunden und Bekannten teilen können, verbreitet sich schneller im Internet. Zitate, Statistiken und Infografiken werden gern geteilt, weil sie allen Beteiligten einen Imagegewinn bescheren.

Content nach dem Zwiebelmodell

Sie können sich Ihren Content als eine Art Zwiebel vorstellen, die nach außen fachlich neutral wirkt und im Inneren zu Ihrem Produkt führt. Dabei lassen sich drei Bereiche unterscheiden, die genau aufeinander abgestimmt sein müssen, um in ihrer Gesamtheit zu wirken: die äußere Hülle, der fachliche Inhalt und der Call-to-Action.

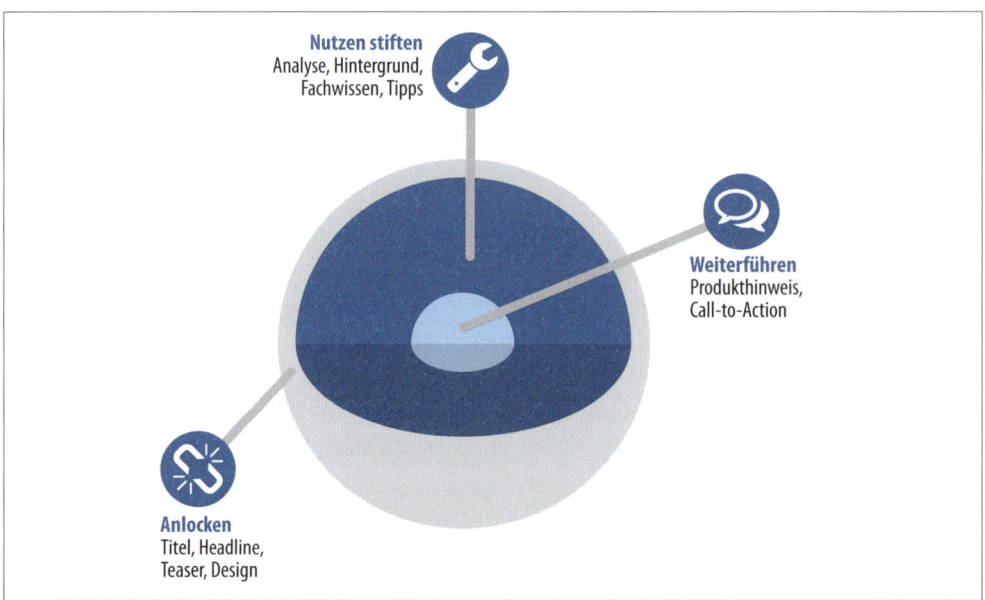

Nutzen stiften
Analyse, Hintergrund,
Fachwissen, Tipps

Weiterführen
Produkthinweis,
Call-to-Action

Anlocken
Titel, Headline,
Teaser, Design

Abbildung 5-4: Aufbau von Content nach dem Zwiebelmodell

Die folgende Tabelle beschreibt die Aufgaben der einzelnen Schichten im Zwiebelmodell und worauf es bei der Umsetzung ankommt.

Tabelle 5-3: Aufgaben und Erfolgsfaktoren von Content nach dem Zwiebelmodell

	Zielsetzung, Aufgabe	**Erfolgsfaktoren**
Die äußere Hülle	»Anlocken«: Sie bringt den Nutzer dazu, sich näher mit dem Content zu beschäftigen.	• Zum Bedarf passendes Thema • Headline und Teaser, die Lust auf mehr machen • Neutrale Botschaften, Fokus auf Fachliches
Der fachliche Inhalt	»Nutzen stiften«: Er soll den Nutzer von der fachlichen Kompetenz des Verfassers überzeugen.	• Klare Struktur • Kompakte Inhalte • Aktuelle Studien und Hintergrundinformationen • Visualisierung und Tabellen • Neutrale, ausgewogene Darstellung
Der Call-to-Action	»Weiterführen«: Er soll den Nutzer für den nächsten Schritt (weitere Inhalte, persönliches Gespräch) gewinnen.	• Logische Überleitung aus dem fachlichen Teil • Mehrere Varianten für den nächsten Schritt (Content, Dialog, Produktdemo) • Diskret gestalteter Produkthinweis

Social Selling: Kontaktanbahnung über Social Media

Social Selling gilt als neue Wunderwaffe in der Kundengewinnung. Das hat einen guten Grund: 90 Prozent aller Entscheider im B2B recherchieren online, um sich über Lösungen und Anbieter zu informieren.[183] Sie ziehen das Internet dem persönlichen Kontakt mit Anbietern vor. Da liegt es nahe, dass Verkäufer dort aktiv werden, wo sich die Zielgruppe aufhält: auf XING, LinkedIn, Twitter oder Facebook. Jedoch nicht mit vordergründigen Verkaufsphrasen, sondern mit Inhalten, die zum konkreten Bedarf passen und potenzielle Kunden bei ihrer Entscheidungsfindung unterstützen. Diesen Ansatz nennt man *Social Selling*. Soziale Medien werden genutzt, um potenzielle Kunden zu identifizieren und mit ihnen in Kontakt zu treten. Ziel ist, mehr über deren konkreten Bedarf zu erfahren und eine Beziehung aufzubauen. Als Mittel wird dabei Content eingesetzt, der dem Interessenten hilft, eine Kaufentscheidung zu treffen.

Social Selling vs. klassischer Verkauf

Im Fokus des Social Selling stehen echte Menschen, nicht nur Kontaktdaten. Der Kunde mit seinen Bedürfnissen, konkreten Problemen und Erwartungen statt abstrakter Bedarfe. Persönliche Gespräche zu relevanten Themen statt 0815-Gesprächsleitfäden. All das mit dem Ziel, vertrauensvolle Beziehungen zu Entscheidern aufzubauen und sich selbst als Problemlöser zu positionieren.

Tabelle 5-4: Traditionelles Verkaufen versus Social Selling[184]

Traditioneller Verkauf	Social Selling
• Kontaktdaten und Leads kaufen • Persönliche Kontaktdaten pflegen • Mit Gatekeepern verhandeln	• Interessenten in sozialen Netzwerken und Businessplattformen aufspüren • Unternehmenswissen über potenzielle Kunden nutzen • Entscheider direkt ansprechen
• Generische Kontakte bearbeiten • Mit klassischen Daten arbeiten • Große Datenmengen erheben, die jedoch wenig genutzt werden	• Sich auf echte Menschen konzentrieren • »Online-Intelligenz« entwickeln • Gezielte Einblicke in Verhalten und Bedarf erhalten
• Sich auf Cold Calls verlassen • Kommunikation nach Leitfaden • Vorgehen nach Standardprozessen	• Empfehlungen von Dritten nutzen • Individuell relevante Gespräche führen • Vorgehen auf individuellen Kaufprozess zuschneiden

Das Kaufverhalten hat sich verändert

Der Grund dafür, dass sich die Kundengewinnung zunehmend in soziale Netzwerke verlagert, liegt auf der Hand: 90 Prozent der B2B-Entscheider reagieren nicht mehr auf Kaltakquise per Telefon oder E-Mail. 75 Prozent machen sich auf eigene Faust auf die Suche nach Lösungsanbietern und nutzen dazu soziale Plattformen wie XING, LinkedIn oder Twitter. Auf dieses veränderte Kaufverhalten bietet Social Selling eine passende Antwort.

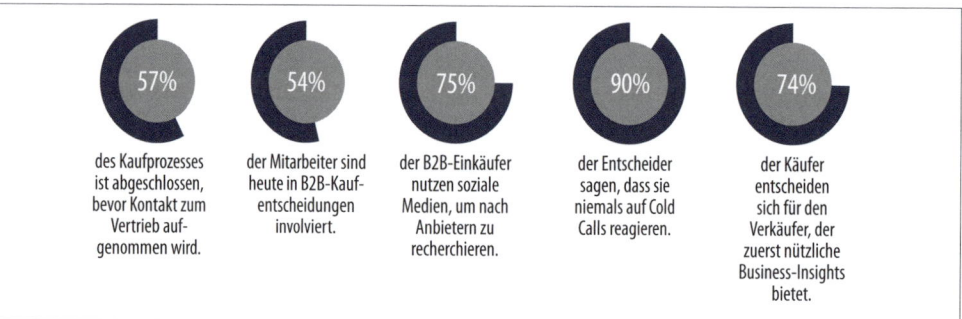

Abbildung 5-5: Social Selling als Antwort auf den Wandel im Kaufverhalten[185]

Die Rolle von Content im (sozialen) Verkauf

Soziale Medien ermöglichen einen einfachen Zugang zu potenziellen Kunden, die sich in einer frühen Phase des Kaufprozesses befinden. Mit gutem Content helfen Sie ihnen, ein Thema zu durchdringen und eine Lösung für ihr Problem zu finden. Zeigen Sie, dass Sie sich in ihrem Fachgebiet auskennen und auch die Bedürfnisse der Kunden verstehen. Je nützlicher Ihre Inhalte für den Alltag der Kunden sind, desto überzeugender ist das Erlebnis für den Käufer. So gewinnen Sie nach und nach das Vertrauen Ihrer Zielpersonen.

Geeignete Content-Formate

Personen in einer frühen Phase des Kaufprozesses recherchieren im Internet mit dem Ziel, sich allgemein zu informieren, bevor sie sich einer speziellen Lösung zuwenden. Die Mehrheit der Besucher Ihrer Internetseite oder Ihrer Kontakte in sozialen Medien befindet sich vermutlich in dieser Phase. Content für diese Personengruppe sollte entsprechend allgemein an die Thematik heranführen, ohne werblich oder verkäuferisch zu sein. Leiten Sie Ihre Besucher auf einem moderaten Einsteiger-Level durch Ihre Konzepte und Ideen.

Content, der Interesse wecken und Vertrauen schaffen soll, ist neutral, wertvoll und informativ und dient in erster Linie dazu, Ihre Kompetenz im Markt zu demonstrieren. Die im Folgenden aufgeführten Content-Formate eignen sich für diesen Zweck sehr gut. Sie unterscheiden sich teilweise deutlich im Aufwand für die Erstellung und in der Akzeptanz bei den Nutzern: Ein Punkt bedeutet geringer Aufwand bzw. geringe Akzeptanz, drei Punkte sehr hoher Aufwand bzw. hohe Akzeptanz. Wie häufig Sie die einzelnen Formate produzieren, richtet sich nach Ihren Zielen und Ihren Ressourcen.

Tabelle 5-5: Formate, mit denen Sie Interesse wecken

	Frequenz	Aufwand	Akzeptanz	Erfolgsfaktoren
Blogbeitrag	Zweimal pro Monat	●●	●●●	• Kompakte Texte • Bilder, Daten und Fakten
Checkliste	Einmalig, laufende Erweiterung	●	●●●	• Kompakte Inhalte als One Pager • Professionelles Design
E-Book für Einsteiger	Einmalig, laufende Erweiterung	●●●	●●●	• Kompakte Inhalte • Klare Struktur • Einfache Sprache • Umfang größer als 25 Seiten • Kompaktes Downloadformular
Erklärvideo	Einmalig, laufende Erweiterung	●●●	●●●	• Kompakte Laufzeit (2,5 Minuten) • Promotion über YouTube • Einbinden in Blogartikel
Fachartikel	Einmal pro Quartal	●●	●●●	• Kompakte Texte • Bilder, Daten und Fakten • Passend zur Leserschaft
Glossar	Einmalig, laufende Erweiterung	●	●●	• Relevante Fachbegriffe • Weiterführende Quellen
Infografik	Einmalig, laufende Erweiterung	●●	●●●	• Valide Datenbasis • Aktuelle Studien • Ansprechende Visualisierung
Interview mit Experten	Einmal pro Quartal	●●	●●●	• Fachliche Reputation • Sprachliche Qualität
Kuratierte Fachartikel	Einmal pro Monat	●	●●●	• Relevante Themen • Vertrauenswürdige Quellen • Nutzungsrechte klären
Info-Podcast	Zweimal pro Monat	●●	●●	• Professionelle Sprecher • Kompakte Laufzeit • Storytelling • Daten und Fakten

Tabelle 5-5: Formate, mit denen Sie Interesse wecken *(Fortsetzung)*

	Frequenz	Aufwand	Akzeptanz	Erfolgsfaktoren
Slideshow	Einmalig, laufende Erweiterung	●●	●●●	• Promotion über SlideShare • Vorhandene Inhalte verwerten • Ansprechende Visualisierung • Auch ohne Sprecher nutzbar
Videotutorial	Einmalig, laufende Erweiterung	●●	●●●	• Kompakte Laufzeit • Klarer Themenfokus
Vorlagen und Templates	Einmalig, laufende Erweiterung	●●	●●●	• Einfache Handhabung • Gängige Dateiformate (Win, Mac)
Info-Webinar	Einmal pro Monat	●●	●●	• Geübte Sprecher • Kompakte Laufzeit (max. 30 Minuten) • Storytelling • Daten und Fakten
Whitepaper	Einmalig, laufende Erweiterung	●●●	●●	• Kompakte Inhalte • Klare Struktur • Einfache Sprache • Umfang sechs bis acht Seiten • Kompaktes Downloadformular

Geeignete Kanäle

Entscheider im B2B informieren sich heute in erster Linie in Fachmedien, sozialen Netzwerken und Businessplattformen, aber auch offline auf Messen und Veranstaltungen. Wichtig für das Content-Marketing ist die Erkenntnis, dass potenzielle Kunden einen Großteil der Customer Journey durchlaufen, ohne dabei direkt in Kontakt mit dem Anbieter zu kommen. Man geht davon aus, dass 57 Prozent der Kaufentscheidung bereits gefestigt sind, wenn ein Interessent zum ersten Mal Kontakt zum Vertrieb eines Unternehmens aufnimmt.

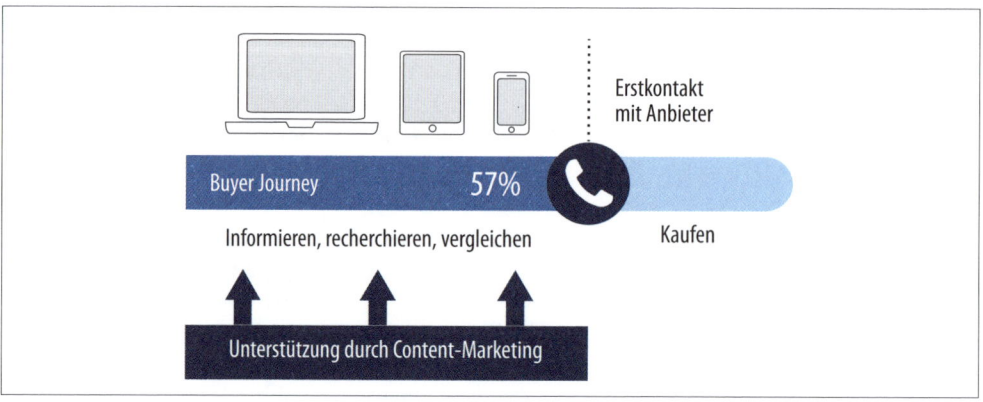

Abbildung 5-6: Fortschritt im Kaufprozess vor dem ersten Kontakt mit dem Vertrieb[186]

Als Unternehmen haben Sie wenig Einfluss auf die Aktivitäten der potenziellen Kunden, wenn sie sich informieren, recherchieren und vergleichen. Sie können nur indirekt einwirken, und zwar über nützliche Inhalte, die Sie genau dort platzieren, wo sie möglichst früh auf den Entscheidungsprozess eines potenziellen Kunden einwirken können.

Abbildung 5-7: Geeignete Kanäle für die Content-Distribution am Anfang des Kaufprozesses

Eigene Kanäle	Verdiente Kanäle	Bezahlte Kanäle
• Website, Blog • Profile und Unternehmensseiten auf sozialen Plattformen • Profile und Unternehmensseiten auf Businessplattformen • Landingpage für die Leadgenerierung • Teilnahme an einer Messe mit eigenem Messestand • Online-Webinare zu allgemeinen Fachthemen • Gastbeiträge von Influencern im eigenen Blog	• SEO, Google-Ranking • Organische Reichweite in sozialen Netzwerken • Organische Reichweite in der Business Community • Gastbeiträge, Interviews in Fachmedien und Blogs • Vorträge auf Messen und Kongressen	• SEA, Google Advertising • Social Advertising • Klassische Anzeigen • Sponsored Content in Fachmedien • Ads in Fach-Newslettern • Event-Sponsoring

Leads für Ihren Vertrieb generieren

Wenn Sie die Aufmerksamkeit Ihrer Zielpersonen gewonnen haben, geht es im nächsten Schritt darum, das Interesse zu verstärken und die Kontaktdaten potenzieller Kunden zu gewinnen – sie also in *Leads* zu verwandeln. Ein *Lead* ist eine Person, über die Ihnen verschiedene Informationen vorliegen. In der Regel sind das neben dem Namen und den Kontaktdaten die Rolle und Position im Unternehmen sowie der Grad des Kaufinteresses und die Kontakthistorie.

Leads werden von Ihrem Vertrieb anschließend weiter »qualifiziert«, das heißt persönlich kontaktiert und betreut, und die erfassten Daten werden mit weiteren Informationen angereichert. Diesen Prozess der Erfassung und Bearbeitung vorhandener Interessentenpotenziale nennt man *Lead-Management*. Ziel des Lead-Managements ist es, jeden einzelnen Interessenten entsprechend seinen Anforderungen und seiner Wertigkeit optimal zu betreuen.

Die SEED-Methode

Frische Ware ist besser als Konserve. Was im kulinarischen Bereich gilt, hat auch in der Leadgenerierung seine Berechtigung. Interessenten »frisch« im Internet zu gewinnen und systematisch zu qualifizieren, ist besser, als Adressdaten für den Vertrieb aus Datenbanken zu kaufen. Dies gelingt beispielsweise mit der SEED-Methode: Sie zielt darauf ab, die richtigen Personen zur rechten Zeit dort zu erreichen, wo sie sich zu ihren individuellen Problemen informieren – und zwar mit Inhalten, die für den Einzelnen so relevant und nützlich sind, dass eine Qualifizierung des Interesses bereits beim Erstkontakt mit dem Content beginnt.

Die vier Elemente des SEED-Prinzips:

- **Seek**. Interessenten im Netz aufspüren: dort, wo sie sich bewegen und informieren.
- **Engage**. Entscheider mit Content aktivieren: mit Inhalten, die relevant und nützlich sind.
- **Extract**. Leads selektieren und qualifizieren: die optimale Qualität für den Vertrieb sicherstellen.
- **Deliver**. Leads bewerten und an den Vertrieb weiterleiten: in der Menge, die der Vertrieb bewältigen kann.

Diese vier Schritte werden im Folgenden näher beschrieben.

Die richtigen Interessenten im Netz aufspüren

Menschen haben unterschiedliche Bedürfnisse, Ziele und Gewohnheiten. Eine Herausforderung für das Marketing ist es, potenzielle Kunden gezielt zu orten. Denn diese informieren sich in vielen verschiedenen Medien – online wie offline.

Zielkunden definieren

Damit Sie Ihre Zielkunden im Netz orten können, muss zunächst geklärt werden, wen Sie genau erreichen wollen. Diesen Schritt sollten Sie bereits im Rahmen Ihrer strategischen Vorbereitungen hinter sich haben. Dort haben Sie in Form von *Buyer Personas* die Personen genau beschreiben, die Sie als Leads gewinnen wollen. Überprüfen Sie noch einmal, ob alle relevanten Aspekte erfasst sind:[187]

- Welche Position hat die Person im Unternehmen inne?
- Wie sieht ein typischer Arbeitstag der Person aus?
- Welche persönlichen und beruflichen Ziele verfolgt die Person?
- Vor welchen Herausforderungen steht sie?
- Nutzt die Person das Internet für die Recherche nach Lösungen?

- Zu welchen Zeiten ist die Person online, und welche sozialen Netzwerke nutzt sie?
- Wie eignet sich die Person neues Wissen an?

Ein möglichst konkretes und persönliches Bild von Ihren Wunschkunden hilft Ihren Mitarbeitern in Marketing und Vertrieb dabei, Ihre Botschaften und Inhalte auf die konkreten Bedürfnisse von Interessenten zuzuschneiden und die nötige Relevanz und Verbindlichkeit für den Einzelnen zu erzeugen.

Weiterlesen:

Mehr über die Erstellung von Buyer Personas finden Sie im Abschnitt *Wen wollen wir erreichen? – Die Zielpersonen* auf Seite 19 ff.

Masse oder Klasse?

Entscheidend für die Konzeption Ihrer Leadgenerierung ist auch die Frage, ob Sie eine hohe Zahl durchschnittlicher Leads – Fokus auf Quantität – oder eine geringere Zahl hochwertiger Leads – Fokus auf Qualität – gewinnen wollen. Jeder dieser Ansätze hat seine Berechtigung:

- **Fokus auf Qualität**: Die Herausforderung besteht hier darin, den Content für die Leadgenerierung so zu gestalten, dass er genau solche Interessenten aktiviert, die Ihrer Buyer Persona entsprechen. Dieser Ansatz bietet sich an, wenn Sie beispielsweise über keine oder nur wenige Ressourcen für die telefonische Qualifizierung von Leads verfügen oder wenn die Qualifizierung bei stark erklärungsbedürftigen Produkten sehr aufwendig ist.

- **Fokus auf Quantität**: Hier besteht die Herausforderung darin, genügend Ressourcen für die Qualifizierung von Leads bereitzustellen. Dieser Ansatz bietet sich an, wenn die Schwelle zum Kauf Ihres Produkts niedrig ist. Das ist beispielsweise bei einfachen SaaS-Lösungen der Fall, die der Nutzer ohne Unterstützung erwerben und in Betrieb nehmen kann.

Welcher dieser Ansätze für Ihr Unternehmen infrage kommt, richtet sich nach Ihrer Branche, Ihrem Produktangebot und den Zielen, die Sie gerade verfolgen – Markterschließung oder Marktdurchdringung –, aber auch danach, wie Ihre internen Prozesse und die Ausstattung mit Ressourcen zur Verarbeitung Ihrer Leads aussehen.

Mediale »Trampelpfade« identifizieren

Um Interessenten im Internet gezielt ansprechen zu können, benötigen Sie eine Vorstellung davon, wo sich diese bewegen und informieren. Ihre Buyer Personas sollten daher auch Hinweise zum Informationsverhalten Ihrer Zielkunden enthalten. Doch nicht jeder Entscheider, der häufig auf Facebook unterwegs ist, sucht dort auch nach Fachinformationen. Da die »medialen Trampelpfade« Ihrer Zielkunden sehr stark variieren können, empfiehlt es sich, für jede Ihrer Kampagnen geeignete Kanäle durch eine einfache Media-Analyse jeweils neu zu ermitteln. Grundsätzlich informieren sich B2B-Käufer aber heute bevorzugt über Suchmaschinen, Businessnetzwerke und Fachmedien.

Entscheider mit dem richtigen Content aktivieren

B2B-Käufer wollen überzeugt werden, nicht überredet. Sie erwarten von Anbietern Inhalte, die ihnen bei der Lösung ihrer Probleme weiterhelfen, keine Werbephrasen. Das gilt für jede Phase der Leadgenerierung und -qualifizierung, ob beim Erstkontakt im Internet oder kurz vor dem Kaufabschluss.

Die Rolle des Contents bei der Leadgenerierung

Inhalte im Sinne des Content-Marketings sollen für den Konsumenten so nützlich und ansprechend sein, dass sie nicht nur seine Aufmerksamkeit gewinnen, sondern ihn auch zu einer Handlung bewegen[188] – beispielsweise dazu, ein Whitepaper herunterzuladen oder sich zu einem Webinar anzumelden. Dadurch gibt er sich als Interessent zu erkennen und wird zu einem Lead. Content, mit dem das gelingt, nennt man auch »Lead-Magnet«.

Ein Lead-Magnet sollte so gestaltet sein, dass er nicht als vordergründig verkäuferisch wahrgenommen wird und dennoch zu einer Handlung animiert. Ziel ist es, das individuelle Problem des Kunden zu thematisieren, ohne sofort eine Lösung ins Spiel zu bringen. Durch seine inhaltliche Relevanz erzeugt der Content so eine Vertrauensbasis für die weitere Qualifizierung (vgl. Abschnitt *Interesse wecken*, Seite 205 ff.).

Die DNA eines Lead-Magneten

Den größten Teil seiner Recherche führt ein Interessent im Internet durch, ohne dass Sie als Anbieter Einfluss darauf haben. Man geht davon aus, dass fast 60 Prozent einer Kaufentscheidung bereits gefestigt sind, wenn er Kontakt zu Ihrem Vertrieb aufnimmt.[189] Daher müssen die Inhalte, die Leads generieren sollen, eigenständig wirken.

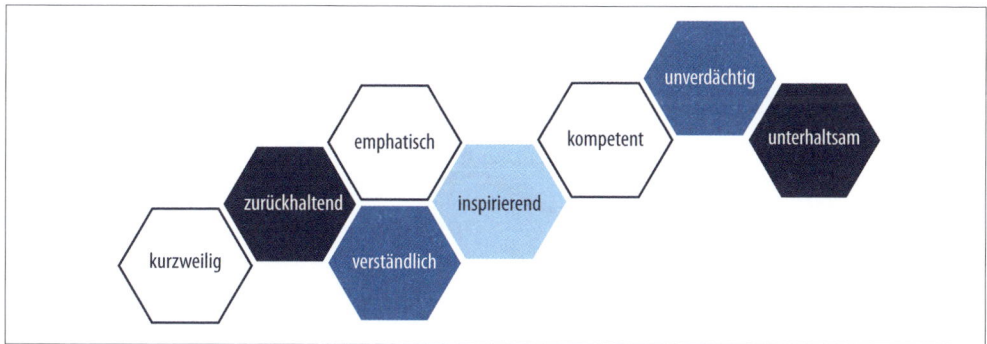

Abbildung 5-8: Die DNA eines Lead-Magneten

Vergleichbar mit einem Vertriebsmitarbeiter muss auch ein Lead-Magnet bestimmte Eigenschaften mitbringen, um zu überzeugen. Zusätzlich sollte der Content jeden Kontakt mit einem Interessenten für diesen zu einem Erlebnis machen. Denn nur dann ist er möglicherweise bereit, den Dialog zu vertiefen.

Neben dem Generieren von Kontaktdaten hat ein Lead-Magnet noch eine zweite ebenso wichtige Aufgabe: Indem er inhaltlich auf die Belange des Interessenten eingeht und fachliches Know-how demonstriert, beginnt er, bereits während er konsumiert wird, mit der Qualifizierung des Interesses und somit auch mit der Qualifizierung des Leads.

Mit »unverdächtigen« Inhalten überzeugen

Nutzer sind sehr zurückhaltend, wenn es darum geht, eigene Daten beim Download eines Whitepapers oder bei der Anmeldung zu einem Webinar preiszugeben. Deshalb muss die äußere Hülle Ihres Contents, die Schale im Zwiebelmodell (siehe Abschnitt *Der erste Eindruck zählt* auf Seite 205 ff.), als »Verpackung« überzeugen. Aber auch der fachliche Inhalt spielt eine wichtige Rolle, denn dieser soll den Kontakt wirksam qualifizieren. Und der Call-to-Action soll dazu anregen, mit Ihrem Vertrieb ins Gespräch zu kommen.

Die Herausforderung für Ihr Marketing liegt also darin, Ihren Content für die Leadgenerierung nach außen hin so produktneutral und »unverdächtig« wie möglich und gleichzeitig so konkret wie möglich zu gestalten. Denn je konkreter ein bestimmtes Thema angesprochen wird, desto eher werden Menschen darauf reagieren, die ein Interesse daran haben. Die Qualität Ihrer Leads, die Sie mit Ihrem Content generieren, ist dann tendenziell höher. Bezieht sich Ihr Content nach außen hin sehr stark auf Ihr Produkt als Lösung, wird er möglicherweise als zu werblich wahrgenommen. Es gilt, die goldene Mitte zu finden (vgl. Abbildung 5-9).

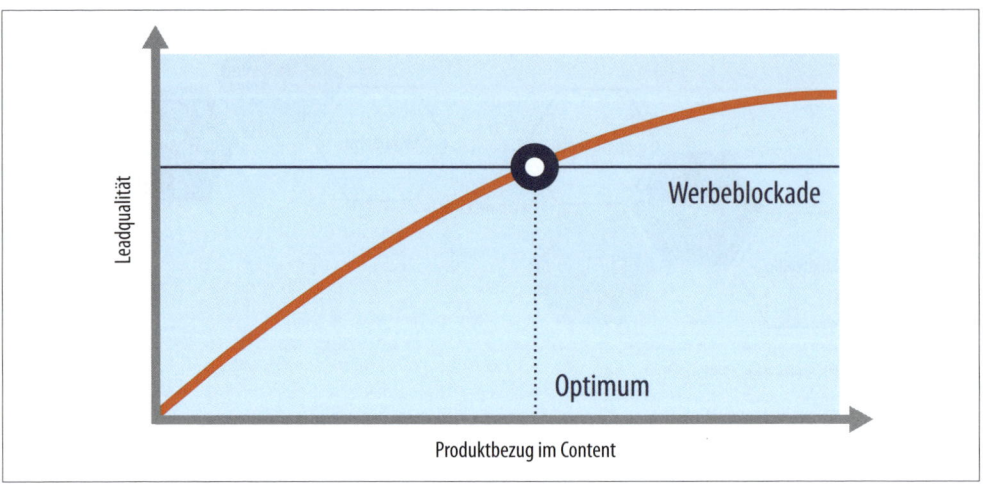

Abbildung 5-9: Zusammenhang zwischen Produktbezug und Leadqualität.

Leads bewerten und selektieren

Nachdem Sie Interessenten im Netz gewonnen haben, besteht im nächsten Schritt die Herausforderung darin, die Spreu vom Weizen zu trennen, um die Leads von hoher Qualität für den Vertrieb herauszufiltern. Hier kommt das sogenannte *Lead-Scoring* ins Spiel. Dabei wird die Qualität der gewonnenen Leads anhand ausgewählter Kriterien bestimmt. Hierfür haben sich verschiedene Methoden etabliert, die sich nach Bedarf kombinieren lassen. Im Folgenden werden beispielhaft das BANT- und das Trichtermodell vorgestellt.

Lead-Scoring nach dem BANT-Modell

Auf der einfachsten Stufe bewerten Sie Ihre Leads nach vier Kriterien, die Ihnen eine grobe Einschätzung des Kaufpotenzials geben:

- **Budget (B)**: Verfügt der Interessent über ausreichend finanzielle Mittel für einen Kauf?
- **Authority (A)**: Verfügt der Interessent über die nötige Entscheidungsbefugnis für einen Kauf?
- **Need (N)**: Besteht ein konkreter Bedarf an Ihrem Produkt oder Ihrer Dienstleistung?
- **Timeline (T)**: Wird es voraussichtlich in naher Zukunft zu einer Kaufentscheidung kommen?

In der Praxis werden diese Kriterien um Informationen zur Person und zum Unternehmen des Interessenten ergänzt, um das Potenzial eines Leads für Ihren Vertrieb genauer einschätzen zu können.

Tabelle 5-6: Angaben zur Person und zum Unternehmen, die in die Leadbewertung einfließen können

Demografie	Unternehmen
Geschlecht	Name des Unternehmens
Titel	Größe des Unternehmens
Berufserfahrung	Firmensitz
Ausbildung	Umsatz
Alter	Branche
	geografischer Markt
	bereits gekaufte Produkte

Lead-Scoring nach dem Trichter-Modell

Eine weitere Möglichkeit, Ihre Leads zu bewerten, bietet das Trichter-Modell. Hierbei werden Leads nach dem Grad ihrer Qualifizierung unterschieden. Marketing und Vertrieb legen dabei gemeinsam fest, wann ein Lead vom Marketing an den Vertrieb übergeben werden kann. So kann jeder Lead, der das Marketing verlässt, zunächst vom Vertrieb geprüft und bei positiver Bewertung für die weitere Bearbeitung durch den Vertrieb zugelassen werden.

Tabelle 5-7: Stufen der Leadqualifizierung im Marketing-Sales-Funnel[190]

Marketing		Vertrieb	
Lead	Marketing Qualified Lead (MQL)	Sales Accepted Lead (SAL)	Sales Qualified Lead (SQL)
E-Mail-Adresse	vollständige Kontakt-daten, Verhalten	neuer Kontakt mit Potenzial	persönlicher Kontakt mit Budget

Checkliste: Kriterien für das Lead-Scoring

Aus der Kombination von BANT- und Trichter-Modell ergibt sich eine Bewertungsmatrix für das Scoring von Leads. Darin wird deutlich, wie die Anforderungen an einen Lead mit jeder Qualifizierungsstufe, angefangen beim MQL bis hin zum SQL, wachsen.

Tabelle 5-8: Checkliste: Kriterien für die Qualifizierung von Leads[191]

	MQL	SAL	SQL
Unternehmen und Branche			
Unternehmensgröße	✓	✓	✓
Zielbranche	✓	✓	✓
Demografie	✓	✓	✓
Unternehmen	✓	✓	✓

Tabelle 5-8: Checkliste: Kriterien für die Qualifizierung von Leads[191] *(Fortsetzung)*

	MQL	SAL	SQL
Entscheidungsbefugnis			
Personen und Rolle bestätigt	✓	✓	✓
Befugnisse bestätigt	✓	✓	✓
Bereitschaft zum Kontakt	✓	✓	✓
Weitere Personen identifiziert		✓	✓
Entscheider eingebunden		✓	✓
Bedarf			
Pain Point identifiziert	✓	✓	✓
Pain Point bestätigt	✓	✓	✓
Bereitschaft zum Handeln	✓	✓	✓
Lösung allgemein akzeptiert		✓	✓
Anforderungen spezifiziert		✓	✓
Spezielle Lösung akzeptiert			✓
Zeitliche Planung			
Offengelegt und dokumentiert		✓	✓
Abschluss in einem Zyklus möglich			✓
Budget			
Umfang des Kaufs erörtert		✓	✓
Budget geklärt		✓	✓
Umfang des Kaufs festgelegt			✓
Budget beschlossen			✓

Tipp:

Nutzen Sie Lead-Scoring als Instrument, um ein gemeinsames Verständnis sowie objektive Kriterien für die Bewertung von Leads in Marketing und Vertrieb zu schaffen.

Leads mit Potenzial qualifizieren

Nicht jeder Lead, den Sie mit einem Whitepaper oder in einem Webinar generiert haben, ist bereit, sofort mit Ihrem Vertrieb zu sprechen. Im Gegenteil: Ein Großteil Ihrer Leads muss qualifiziert werden, bevor sie an den Vertrieb übergeben werden können. Jetzt kommt es darauf an, Leads schnell und über den richtigen Kanal zu kontaktieren und, wenn nötig, mehrfach nachzufassen. Man spricht hier von *Lead-Nurturing*.

Fünf Tipps für erfolgreiches Lead-Nurturing

1. Schneiden Sie Ihre Inhalte auf den konkreten Bedarf zu.

Beim Qualifizieren von Leads kommt es besonders darauf an, den richtigen Inhalt zur richtigen Zeit am richtigen Ort zu liefern. Der Inhalt muss sich dabei am konkreten Interesse, den persönlichen Zielen und den Problemstellungen der Leads orientieren und Antworten auf deren Fragen in der jeweiligen Phase des Kaufprozesses liefern.

2. Bearbeiten Sie Leads über verschiedene Kanäle.

Auch wenn die E-Mail nach wie vor zu den wichtigsten Instrumenten zur Leadqualifizierung zählt, so stößt doch früher oder später jede E-Mail-Inbox an ihre Kapazitätsgrenzen. Daher ist es ratsam, neben der E-Mail weitere Kanäle wie soziale Medien oder klassische Telefonie zu nutzen.

3. Planen Sie mehrere Kontakte pro Lead ein.

Ein potenzieller Kunde benötigt im Schnitt sechs bis acht Kontakte, bis er ein valides Interesse bekundet. Jeden dieser Kontakte sollten Sie im Rahmen Ihres Lead-Nurturings mit den passenden Content-Formaten und Kanälen optimal gestalten.[192]

4. Seien Sie schnell beim Follow-up.

Wer zuerst kommt, mahlt zuerst. Das gilt besonders beim Follow-up von Leads. Ein Anruf beim Interessenten innerhalb der ersten fünf Minuten hat eine 21-fach größere Wahrscheinlichkeit, zum Erfolg zu führen als ein Anruf nach 30 Minuten.[193]

5. Bringen Sie Marketing und Vertrieb zusammen.

Fast 90 Prozent der Unternehmen, in denen Marketing und Vertrieb bei der Qualifizierung von Leads Hand in Hand arbeiten, verzeichnen eine deutliche Steigerung der Abschlussquote gegenüber Unternehmen, in denen die beiden Bereiche nicht zusammenarbeiten.[194]

> **Tipp:**
> Wenn Sie sich entscheiden, Leads zu generieren, oder einen Dienstleister damit beauftragen, sollten Sie zunächst sicherstellen, dass Sie die nötigen Ressourcen dafür bereitstellen können.

Qualifizierte Leads an den Vertrieb übergeben

Qualifizierte Leads bringen wenig, wenn sie nicht zeitnah bearbeitet werden. Die Übergabe von Leads vom Marketing an den Vertrieb muss daher so gestaltet sein, dass im Vertrieb genügend Kapazitäten vorhanden sind, um die Leads zu bearbeiten. Und es muss klar sein, wie dabei zu verfahren ist. Andererseits müssen die Mitarbeiter im Marketing wissen, wie viele Leads in welcher Qualität vom Vertrieb bearbeitet werden können, um einen »Qualifizierungsstau« in der Pipeline zu vermeiden. Diese und andere Fragen der Zusammenarbeit zwischen Marketing und Vertrieb sollten in einem sogenannten *Service Level Agreement* (SLA) schriftlich fixiert werden.

Inhalt eines Service Level Agreement zwischen Marketing und Vertrieb[195]

- **Kurzbeschreibung**: Wozu dient das SLA, und wie wird es umgesetzt?
- **Begriffe und Definitionen**: Übersicht aller Begriffe, die für die Generierung und Qualifizierung eine Rolle spielen, wie zum Beispiel *Sales Qualified Lead*, *Marketing Qualified Lead*, *Sales Accepted Lead*, und weitere Kennzahlen für das Lead-Scoring.
- **Zuständigkeiten und Verantwortlichkeiten**: Welches sind die Aufgaben und Zuständigkeiten von Marketing und Vertrieb? Mit welchen Kennzahlen wird die Performance gemessen? Wie werden Schnittstellen und Übergänge definiert?
- **Prozesse, Kommunikation**: Was ist notwendig, um das SLA praktisch umzusetzen? Wie werden Leads vom Marketing an den Vertrieb übergeben? Welche Fristen gelten dafür? Wie kommunizieren Marketing und Vertrieb miteinander?

CRM als Bindeglied zwischen Marketing und Vertrieb

Die im SLA festgelegten Prozesse und Kenngrößen lassen sich in der Praxis sehr zuverlässig in einem Customer-Relationship-Management-System (CRM) abbilden und steuern. Je nach System besteht hier die Möglichkeit, Teile des Lead-Managements zu automatisieren. Dazu gehören vor allem die Weiterleitung von Leads an den Vertrieb, das Kampagnen-Reporting und die laufende Qualifizierung von Leads, das sogenannte *Lead-Nurturing*, per E-Mail oder über sonstige Kommunikationskanäle.

Content-Formate für die Leadgenerierung

Die folgende Tabelle zeigt, welche Content-Formate sich gut dazu eignen, ein bereits vorhandenes Interesse zu verstärken. Sie unterscheiden sich teilweise deutlich im Aufwand für die Erstellung und in der Akzeptanz bei den Nutzern: Ein Punkt bedeutet geringer Aufwand bzw. geringe Akzeptanz, drei Punkte sehr hoher Aufwand bzw. hohe Akzeptanz. Wie häufig Sie die einzelnen Formate produzieren, richtet sich nach Ihren Zielen und Ihren Ressourcen.

Tabelle 5-9: Formate, mit denen Sie das Interesse potenzieller Kunden verstärken können.

	Frequenz	Aufwand	Akzeptanz	Erfolgsfaktoren
E-Book für Fortgeschrittene	Einmalig, laufende Erweiterung	•••	•••	• Kompakte Inhalte • Klare Struktur • Einfache Sprache • Umfang größer als 25 Seiten • Kompaktes Downloadformular
Case Study	Einmalig, laufende Erweiterung	••	•••	• Kompakte Inhalte als One Pager • Storytelling • Ergebnisse, ROI
E-Mail-Newsletter	Einmal pro Monat	•	••	• Interessanter Betreff • Kurze Teaser • Eigene und fremde Inhalte mischen • Call-to-Action
Häufig gestellte Fragen (FAQs)	Einmalig, laufende Erweiterung	•	••	• Laufend erweitern • Schnell reagieren
Interview mit Experten	Einmal pro Quartal	••	•••	• Fachliche Reputation • Sprachliche Qualität
Kundenstimmen, Testimonial	Einmalig, laufende Erweiterung	••	•••	• Ansprechpartner mit Name und Bild • Storytelling
Markttelegramm (kuratierte News)	Laufend	••	•••	• Laufende Marktbeobachtung • Relevanz und Aktualität • Redaktionelle Aufbereitung
Produktdatenblatt	Einmalig, laufende Aktualisierung	•	•••	• Kompakte Inhalte • Klare Struktur • Produktvarianten im Vergleich
Produktdemo live	Einmalig	•	•••	• Persönliche Vorführung • Definierter Ablauf • Kompetenter Presenter • Call-to-Action
Produktkatalog	Einmalig, laufende Erweiterung	••	•••	• Kompakte Inhalte • Klare Struktur • Produktvarianten im Vergleich

	Frequenz	Aufwand	Akzeptanz	Erfolgsfaktoren
Sales-Präsentation (Foliensammlung)	Einmalig, laufende Erweiterung	●●	●●●	• Vorhandene Inhalte verwerten • Ansprechende Visualisierung • Inhalte modular und skalierbar
Produktvideo	Einmalig, laufende Erweiterung	●●●	●●●	• Kompakte Laufzeit (zehn Minuten) • Klarer Themenfokus • Promotion über YouTube • Einbinden in Blogartikel
Produkt-Webinar	14-tägig	●●	●●	• Geübte Sprecher • Kompakte Laufzeit (max. 30 Minuten) • Storytelling • Fokus auf einzelne Funktionen
Produkt-Whitepaper	Einmalig, laufende Erweiterung	●●●	●●	• Kompakte Inhalte • Klare Struktur • Einfache Sprache • Umfang sechs bis acht Seiten • Kompaktes Downloadformular

Auf einige der oben genannten Formate soll im Folgenden näher eingegangen werden. Diese eignen sich in der Praxis besonders gut dafür, das Interesse Ihrer Leads zu verstärken, da Sie sie dabei unterstützen, Ihr Angebot zu evaluieren.

Case Studies und Testimonials

Inszenieren Sie Erfolge und erzählen Sie Geschichten von Kunden, die von Ihrem Produkt profitiert haben, etwa in Form einer kurzen Projektdokumentation oder eines Interviews mit einem zufriedenen Kunden. Entscheidend ist dabei, dass die Geschichten und Botschaften nicht künstlich inszeniert wirken.

Erklärvideos

Eine zentrale Frage vieler Entscheider ist, wie eine neue Lösung zu bestehenden Prozessen, Abläufen und Programmen in ihrem Unternehmen passt. Stellen Sie deshalb in Erklärvideos anschaulich dar, wie Ihre Lösung in bereits existierende Strukturen integriert werden kann.

Interviews mit Kunden und Experten

Menschen mögen es, Gleichgesinnte zu hören und zu sehen. Nutzen Sie Interviews, um Ihre Zielgruppe anzuregen und neue Sichtweisen und Meinungen zu thematisieren. In Verbindung mit nützlichen Tipps und entsprechend kompakt gehalten, sind Interviews in Text- oder Videoform sehr gefragt.

Marktdaten aus erster Hand

Durch Ihre Kontakte zu Unternehmen haben Sie direkten Zugang zu Marktwissen, das für Ihre Interessenten sehr nützlich sein könnte. Nutzen Sie Ihre Position, um eigene Marktforschung zu betreiben, und bereiten Sie die Ergebnisse regelmäßig für Ihre Kunden auf – etwa um daraus Empfehlungen abzuleiten oder fachliche Standpunkte zu untermauern.

Markttelegramm

Ihre Interessenten sind sehr beschäftigt und haben nicht die Zeit, sich laufend im Detail über Entwicklungen im Markt zu informieren. Unterstützen Sie Ihre Kunden dabei, mit wenig Aufwand auf dem Laufenden zu bleiben, indem Sie regelmäßig aktuelle Themen und Trends aufgreifen und zeigen, wie andere Marktteilnehmer damit umgehen. Sammeln Sie interessante Inhalte und stellen Sie diese in kuratierten Blogartikeln oder in E-Mail-Newslettern zusammen.

Vortragsfolien

Slideshows sind zu einer wertvollen Währung in der Social-Media-Welt geworden. Referenten und Experten stellen ihre Folien zu Vorträgen regelmäßig frei zur Verfügung. Folgen Sie diesem Beispiel und veröffentlichen Sie Ihre Präsentationen auf Plattformen wie SlideShare, auf Ihrer Website oder in Ihrem Blog. Vermeiden Sie auch hier werbliche Inhalte und setzen Sie stattdessen auf Neutralität und kompaktes Wissen.

Entscheidungshilfen

Sollte der Kauf Ihres Produkts ein komplexer Vorgang sein, empfiehlt es sich, den Prozess für Interessenten zu vereinfachen, indem Sie Entscheidungshilfen anbieten. Das kann eine Infografik, eine einfache Checkliste, ein kostenloser Produkttest oder ein ROI-Kalkulator sein. Eine simple Hilfestellung kann später bei der Kaufentscheidung das Zünglein an der Waage sein.

> **Tipp:**
> Es braucht Zeit, bis Ihre Interessenten zum Kauf bereit sind. Ihre Content-Kampagnen sollten den Entscheidungsprozess laufend begleiten und die Entscheidung mit Mehrwerten und Hilfestellungen vereinfachen.

Geeignete Kanäle

Fast jeder zweite Entscheider konsumiert bis zu fünf verschiedene Inhalte, bis er bereit ist, eine Kaufentscheidung zu treffen. Jeder vierte benötigt bis zu acht Inhalte. Und das sind beispielsweise im Bereich Technologie vor allem Produktdokumentationen, E-Mails und Whitepapers.[196] Für die Distribution dieser Inhalte eignen sich ähnliche Kanäle wie in früheren Phasen des Kaufprozesses. Allerdings unterscheiden sich die inhaltliche Ausrichtung und die Art der Ansprache kurz vor der Kaufentscheidung deutlich: Hier findet sich nun ein klarer Bezug zum Produkt, und die Distribution ist individueller, beispielsweise über Social Selling, in Webinaren für Interessenten oder in Produktdemos.

Tabelle 5-10: Geeignete Kanäle für die Content-Distribution in der Mitte des Kaufprozesses

Eigene Medien	Verdiente Distribution	Bezahlte Distribution
• Website, Blog, Landingpages • Profile und Unternehmensseiten auf sozialen Plattformen • Profile und Unternehmensseiten auf Businessplattformen • Online-Webinare für Interessenten • Eigener E-Mail-Newsletter • Drop-E-Mail-Kampagne für das Lead-Nurturing	• Social Selling in sozialen Netzwerken • Social Selling in der Businesscommunity • Gastbeiträge, Interviews in Fachmedien und Blogs	• Social Retargeting • Eventvermarktung auf XING • Ads in Fach-Newslettern

Onboarding und Kundenbindung

Ein altes Marketingprinzip besagt, dass es sehr viel einfacher und kostengünstiger ist, einen bestehenden Kunden zu halten, als einen neuen zu gewinnen. Content-Marketing unterstützt Sie dabei, die Kundenbindung zu verbessern und Ihre treuesten Kunden in Fürsprecher für Ihr Unternehmen zu verwandeln. Denn darin liegt neben Cross- und Up-Selling-Möglichkeiten das größte Potenzial: Wer mit Ihrer Leistung oder Ihrem Produkt zufrieden ist, kauft nicht nur selbst gern wieder, sondern empfiehlt Sie auch weiter – sowohl im realen Umfeld bei Freunden und Bekannten als auch über soziale Medien. In der Phase der Kundenbindung kommt es daher darauf an, die Beziehung zum Kunden aktiv zu gestalten und ihn dabei zu unterstützen, einen maximalen Nutzen aus Ihrem Produkt zu ziehen.

Das Onboarding

Eine besondere Bedeutung kommt auch der Phase kurz vor dem Kaufabschluss zu, in der ein Interessent ein Produkt testet. Vor allem Softwareanbieter ermöglichen ihren Kunden häufig eine kostenlose Testphase, nach deren Abschluss sie dann entscheiden können, ob sie das Produkt weiter kostenpflichtig nutzen wollen. Hier kommt es darauf an, dass Sie das Nutzungserlebnis möglichst angenehm gestalten, damit es gelingt, den Nutzer »an Bord zu nehmen«. Man nennt diese Phase daher »Onboarding«.

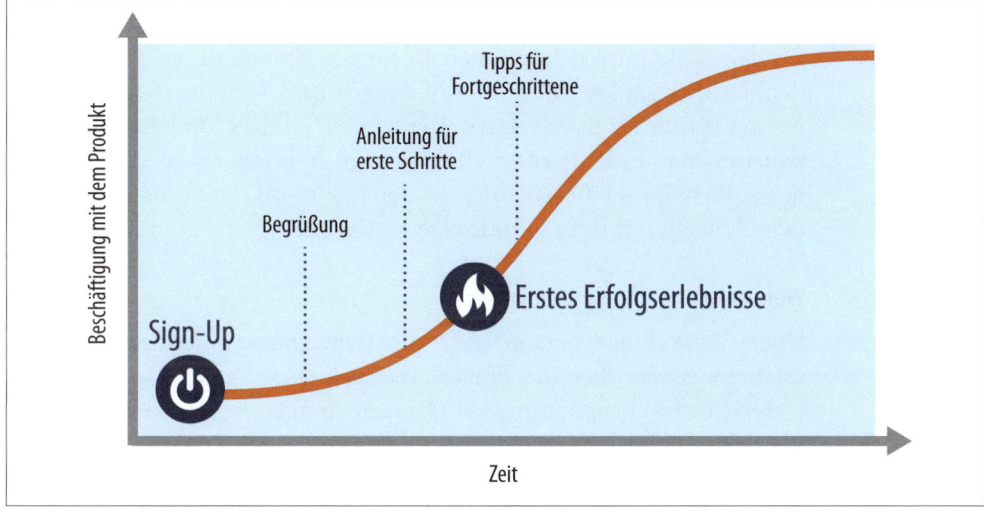

Abbildung 5-10: Der Zusammenhang von Content, Erfolgserlebnis und Engagement[198]

In der Phase des Onboardings ist Content gefragt, der dabei unterstützt, ein Produkt richtig oder überhaupt zu gebrauchen. So geht man beispielsweise bei SaaS-Produkten davon aus, dass 40 bis 60 Prozent der Nutzer, die sich für eine kostenlose Testversion angemeldet haben, diese nur einmal nutzen und nicht wiederkommen.[197] Hier zielt Content-Marketing darauf ab, potenzielle Kunden zur langfristigen Nutzung zu animieren.

Tipp für SaaS-Anbieter:

Je früher ein Nutzer ein Erfolgserlebnis mit Ihrer Testversion hat, desto intensiver wird er sich im Weiteren damit beschäftigen. Versuchen Sie deshalb so früh wie möglich, ihn mit Tipps und Anleitungen zu diesem Erfolgserlebnis zu verhelfen.

Geeignete Content-Formate

Im Folgenden finden Sie einige Beispiele für Content-Formate, die sich für das Onboarding und die Bindung Ihrer Kunden besonders gut eignen. Dabei sind jene Inhalte am wichtigsten, die Ihre Kunden dabei unterstützen, Ihr Produkt oder Ihren Service optimal zu nutzen, beispielsweise FAQ-Listen, Ratgeber, Leitfäden, Produktanleitungen oder Videotutorials. Eine wichtige Rolle spielt dieser Content besonders dann, wenn Sie nur wenige Ressourcen für den Kundenservice (Customer Support) haben und darauf angewiesen sind, dass sich Ihre Kunden selbst helfen können.

Videotutorials

Zu den wirksamsten Instrumenten für das Onboarding und die Kundenbindung zählen kurze Produktvideos und Screencasts, die zeigen, wie man Ihre Produkte nutzt. Denn diese sind besonders einfach zu konsumieren: Es ist leichter, zu sehen und zu hören als zu lesen. Inhaltlich sollten Sie bei diesen Tutorials den Fokus auf Funktionen legen, die den Umgang mit Ihrem Produkt vereinfachen.

Webinare

Über ein Webinar stehen Sie in direktem Dialog mit Ihren Kunden, erfahren etwas über die Fragen, die sich diese stellen, und können Unterstützung bieten, ohne vor Ort sein zu müssen. Das heißt, Sie stellen einerseits sicher, dass Ihre Kunden einen maximalen Nutzen aus Ihrem Produkt ziehen, gleichzeitig haben Sie die Möglichkeit, sich mit Ihren Kunden auszutauschen, wertvolles Feedback zu bekommen und eine Beziehung aufzubauen.

Onboarding-E-Mail

Mit einer Serie von E-Mails, sogenannten Drop-E-Mails, erhält der neue oder angehende Kunde Informationen und Anregungen zum Umgang mit dem Produkt. Die Reihenfolge der Inhalte ist dabei genau geplant, sodass der Nutzer Schritt für Schritt mit Ihrem Produkt vertraut gemacht wird, statt alle Informationen auf einmal verarbeiten zu müssen (vgl. Abbildung 5-11).

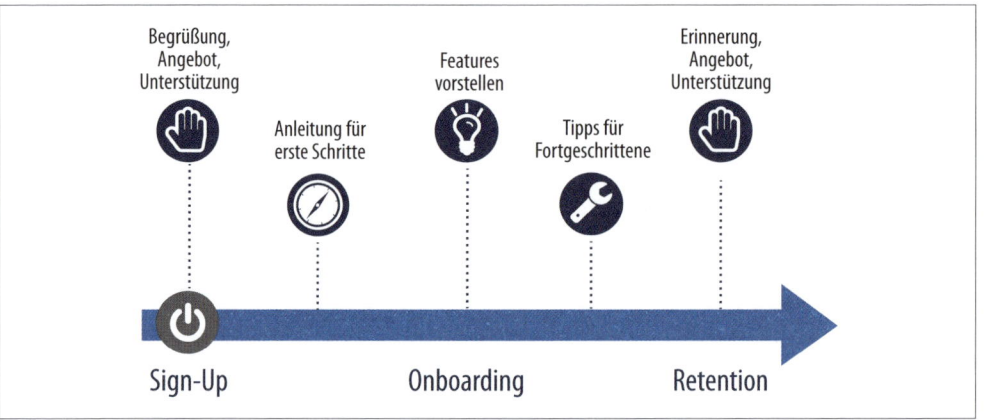

Abbildung 5-11: Beispiel für eine Sequenz von Drop-E-Mails für das Onboarding

Blogartikel

Ähnlich wie der E-Mail-Newsletter eignet sich auch Ihr Blog gut dazu, Ihre Kunden auf dem Laufenden zu halten. Dazu trägt vor allem die Struktur der Inhalte in Tagebuchform bei. Auch Tipps und Tricks für die Anwendung Ihres Produkts lassen sich hier sehr einfach und kompakt veröffentlichen. Kunden und Mitarbeiter können sie zudem kommentieren.

Social News

Ein weiteres Format, um Ihre Kunden auf dem Laufenden zu halten, sind Kurznachrichten über soziale Plattformen wie Facebook, Twitter, LinkedIn oder XING. Ähnlich wie Ihre Blogbeiträge bieten sie Möglichkeiten, direkt mit Ihren Kunden zu interagieren.

Kundenveranstaltungen

Spezielle Events dienen dazu, die Beziehung zu Ihren Kunden lebendig zu halten. Zudem regen sie auch den Austausch unter Ihren Kunden an, aus dem Sie als Gastgeber wichtige Hinweise auf Stimmungen und aktuelle Herausforderungen ziehen können, die möglicherweise Impulse für die Themenfindung geben.

Hilfe in Nutzerforen bzw. Communitys

Ergänzend zum Kundenservice setzen viele Unternehmen auf Hilfe zur Selbsthilfe und bieten Ihren Kunden eine Plattform für den Austausch untereinander an. Es handelt sich hierbei eigentlich nicht um ein Content-Format, das Sie entwickeln. Vielmehr ist es ein weiterer Kanal, den Sie bereitstellen, damit die Nutzer selbst nützliche Inhalte schaffen (User-generated Content). Für Sie als Unternehmen ist eine Community bzw. ein Forum aber besonders wertvoll, um mehr über den Bedarf und die Probleme Ihrer Kunden zu erfahren.

Fallbeispiel: Handwerker-Community bei Bosch

Unter dem Slogan »Hier reden die Profis« werden in der »BOB-Community« von Bosch Werkzeuge und Services vorgestellt, Testberichte veröffentlicht und Termine für Messen und andere Veranstaltungen rund um Stein-, Holz- und Metallbearbeitung gepostet.

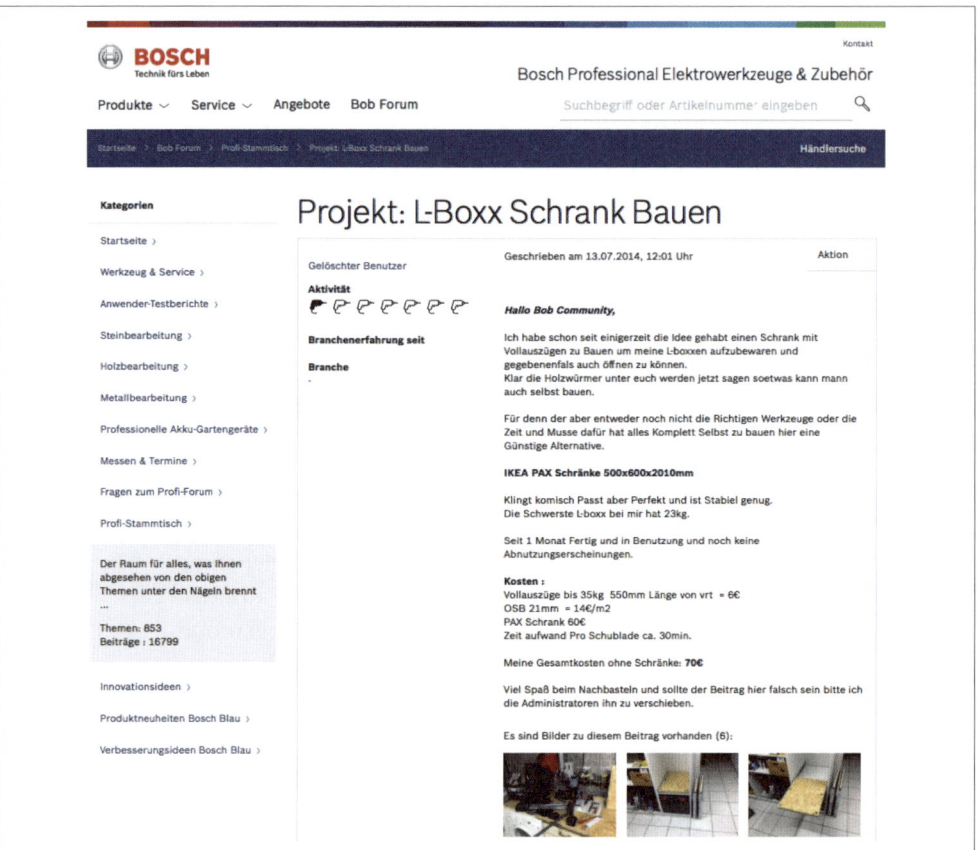

Abbildung 5-12: Forum für Handwerker in der BOB-Community von Bosch[199]

Im Mittelpunkt der Plattform steht heute ein Forum, in dem sich Interessierte über praktische handwerkliche und technische Fragen im Umgang mit Bosch-Werkzeugen austauschen können. Ziel des Forums ist es, zum einen den Austausch zwischen Kunden zu fördern und zum anderen Ideen und Anregungen aus der Praxis zu sammeln.

Geeignete Kanäle

Besonders wichtig für das Onboarding und die Kundenbindung sind Ihre eigenen Distributionskanäle, über die Sie mit Ihren Kunden interagieren können. Das sind zum einen soziale Netzwerke wie XING, Twitter oder Facebook. Aber auch Ihrer Website und Ihrem Blog kommt in dieser Phase eine große Bedeutung zu: Hier können Sie Ratgeber, Leitfäden und Videotutorials platzieren, die Ihren Kunden dabei helfen, Ihr Produkt oder Ihren Service optimal zu nutzen.

Sehr verbreitet ist in dieser Phase auch der E-Mail-Newsletter, über den Sie Ihre Kunden regelmäßig mit News und Informationen versorgen und den Kontakt aufrechterhalten. Selbst in Konkurrenz zu Social Media hat der E-Mail-Newsletter als Direktmarketing-Instrument nichts an seiner Bedeutung eingebüßt. Dies liegt daran, dass Sie in einer E-Mail Ihre Botschaften individuell zuschneiden können und eine sehr persönliche Ansprache möglich ist. In Verbindung mit Ihrem CRM lässt sich sehr gut analysieren, wer welche E-Mails geöffnet und konsumiert hat, sodass sich Ihre E-Mails am tatsächlichen Wissensstand des einzelnen Nutzers orientieren können.

Geeignete Kanäle für die Kundenbindung:

- Unternehmenswebsite, Blog
- User-Community, Forum
- Businessplattformen und soziale Netzwerke
- E-Mail-Newsletter

Gamification: Kaufentscheidungen spielerisch fördern

Noch lange vor dem Erlernen des Sprechens, des Lesens und des Schreibens lernt der Mensch, zu spielen und so seine Umwelt zu begreifen. Diesen Spieltrieb können Unternehmen für die Kundengewinnung nutzen, wenn es ihnen gelingt, Spielmechanismen und fachliche Inhalte sinnvoll zu verbinden.

Content-Marketing zielt unter anderem darauf ab, potenzielle Kunden im Kaufprozess zu unterstützen. An die Stelle von Produktversprechen treten fachliche Kompetenz, Beratung und Unterhaltung. Dabei dient die Unterhaltung besonders im B2B-Bereich häufig dazu, fachliche Inhalte und Botschaften spielerisch zu vermitteln. *Gamification* ist das Stichwort.

Als Gamification bezeichnet man die Anwendung spieltypischer Elemente und Prozesse in einem spielfremden Kontext.[200] Dabei geht es keinesfalls um bloße Spielerei, denn Gamification verfolgt im Marketing ein klares unternehmerisches Ziel: Sie soll verkaufen.

> »Im Spiel ist der Mensch auf der Jagd nach dem ›besseren Ich‹. Selbst wenn es selten direkt als solches erkannt wird, geht es hier um Effektivität und Produktivität. Wir wollen ein Spiel smarter beenden, als wir es begonnen haben. Hier erkennt man die spannende Übereinstimmung zwischen Gamification und Content-Marketing: Wie bereits erwähnt, treten im Content-Marketing an die Stelle von Produktver-

sprechen fachliche Expertise, Beratung und Unterhaltung. Auch der Adressat des Content-Marketings soll dank des eigenen Contents smarter werden. Beide Bereiche zielen somit auf ein ähnliches Resultat ab. Es gilt nun, die beiden Stärken der jeweiligen Ansätze an einen Tisch zu bringen.«

– Roman Rackwitz, Engaginglab GmbH[201]

Mit Spielen lässt sich die Aktivität potenzieller Kunden, das *Customer Engagement*, in verschiedenen Bereichen deutlich steigern, wie die folgenden Zahlen zeigen:

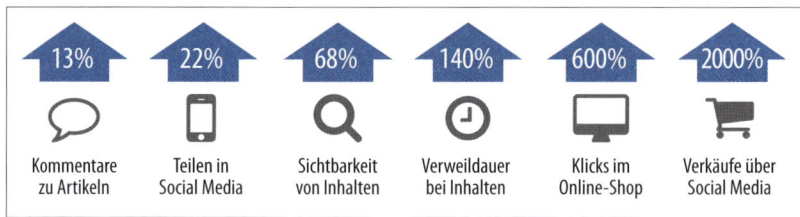

Abbildung 5-13: Wirkung von Gamification auf die Aktivität des Nutzers.[202]

Fachwissen spielerisch vermitteln

Die Vermittlung von fachlichem Wissen spielt im B2B-Content-Marketing eine zentrale Rolle, um Kaufentscheidungen zu fördern. Auch wenn wir heute annehmen, dass 90 Prozent aller Kaufentscheidungen unterbewusst entstehen,[203] brauchen Entscheider in Unternehmen doch entsprechende Fachinformationen, um die passende Lösung auszuwählen und ihre Kaufentscheidung im Unternehmen zu rechtfertigen. Dieses Wissen lässt sich auch spielerisch vermitteln, was in der Fachwelt als *Serious Games* bezeichnet wird. Die Inhalte und Fähigkeiten, die es zu transportieren gilt, können dabei durchaus kompakt sein und sich auf einzelne Botschaften fokussieren, wie das folgende Beispiel zeigt.

Fallbeispiel: Mobile Gaming bei Oracle

Der Softwarehersteller Oracle hat mit dem Spielebaukasten »Gamewheel« ein Spiel umgesetzt, das eine einzige Botschaft vermitteln soll: »Oracle-Cloud-Dienste sind modular und lassen sich einfach konfigurieren.« In einem Geschicklichkeitsspiel à la Tetris kann dies der Spieler selbst erfahren. Das gleiche Ziel verfolgen die Oracle-Events, die über das Spiel beworben werden: Dort können Nutzer die Oracle-Cloud erfahren. Einen ersten Schritt machen potenzielle Kunden bereits in diesem Spiel, das eine Click-Through-Rate von 85 Prozent erreicht und sich damit für die Leadgenerierung bewährt hat.[204]

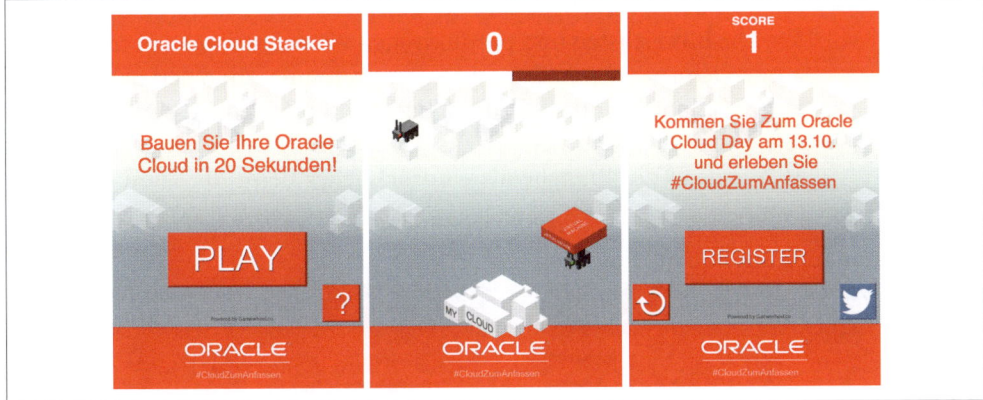

Abbildung 5-14: Eine Gaming-App macht die Vorteile der Oracle Cloud erlebbar.[205]

Spielerisch Kunden und Mitarbeiter aktivieren

Das Wesen des Menschen ist von jeher auf Wettbewerb mit anderen Individuen ausgelegt. Daher wundert es nicht, dass wir gern solche Tätigkeiten ausüben, bei denen wir uns mit anderen messen können. Dazu zählen auch Spiele. Um Motivation und Aktivität der Spieler zu steigern, werden verschiedene Mechanismen eingesetzt.

Mechanismen zur Steigerung der Motivation

- Sichtbarer Status des Spielers
- Einsehbare Rangliste aller Spieler
- Rätsel oder Fleißaufgaben (Quests)
- Transparente Resultate
- Rückmeldung zur Aktivität des Spielers
- Überzeugende inhaltliche Bedeutung der Ziele (Epic Meaning)
- Dynamische Fortschrittsanzeige der Erfolge
- Zusammenarbeit in der Community
- Zur jeweiligen Aufgabe passende Informationen

Diese Mechanismen lassen sich nicht nur in der Kommunikation mit potenziellen Kunden, sondern auch unternehmensintern einsetzen, wie das folgende Beispiel von SAP zeigt.

Fallbeispiel: B2B-Gamification bei SAP

Der Softwarehersteller SAP gilt als einer der Vorreiter des Gamification-Ansatzes im B2B. Im SAP Community Network, einer Collaboration-Plattform für Mitarbeiter, Partner und Entwickler, können Nutzer

»Missionen« erfüllen, indem sie beispielsweise anderen Nutzern helfen. Die hilfreichsten und produktivsten Teilnehmer werden regelmäßig ausgezeichnet. Reputation und Anerkennung motivierten zeitweise zwei Millionen Nutzer dazu, täglich 1.200 neue Diskussionen zu starten und 7.000 Kommentare zu schreiben.[206] Der Expertenstatus im SCN galt in der Branche als eindrücklicher Beleg für Know-how und Soft Skills.

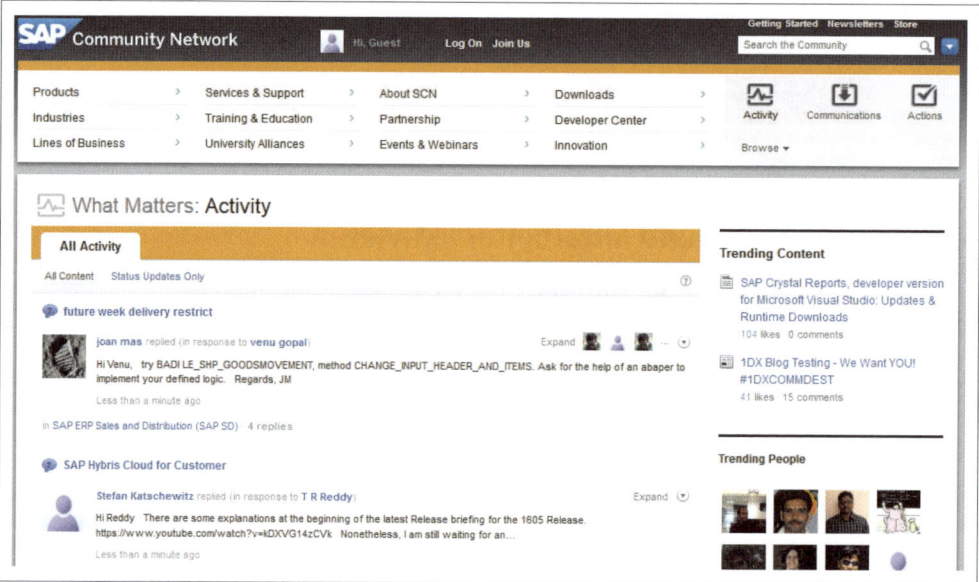

Abbildung 5-15: SAP Community Network mit Gamification-Konzept[207]

Gamification für die Entwicklung von Content

Wer gegen andere Spieler antritt, möchte als Gewinner aus dem Spiel hervorgehen und Anerkennung für seine Leistung erhalten. Für diese Anerkennung ist er bereit, etwas zu tun – ein Mechanismus, mit dem sich auch potenzielle Kunden aktivieren lassen, etwa um an der Entwicklung von Marketinginhalten mitzuwirken. Kunden in die Content-Erstellung einzubinden, ist vor allem dann ein sinnvoller Ansatz, wenn man mit geringen Ressourcen auskommen muss.

> »Bei Gamification geht es darum, Kunden zu Co-Autoren zu machen – ihnen eine Freude zu machen, indem man sie dazu bringt, mitzuwirken und einen inhaltlichen Beitrag zu leisten.«
>
> – Maya Nix[208]

Damit Kunden mitwirken, müssen entsprechende Anreize geschaffen werden, die über eine rein materielle Belohnung hinausgehen. Der bereits genannte Wettbewerb um Anerkennung kann hier eine wichtige

Rolle spielen. Das zeigt sich zum Beispiel in Kommentarfunktionen, in denen sich Experten zu Wort melden, um ihr Wissen zu präsentieren. Dieses Feedback können Unternehmen wiederum nutzen, um ihren eigenen Content weiter zu optimieren.

Beispiel: Aktivierung von Nutzern bei LinkedIn und XING

Businessplattformen wie LinkedIn und XING nutzen Gamification-Mechanismen unter anderem, um die Nutzer zum Vervollständigen ihres Profils zu veranlassen oder regelmäßig auf der Plattform aktiv zu sein (unten im Bild). Dazu wird der Status des Nutzers in seinem Profil angezeigt. Ähnlich könnte man sich ein Belohnungssystem für Kunden vorstellen, die an der Entwicklung von Marketinginhalten wie etwa Blogartikeln mitwirken.

Abbildung 5-16: Statusanzeige zur Aktivierung von Nutzern auf LinkedIn[209]

Tipps für Gamification im Marketing

1. Gamification ist kein Selbstzweck

Spielerische Elemente in Marketing und Vertrieb sollten immer auf Ihr Unternehmen und Ihre Kunden abgestimmt sein und zudem auf Ihre Marketingziele einzahlen, indem sie zum Beispiel Leads generieren, Interesse qualifizieren, Kunden aktivieren etc.

2. Nutzwert statt Werbephrasen

Auch für Spiele im Content-Marketing gilt: Verzichten Sie auf Werbung für Ihr Produkt oder Ihr Unternehmen und stellen Sie stattdessen nützliche Inhalte und Botschaften in den Mittelpunkt des Spiels.

3. Das richtige Spiel zur richtigen Zeit

Stimmen Sie die Inhalte und die Spielmechanik auf Ihre Zielgruppe und die momentane Entwicklungsstufe im Kaufprozess ab. Vermitteln Sie Wissen und Fähigkeiten, die dem individuellen Bedarf des Nutzers entsprechen.

4. Gamification in Kampagnen integrieren

Wie jede Taktik im Content-Marketing müssen auch spielerische Elemente in Kampagnen integriert werden, um ihre volle Wirkung zu entfalten. Nutzen Sie Games also nicht als Stand-alone-Element, sondern im Kontext anderer Maßnahmen.

5. Nach dem Spiel ist vor dem Spiel

Gamification ist ein laufender Prozess, der das Marketing eines Unternehmens nachhaltig verändern kann. Wenn potenzielle Kunden plötzlich anfangen, mit einem Anbieter in einen Dialog zu treten und zu interagieren, sollte dieser darauf mit zusätzlichen Ressourcen vorbereitet sein. Eine vorausschauende Planung ist hier entscheidend.

KAPITEL 6

Schlank starten: Fahrplan für die ersten sechs Monate

In diesem Kapitel:
- Was Sie benötigen
- Wie Ihre ersten Schritte aussehen können
- Was Sie beachten sollten

Content-Marketing ist kein Projekt, das man mal eben nebenbei betreiben kann. Es braucht Zeit, Manpower und vor allem einen Plan, um die eigene Marketingstrategie umzustellen: von Überreden auf Überzeugen, von Werbephrasen auf nutzwertige Inhalte. Hilfreich für die Neuausrichtung ist ein zumindest grober Plan, der die Richtung vorgibt. Ein solcher Plan sollte aber genügend Spielraum lassen, um jederzeit auf Trends und Entwicklungen im Markt reagieren zu können. Im Folgenden erhalten Sie eine Idee, wie Ihre ersten Schritte ins Content-Marketing konkret aussehen können. Im ersten Schritt sollten Sie aber noch einmal sicherstellen, dass Sie alle Voraussetzungen für den Einstieg geschaffen haben.

Was Sie benötigen

Für den Einstieg ins Content-Marketing sollten folgende Voraussetzungen im Unternehmen gegeben sein:

1. **Strategische Grundrichtung**
   - ✓ Was wollen wir erreichen? – Ziele, Content Mission Statement
   - ✓ Wen wollen wir erreichen? – Buyer Personas
   - ✓ Wie wollen wir unseren Erfolg messen? – Content Scorecard
   - ✓ Was sind unsere Themen? – Sweet Spot
2. **Ressourcen und Werkzeuge**
   - ✓ Team: Planer, Texter, Grafiker, Distributor, Analyst
   - ✓ Workflow: Themenfindung, Planung, Produktion, Distribution, Erfolgsmessung
   - ✓ Content-Hub: Corporate Blog
   - ✓ CRM-System

- ✓ Themen- und Redaktionsplan
- ✓ Automatisierungstools (z. B. Buffer, E-Mail-Newsletter)

3. **Erste Inhalte**
   - ✓ 12 Blogbeiträge
   - ✓ 2 Whitepapers
   - ✓ 3 Präsentationen für Webinare
   - ✓ 1 Infografik
   - ✓ 2 Gastbeiträge für Fachmagazine

4. **Distributionskanäle**
   - ✓ Eigene Medien: Blog, Webinar, Landingpages für Whitepapers
   - ✓ Verdiente Medien: XING, Twitter, Fachmedien
   - ✓ Bezahlte Medien: Social Ads, Ads in Fach-Newslettern

Wie Ihre ersten Schritte aussehen können

Hier erhalten Sie eine Idee davon, wie Sie die ersten sechs Monate der Einführung des Content-Marketings in Ihrem Unternehmen konkret gestalten könnten.

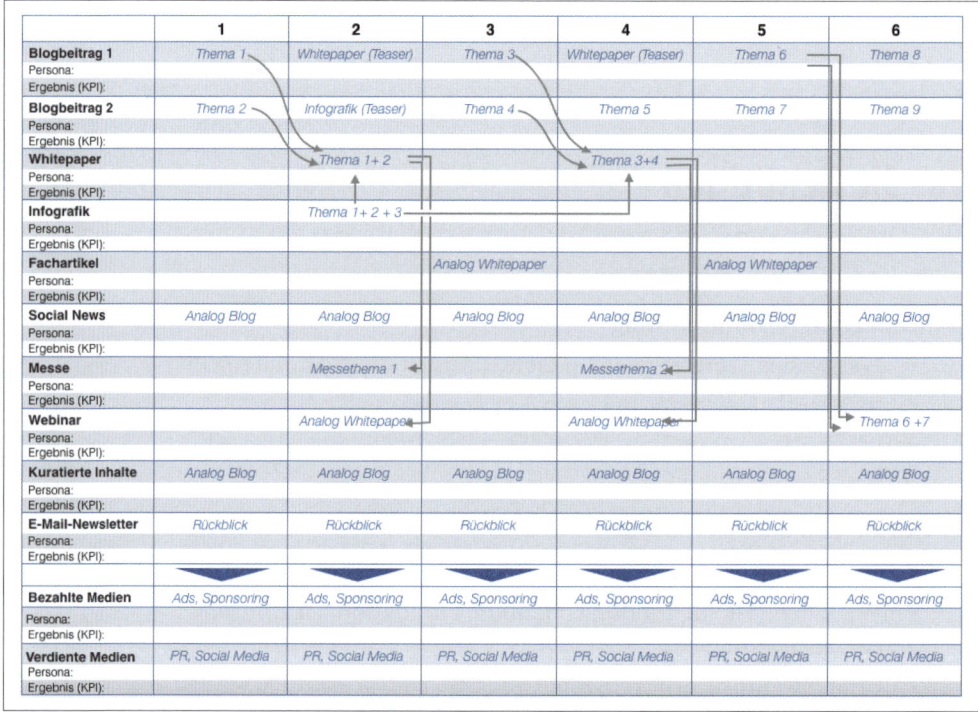

Abbildung 6-1: Der Fahrplan für sechs Monate enthält Content und Maßnahmen zu dessen Vermarktung.

Der obere Teil der Tabelle zeigt die Inhalte, die laufend entwickelt werden. Dabei werden die verschiedenen Formate stets im Kontext geplant und umgesetzt, um Synergieeffekte zu nutzen. In diesem Beispiel erstellen Sie im zweiten Monat auf der Grundlage Ihrer Blogbeiträge und der Infografik ein neues Whitepaper, das wiederum den Content für ein Webinar liefert. Wie die einzelnen Inhalte miteinander zusammenhängen, zeigen die Pfeile.

Im unteren Teil sind Maßnahmen zur bezahlten Vermarktung der Inhalte aufgeführt. Wichtig ist, dass jeder Content, den Ihr Unternehmen veröffentlicht, richtig vermarktet wird, sei es über bezahlte oder verdiente Kanäle. Welchen Beitrag die einzelnen Formate und Maßnahmen zum Erfolg Ihres Content-Marketings leisten, erfassen Sie anhand geeigneter KPIs, die Sie für bestimmte Personas ebenfalls in dieser Übersicht eintragen.

Was Sie beachten sollten

Verabschieden Sie sich vom Perfektionismus.

Ihre Inhalte müssen nicht perfekt, sondern gerade gut genug sein, um möglichst schnell Feedback von Kunden einzuholen. Ziel ist es, daraus zu lernen, um den Content schrittweise zu verbessern.

Verstehen Sie Content als Plattform für den Dialog.

Ihr Content dient dazu, mit Ihren Zielpersonen ins Gespräch zu kommen und mehr über sie zu erfahren. Nutzen Sie jede Möglichkeit – ob über Kommentare im Blog, Diskussionen in sozialen Medien oder Vertriebsgespräche – dazu, den Dialog anzuregen. Führen Sie ihn von Menschen zu Mensch und bleiben Sie authentisch und wertschätzend.

Starten Sie auch in der Distribution schlank.

Das Lean-Prinzip gilt nicht nur für die Content-Erstellung, sondern auch für die Wahl der Kommunikationskanäle. Starten Sie mit einigen wenigen Kanälen und sammeln Sie hier Erfahrung, bevor Sie sich auf neues Terrain wagen.

Recyceln Sie Ihre Inhalte.

Nutzen Sie Ihre Inhalte mehrfach, zum Beispiel indem Sie Teile aus Ihrem Whitepaper als Grundlage für Ihre Blogposts verwenden. Das spart wertvolle Zeit bei der Content-Erstellung.

Lernen Sie aus dem Feedback Ihrer Nutzer.

Lean-Content-Marketing bedeutet, genau hinzuhören, wie die Zielgruppe die Inhalte aufnimmt. Nur so erfahren Sie, ob Sie mit Ihren Annahmen richtig lagen. Analysieren Sie daher jedes Feedback und jede Interaktion genau: Wie viele Likes, Shares, Klicks hat Ihr Content bekommen? Was kommentieren die Nutzer im Blog und in den sozialen Medien? Diese Reaktionen zeigen, ob Ihre Inhalte den Nerv der Zielpersonen treffen und wo noch Optimierungsbedarf besteht.

Bleiben Sie flexibel.

Seien Sie darauf vorbereitet, die eingeschlagene Richtung gegebenenfalls wieder verlassen zu müssen, wenn sich zeigt, dass Sie Ihre Zielgruppe nicht optimal erreichen.

Trends im Content-Marketing

»In Unternehmen gibt es zu viele Fachleute, die Innovation blockieren. Echte Innovation kommt von klarem Denken.«

– Peter Diamandis, Xprize[210]

Im Content-Marketing gibt es zahlreiche Hypes und Trends. Doch vieles von dem, was derzeit vorhergesagt wird, dürfte noch eine Weile benötigen, bis es in der Marketingpraxis ankommt. In diesem Kapitel sollen deshalb drei Entwicklungen im Content-Marketing dargestellt werden, die schon heute eine Rolle in den Unternehmen spielen, wenngleich sie noch in den Kinderschuhen stecken: Automatisierung, Big Data und künstliche Intelligenz.

Automatisierung im Content-Marketing

Marketingautomatisierung ist schon lange kein Zukunftsthema mehr, sondern in vielen Unternehmen Alltag: Rund 42 Prozent der B2B-Unternehmen mit mehr als 2.000 Mitarbeitern zählen das Thema Automatisierung zu ihren drei Top-Themen.[211] Und mehr als 60 Prozent der kleinen und mittleren Unternehmen arbeiten bereits mit entsprechenden Softwarelösungen.[212] Doch viele Marketingverantwortliche schöpfen die Möglichkeiten der Automatisierung noch nicht voll aus. Meist beschränkt sich das Thema auf einzelne Bereiche der Marketingkommunikation, wie etwa E-Mail, Targeting oder die Personalisierung von Content, wie die folgende Abbildung zeigt.

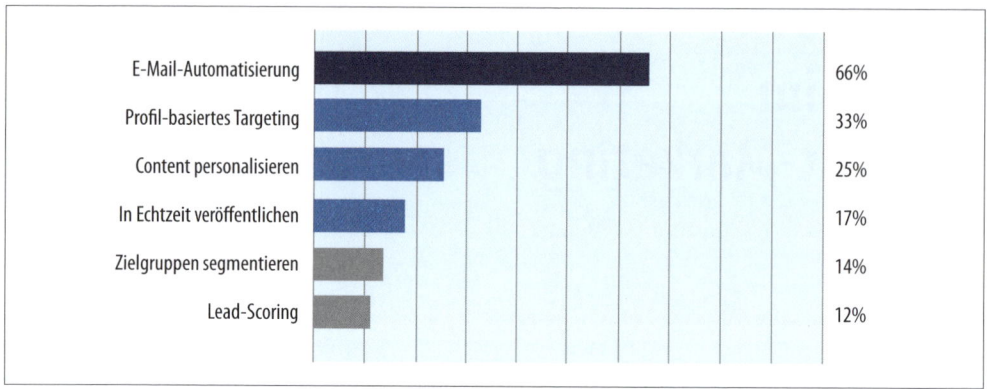

Abbildung 7-1: Die wichtigsten Einsatzbereiche für eine Marketingautomatisierung[213]

Automatisierung von E-Mail-Kampagnen

Das Qualifizieren von Leads gehört zu den großen Herausforderungen in Marketing und Vertrieb. Denn mit dem Sammeln von Kontaktdaten allein ist es nicht getan. Da viele potenzielle Kunden nicht sofort zu einem Kauf bereit sind, muss ihr latentes Kaufinteresse in der Regel erst noch weiterentwickelt werden – und zwar systematisch, sodass jeder Lead entsprechend seiner Entwicklungsstufe im Kaufprozess die passenden Inhalte und Botschaften erhält (siehe Abschnitt *Leads für Ihren Vertrieb generieren* auf Seite 211 ff.). Dies kann durch die Automatisierung von E-Mail-Kampagnen wesentlich vereinfacht und optimiert werden.

Um Leads zu qualifizieren, ist E-Mail-Marketing nach wie vor das Mittel der Wahl. Kein Wunder also, dass auch die Automatisierung von E-Mail-Kampagnen in Unternehmen bereits sehr verbreitet ist. Entsprechende Tools sind in jeder Größe und mit unterschiedlichem Funktionsumfang verfügbar. Die Bandbreite reicht von der einfachen Antwort-E-Mail bis hin zur Steuerung komplexer Kampagnen, die unterschiedliche Szenarien im Nutzerverhalten berücksichtigen. Leistungsfähige Automatisierungstools ermöglichen es, sämtliche Prozesse rund um den Versand von E-Mails zu modellieren und zuverlässig umzusetzen.

Interessenten mit Drip-Kampagnen qualifizieren

Die einfachste Möglichkeit, Leads systematisch zu bearbeiten, bietet die sogenannte Drip-Kampagne. Darunter versteht man eine Serie von zeitlich abgestimmten E-Mails, die jeweils vom Interessenten ausgelöst werden. Lädt dieser beispielsweise ein Whitepaper von der Website eines Anbieters herunter, könnte das eine Serie von E-Mails auslösen, die nach und nach weitere Inhalte und Angebote ins Spiel bringen. Wichtig ist, dass sich der Interessent ausdrücklich damit einverstanden erklärt, E-Mails mit Fach- oder Produktinformationen zu erhalten.

Das Besondere an einer Drip-Kampagne ist, dass Informationen in kleinen Einheiten ausgeliefert werden, die einer vorab definierten zeitlichen und inhaltlichen Dramaturgie folgen.

Tabelle 7-1: Beispiele für Drip-Kampagnen

Beispiel	E-Mail 1	E-Mail 2	E-Mail 3
Interessent zu einem Verkaufsgespräch leiten	»Hier ist Ihr Whitepaper.« Trigger: Link zum Download	»Wie hat Ihnen unser Whitepaper gefallen?« Trigger: Einladung zum Feedback	»Haben Sie noch Fragen?« Trigger: Einladung zum Gespräch oder Webinar
Kunden im Umgang mit einem Produkt schulen	»Tipps für den Start« Trigger: Kurzanleitung zum Download	»Haben Sie Fragen?« Trigger: Einladung zum persönlichen Gespräch	»Kennen Sie schon …?« Trigger: Tutorials zu nützlichen Funktionen
Teilnehmer zum Besuch einer Veranstaltung führen	»Vielen Dank für Ihre Anmeldung!« Trigger: Kurze Vorschau auf das Event	»Noch 10 Tage bis zum Event.« Trigger: Countdown zur Erinnerung	»Wir haben Sie vermisst.« Trigger: Link zum Eventrückblick
Kontakt zu Interessenten oder Kunden reaktivieren	»Lange nichts gehört.« Trigger: Anbieter und Produkte in Erinnerung bringen	»So war dieses Unternehmen erfolgreich.« Trigger: Fallbeispiele aus der Branche	»Ihre Meinung interessiert uns.« Trigger: Einladung zum Gespräch (Pain Points, Trends, Produkt)

Typische Fehler bei der E-Mail-Automatisierung

Unvollständige Daten oder Programmierfehler

Eine der Stärken der E-Mail-Automatisierung liegt darin, den Empfänger persönlich ansprechen zu können. Das setzt jedoch voraus, dass der Name in der Anrede korrekt dargestellt wird. Hier lauern zwei Fallstricke: Zum einen kann es passieren, dass der Name falsch oder unvollständig ausgegeben wird, weil die Daten in der Versandliste oder im CRM nicht korrekt ausgefüllt wurden: Vor- und Nachname können vertauscht sein, oder im Feld, das angezeigt werden soll, sind keine Daten erfasst. Zum anderen können sich Fehler in den Quellcode des E-Mail-Templates eingeschlichen haben, zum Beispiel wenn in der Anrede ein Feld angezeigt werden soll, das in der Datenbank gar nicht existiert. Wenn Tags im Quellcode fehlen, kann dies zudem dazu führen, dass in der E-Mail der komplette Quellcode als Text dargestellt wird.

Copy-and-paste von formatiertem Text

Ein Klassiker: Texte für eine E-Mail werden in Word erstellt und dann in eine E-Mail-Vorlage kopiert. Der Text sieht korrekt aus und wird ohne Bedenken versendet. Beim Empfänger stellt sich jedoch heraus, dass der Text versteckte Formatierungen enthält. Teile des Texts sind zum Beispiel unterschiedlich groß oder werden in unterschiedlichen Schriftarten dargestellt. Beides wirkt sehr unprofessionell, auch wenn der Text grundsätzlich noch lesbar ist. Das gleiche Problem kann auftreten, wenn Sie Textpassagen aus Webseiten kopieren.

Fehlerhafte Links und mehrfache Weiterleitungen

Neben dem Text spielen Weblinks in E-Mail-Kampagnen eine entscheidende Rolle. Denn sie führen den Nutzer auf Ihre Website oder Ihr Blog, wo er sich eingehender mit Ihrem Angebot beschäftigen kann. Nicht umsonst gehört die Klickrate im E-Mail-Marketing zu den wichtigsten Indikatoren für den Erfolg einer Kampagne. Das setzt jedoch voraus, dass sämtliche Links in einer E-Mail und insbesondere die Call-to-Actions einwandfrei funktionieren. Ist die hinterlegte Internetadresse fehlerhaft, führt der Link ins Nichts – was sicher kein professionelles Bild auf Ihr Unternehmen wirft.

Nicht selten finden sich hinter Links in E-Mails auch mehrfache Weiterleitungen, die den Nutzer verwirren und zu langen Ladezeiten führen können. Außerdem prüfen Spam-Filter aufseiten des Empfängers die Adressen, die durch die Weiterleitung angesteuert werden. Stößt ein Filter dabei auf eine Adresse mit schlechter Reputation, kann das dazu führen, dass Ihre E-Mail im Spam-Ordner landet und dort übersehen wird.

Website-Inhalte personalisieren

Erfolgreiche Websites empfangen und steuern Ihre Besucher mit Inhalten, die auf deren individuelle Bedürfnisse zugeschnitten sind. Voraussetzung dafür ist, dass die Bedürfnisse sowie das Verhalten der Nutzer laufend analysiert und die Inhalte in Echtzeit ausgeliefert werden. Denn nur dann können Sie Besucher zielgerichtet durch den Kaufprozess leiten.

Durch die Personalisierung der Inhalte können die eigenen Onlinemedien eines Unternehmens zu »vollwertigen Vertriebsmitarbeitern« werden. Technisch möglich ist das durch Tools, die den Content auf Webseiten, Blogs, Landingpages oder Apps automatisch und individuell für den Besucher zusammenstellen. Dabei lassen sich folgende Ansätze kombinieren:[214]

- **Medienbasierte Personalisierung** auf Basis von Informationen über Seiten und Medien, die ein Nutzer in der Vergangenheit besucht hat.
- **Personenbasierte Personalisierung** auf Basis von Informationen, die ein Besucher in Form von Kontaktdaten oder Daten über sein Nutzerverhalten hinterlassen hat.
- **Gerätespezifische Personalisierung** auf Basis von Informationen zu den Endgeräten, die ein Besucher benutzt.
- **Personalisierung auf Basis der Position im Kaufprozess** und den damit zusammenhängenden Einstellungen und Bedürfnissen.

Erstkontakt gestalten

Der erste Eindruck zählt – auch beim Besuch Ihrer Website. Daher muss Personalisierung in dieser Phase darauf abzielen, das Interesse eines Besuchers zu verstärken und einen Absprung von Ihrer Seite zu verhindern. Jeder Besucher lässt sich dabei anhand bestimmter Merkmale »identifizieren«. Diese Merkmale bilden die Grundlage, um passende Impulse zu setzen, etwa durch Anzeigen einer Nachricht in einem Pop-up-Fenster:

- Der geografische Aufenthaltsort, auf den Sie bei der Begrüßung Bezug nehmen können (»Willkommen, Besucher aus München!«).
- Der Suchbegriff, der Ihren Besucher über eine Suchmaschine zur Website geführt hat. Knüpfen Sie an diesen an, um passende Inhalte auf der Startseite anzuzeigen.
- Die Website, die ihn auf Ihre Internetseite geführt hat, die Sie aufgreifen können.
- Inaktivität des Besuchers auf Ihrer Website, die Sie mit inhaltlichen Impulsen vermeiden können.
- Die beim Erstkontakt aufgerufenen Seiten und Inhalte, die Ihnen erste Hinweise auf das Interesse des Besuchers geben.
- Das Verlassen Ihrer Internetseite, das Sie zum Anlass für ein unwiderstehliches Angebot nutzen können.

Tipp:

Achten Sie darauf, dass Ihre Besucher dezent durch Ihr Angebot geleitet werden. Permanente Unterbrechungen durch automatisierte Pop-ups und Hinweise stören das Nutzerlebnis auf Ihrer Website und führen im Zweifelsfall zum vorzeitigen Abbruch eines Besuchs.

Fallbeispiel: Website-Guide bei Mentionlytics

Der SaaS-Anbieter Mentionlytics begleitet seine Nutzer per Chat-Funktion, die nicht nur zum Dialog einlädt, sondern auch mit kontextbezogenen Botschaften arbeitet. So erkennt das System beispielsweise die Herkunft des Besuchers und bezieht sich in seiner Begrüßung wirkungsvoll auf das jeweilige Herkunftsland. Die Silhouette des Landes und die Nationalfarben sorgen für die nötige Aufmerksamkeit und geben das Gefühl, man würde persönlich empfangen. Leider beherrscht das System nicht die passende Sprache, sondern beschränkt sich auf Englisch.

Auch auf den Unterseiten zu Produkt, Funktionen und Preisen orientiert sich das Dialogangebot an den Inhalten der jeweiligen Seite, auf der sich der Nutzer befindet. So fragt der Chat beispielsweise: »Haben Sie Schwierigkeiten, den richtigen Tarif zu finden?« Leider endet die Begleitung durch das System – wie so oft – dort, wo es inhaltlich komplexer wird und Unterstützung hilfreich wäre, etwa bei der technischen Dokumentation oder den FAQs. Hier liegt das eigentliche Potenzial eines Website-Chats oder eines Nutzer-Coachings.

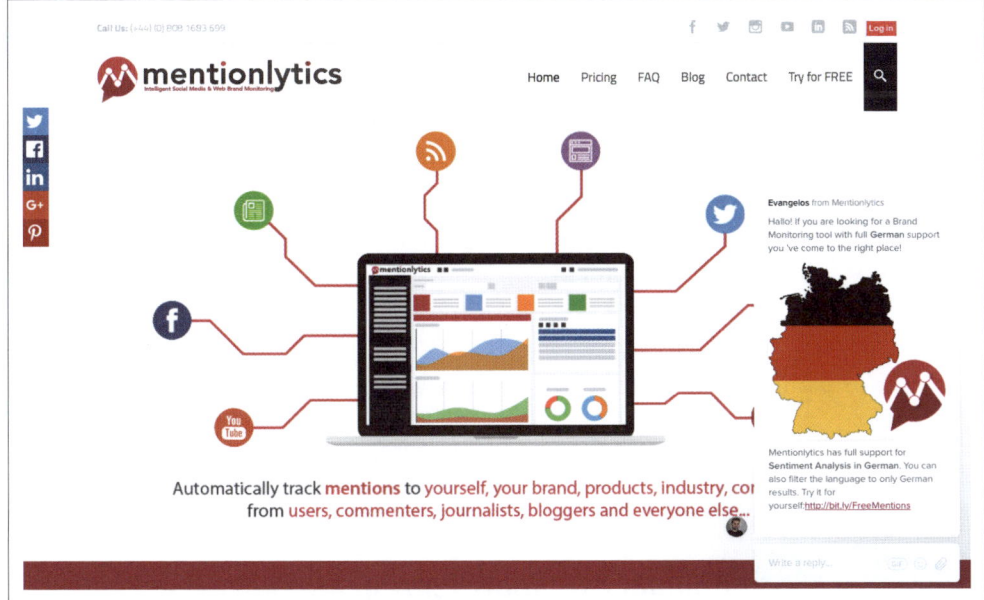

Abbildung 7-2: Der Website-Chat erkennt die Nationalität des Besuchers (rechts im Bild).[215]

Beziehung zum Besucher stärken

Nachdem Sie beim ersten Kontakt Informationen über einen Besucher gesammelt haben, können Sie einen weiteren Besuch nutzen, um die Beziehung mit gezielten Aktionen und Inhalten zu stärken, indem Sie beispielsweise

- einen wiederkehrenden Besucher begrüßen,
- neue Inhalte auf Basis vergangener Besuche promoten,
- Inhalte auf Basis ähnlicher Besucherprofile promoten (»Andere Besucher haben diese Inhalte angesehen«),
- zum Live-Chat einladen, um konkrete Fragen zu klären,
- Besucher über eine Tour durch Ihre Inhalte führen,
- weitere Aktionen initiieren, z. B. mit einem individuellen Angebot wie einem Download oder einem Coupon.

Besucher qualifizieren

Haben Sie weitere Informationen gesammelt und eine Beziehung zu Ihrem Interessenten aufgebaut, können Sie nun dazu übergehen, zum Kauf oder zu kaufvorbereitenden Aktionen aufzufordern, indem Sie

- dynamische Handlungsaufforderungen (Call-to-Actions) einblenden,
- einen konkreten Vorteil, etwa Ihren E-Mail-Newsletter, gegen Nutzerdaten anbieten,
- auf Artikel in Ihrem Blog verweisen,
- individuelle Angebote einblenden und zum persönlichen Gespräch einladen.
- zum Weiterempfehlen oder Teilen Ihrer Inhalte auf sozialen Plattformen auffordern.

> **Wir halten fest:**
>
> Durch die Personalisierung Ihrer Website-Inhalte können Sie Ihre Besucher zielgerichtet durch den Kaufprozess leiten. Achten Sie aber darauf, das richtige Maß zu finden und sich nicht in Spielereien zu verzetteln. Entscheidend ist, was dem Nutzer tatsächlich weiterhilft.

Social-Media-Automatisierung

Die Kommunikation in sozialen Medien hat ein hohes Tempo und ist zeitaufwendig. Kein Wunder, dass die Automatisierung in diesem Bereich für Marketer eine große Rolle spielt. Allerdings finden sich auch hier in der Praxis eher Einzellösungen als integrierte Ansätze. Diese sind meist auf einen der vier Kerneinsatzbereiche für die Social-Media-Automatisierung spezialisiert, die im Folgenden näher beschrieben werden: Inhalte veröffentlichen, potenzielle Kunden finden, die eigene Reputation pflegen oder den Wettbewerb beobachten.[216]

Social Publishing: Veröffentlichen und Teilen von Content

Social-Media-Marketing lebt von den Inhalten, die veröffentlicht werden. Das kann Ihr eigener Content sein, wie etwa Blogposts oder Fachartikel, oder Content von anderen Marktteilnehmern, deren Inhalte ebenfalls für Ihre Zielgruppe nützlich sind. Ideal für Ihr Social-Media-Marketing ist ein Mix aus beiden Arten von Content. Steuern lässt sich deren Verbreitung mithilfe spezialisierter Tools. Beachten Sie bei der Anwendung jedoch folgende Punkte.

Tipps für die Automatisierung der Content-Distribution

1. Den richtigen Zeitpunkt für das Posting finden

Manche Tools können ermitteln, zu welchen Tageszeiten und an welchen Wochentagen Posts zu bestimmten Themen gut funktionieren. Daran sollte sich Ihre Distributionsplanung orientieren.

2. Inhalte aus eigenen und fremden Quellen kombinieren

Tools für die Content-Distribution wie zum Beispiel Buffer lassen sich mit verschiedenen Quellen verknüpfen, sodass sich sehr einfach ein Mix aus eigenen und fremden Inhalten im Verhältnis von 50 : 50 realisieren lässt. Denken Sie aber daran, dass beim Kuratieren von Content gilt: Erst lesen, dann teilen!

3. Kernbotschaften aus dem Content herausfiltern

Twitter und Facebook, aber auch XING und LinkedIn, zeigen automatisch den Titel, die Einleitung und das Artikelbild eines geposteten Artikels an. Sie sollten die Möglichkeit nutzen, in dem Automatisierungstool eine Kernbotschaft aus dem Inhalt oder einen Kommentar zu ergänzen und so einen zusätzlichen Mehrwert für Ihre Leser zu schaffen.

4. Erfolgreiche Posts mehrfach veröffentlichen

Tools wie Buffer bieten nützliche Funktionen zur Erfolgsmessung, sodass sich sehr einfach ermitteln lässt, welche Posts gut funktionieren und welche nicht. Erfolgreiche Inhalte können Sie ruhig mehrfach veröffentlichen, um ihr Potenzial voll auszuschöpfen.

Social Consumer Insights: potenzielle Kunden erforschen

Wenn man davon ausgeht, dass etwa drei Viertel der Entscheider im B2B soziale Medien nutzen, um Kaufentscheidungen zu treffen,[217] ist dies der ideale Ort, um potenzielle Kunden anzusprechen. Die Herausforderung besteht darin, die richtigen Personen zu identifizieren und diesen zum richtigen Zeitpunkt die passenden Inhalte anzubieten. In der dynamischen Welt der sozialen Medien ist diese Aufgabe ohne Automatisierung kaum möglich. Sie bietet hier folgende Vorteile:[218]

1. Dialoge in sozialen Netzwerken verfolgen

Tools für das sogenannte *Social Listening* ermöglichen es, Dialoge in sozialen Netzwerken zu beobachten, zu analysieren und Nutzer zu segmentieren. Auf diese Weise können potenzielle Kunden, aber auch Multiplikatoren und Meinungsbildner im Markt identifiziert werden.

2. Nutzerdaten erfassen und verwalten

Keine Erfassung von Daten ohne Datenmanagement. Mit Automatisierung können Sie beim Verschlagworten, Filtern und Aufbereiten von Daten viel Zeit und Ressourcen sparen. Außerdem ermöglichen automatisierte Prozesse und Workflows, die Datenqualität fortlaufend sicherzustellen.

3. Reporting automatisieren

Mit der Kommunikation in Echtzeit haben sich auch die Anforderungen an die Analyse und Aufbereitung von Nutzerdaten verändert. Ergebnisse müssen jederzeit auf Knopfdruck zur Verfügung stehen oder aber automatisch in die Fachabteilungen ausgeliefert werden können. Hierfür bieten viele Automatisierungstools nützliche Funktionen.

Reputation Management: den eigenen Ruf pflegen

In der PR ist die Pflege der Reputation ein klassisches Ziel, nicht nur in der Krisenkommunikation. Unternehmen müssen schnell reagieren können, und zwar nicht erst wenn die Stimmung in der Öffentlichkeit kippt. Das gilt besonders in sozialen Medien, wo aus wenigen kritischen Kommentaren von Nutzern schnell ein Shitstorm entstehen kann. Hier kommt es darauf an, den Meinungsmarkt laufend im Auge zu haben und in Echtzeit adäquat zu reagieren – eine Aufgabe, die nur mit automatisiertem Media-Monitoring zu bewältigen ist.

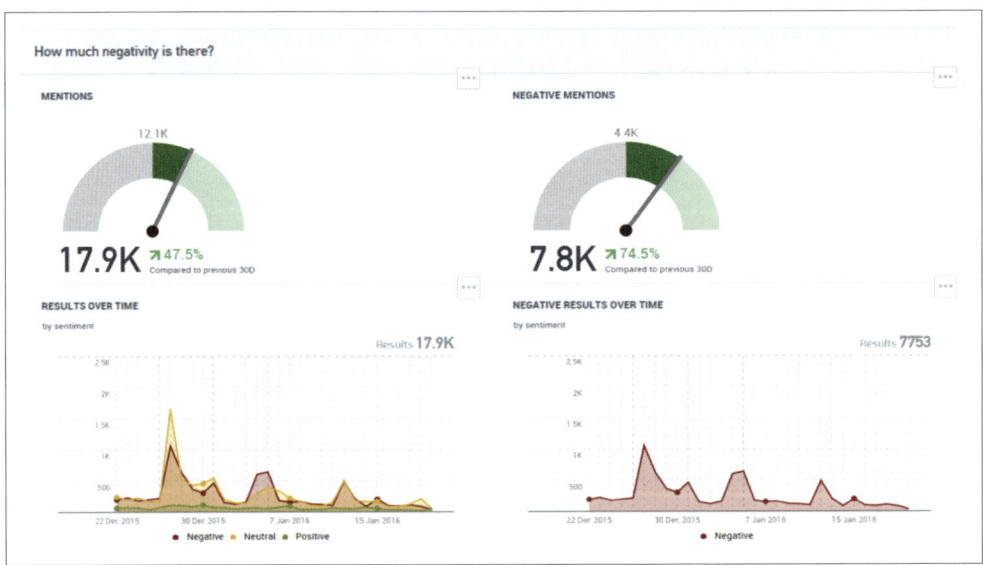

Abbildung 7-3: Reputation Monitoring mit Talkwalker[219]

Tipps für die Automatisierung des Reputation Managements:

1. Beobachten Sie auch das relevante Umfeld.

Potenzielle Kunden bilden sich nicht nur zu Unternehmen ihre Meinung, sondern diskutieren auch fachliche Themen durchaus kontrovers. Ein gutes Beispiel hierfür ist das Thema Datenschutz. Stecken Sie Ihr Beobachtungsfeld deshalb möglichst weit ab.

2. Reagieren Sie souverän auf Kritik.

Auch wenn Sie durch ein automatisiertes Frühwarnsystem Entwicklungen im Markt rechtzeitig erkennen, ist es wenig sinnvoll, gleich auf erste Signale zu reagieren. Hier gilt das Prinzip: Erst zuhören und analysieren, dann reagieren! Je nach Stimmung kann es sogar sinnvoll sein, sich als Anbieter zurückzuhalten und auf neutrale Themen auszuweichen, bis sich der Sturm beruhigt hat.

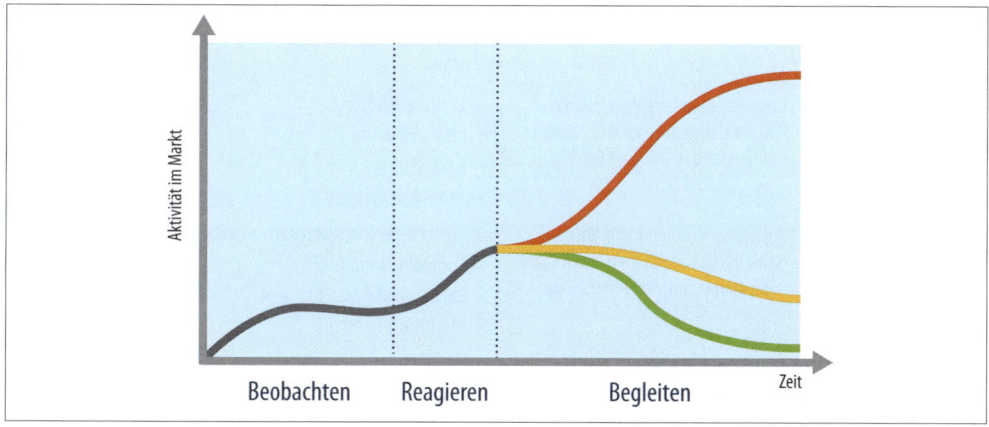

Abbildung 7-4: Die Herausforderung: den richtigen Zeitpunkt finden, um zu reagieren[220]

Monitoring: den Wettbewerb beobachten

In sozialen Medien sind Wettbewerber nur einen Klick entfernt. Da kommt es wesentlich darauf an, zu jeder Zeit darüber im Bilde zu sein, mit welchen Aktionen und Botschaften andere Unternehmen um die Aufmerksamkeit der Interessenten ringen. Ähnlich wie beim Reputation Management lässt sich auch das Verhalten des Wettbewerbs automatisiert beobachten, um gegebenenfalls schnell und mit den richtigen Inhalten darauf reagieren zu können. Im Rahmen der Wettbewerbsbeobachtung können Sie auch Informationen zu Produkten und Services, Preisen und Kunden der Wettbewerber sammeln, die für Ihre Business-Development-Abteilung wichtig sind.

Tools und Plattformen

Die Zahl der Tools und Lösungen für die Automatisierung von Marketingprozessen ist in den vergangenen Jahren geradezu explodiert. Dabei kann man – wie bereits eingangs erwähnt – zwischen Lösungen für einzelne Automatisierungsaufgaben (E-Mail-Kampagnen, Social-Media-Distribution etc.) und Komplettlösungen wählen. Letztere decken eine ganze Reihe von Funktionen ab: von der Erstellung und Distribution von Content bis zur Marktbeobachtung. Auf die Funktionen und die Auswahl einzelner Lösungen einzugehen, würde den Rahmen an dieser Stelle sprengen. Deshalb soll hier nur ein grober Überblick gegeben werden.

Tabelle 7-2: Funktionen und Anbieter von Marketing-Automation-Plattformen[221]

Funktion	Ziel	Gängige Features	Anbieter
Multi-Channel-Distribution	Potenzielle Kunden überall dort erreichen, wo sie sich bewegen.	• E-Mail-Distribution • Integration von online und offline • Anbindung an CRM • Echtzeitsignale aus dem Markt	• Act-On • Hubspot • IBM Silverpop • Marketo • Microsoft Dynamics Marketing • Oracle Eloqua • Pardot • Salesfusion • Sitecore
Lead-Management und Lead-Scoring	Interessenten entsprechend ihrer Entwicklungsstufe im Kaufprozess mit passenden Inhalten versorgen.	• Leadsegmentierung • Lead-Nurturing • Kampagnen • Lead-Management	
Content-Management	Inhalte erstellen und für unterschiedliche Kampagnen und Kanäle adaptieren und wiederverwerten.	• Content-Personalisierung • Content Curation • Landingpage-Management • Marketing-Analytics	
Social-Media-Management	Nutzerverhalten in sozialen Medien beobachten und in Echtzeit auf Feedback reagieren.	• Social Media Monitoring • Content Customization und Distribution • Influencer-Marketing	
Marketing-Analytics	Erfolg aller Marketingaktivitäten analysieren und messen, um Optimierungspotenziale zu identifizieren.	• Kampagnenanalyse • Datenmanagement • Reporting	

Open-Source-Plattformen

Neben den kostenpflichtigen Lösungen stehen auch Open-Source-Lösungen für die Marketingautomatisierung zur Verfügung. Entgegen der landläufigen Meinung sind diese nicht per se kostenlos, wenn auch für die Nutzung einer Open-Source-Anwendung keine Lizenzgebühren anfallen. Kosten entstehen in der Regel bei der technischen Implementierung, bei der Schulung der Nutzer und bei der Wartung des Systems, wenn hierfür die Unterstützung eines Dienstleisters benötigt wird.

Tabelle 7-3: Open-Source-Plattformen für die Marketingautomatisierung[222]

Anbieter	mautic.org	pimcore.org	OpenEMM
Unbegrenzte Anzahl Kontakte	✓	✓	✓
Unbegrenzte Anzahl Nutzer	✓	✓	✓
Unbegrenzte Anzahl E-Mails	✓	✓	✓
Kostenloser Support im Onlineforum	✓	✓	✓
Kosten für Extra-Support	–	300 $	150 €/Std.

Automatisierung nach dem Baukastenprinzip

Wenn Sie über die Einführung einer Lösung für die Automatisierung nachdenken, sollten Sie mit den Bereichen des Marketings starten, in denen Sie konkret Zeit und Ressourcen einsparen und Ihre Prozesse verbessern können. Nach und nach können Sie dann weitere Apps für einzelne Funktionen hinzunehmen und diese so miteinander verbinden, dass komplexere Prozesse abgebildet werden können. Das ist empfehlenswerter, als gleich mit einer großen Software-Komplettlösung zu starten.

Das technische Bindeglied zwischen einzelnen Funktionen bilden Tools für die sogenannte »eventbasierte Automatisierung«. Beispiele sind etwa *IFTTT* oder *Zapier*. Ihre Aufgabe besteht darin, mit einem Ereignis in einer App automatisch ein weiteres Ereignis in einer zweiten App auszulösen.

Typische Anwendungsfälle für eventbasierte Automatisierung:

- Neue Blogposts automatisch in Twitter, LinkedIn und Facebook publizieren oder per E-Mail versenden (siehe Abbildung 7-5).
- Inhalte zwischen verschiedenen Accounts oder zwischen sozialen Plattformen syndizieren.
- Events im Google-Kalender via Social Media oder LinkedIn ankündigen oder daran erinnern.
- Leads im CRM automatisch via LinkedIn kontaktieren.
- Neue Tweets von Meinungsbildnern via Slack im Team publizieren.
- Neue Follower in Twitter automatisch in Excel erfassen.
- Artikel aus Feedly via Buffer in sozialen Medien posten.

Die Möglichkeit, Einzelfunktionen mit *IFTTT* oder *Zapier* zu verknüpfen, beschränkt sich derzeit auf gängige Apps aus dem US-amerikanischen Markt. Deutsche Plattformen wie etwa XING lassen sich deshalb nicht ohne Weiteres in die Automatisierung einbeziehen.

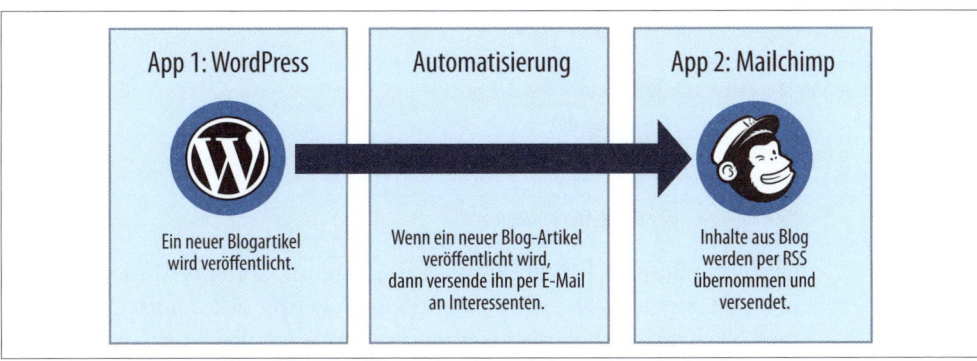

Abbildung 7-5: Beispiel: Neuen Blogpost automatisch per E-Mail kommunizieren

Die dunkle Seite der Automatisierung

»So sehr ich an die Macht der Marketingautomatisierung glaube, so sicher bin ich mir, dass es faule Marketer vermasseln werden.«
– Jason Falls[223]

Es gibt unzählige Softwarelösungen und Apps für die Automatisierung einzelner Aufgaben im Content-Marketing. Viele davon sind in der Basisversion kostenlos verfügbar und schnell in Gang gesetzt. Da ist die Verlockung groß, einfach »draufloszuautomatisieren«, ohne die Wirkung beim Nutzer zu bedenken.

Das erinnert ein wenig an die Anfangszeit der PowerPoint-Präsentation, als jeder versuchte, möglichst viele Animationseffekte in einer Präsentation unterzubringen. Ein Phänomen, das bis heute viele Zuhörer nervt und PowerPoint vermutlich seinen Ruf gekostet hat. Dieses Schicksal könnte auch die Automatisierung ereilen, wenn es Marketern nicht gelingt, die technischen Möglichkeiten plan- und maßvoll zu nutzen. Schon heute sind unter den fünf am häufigsten von Nutzern als nervig empfundenen Dingen im Netz vier, die durch Automatisierung entstehen.

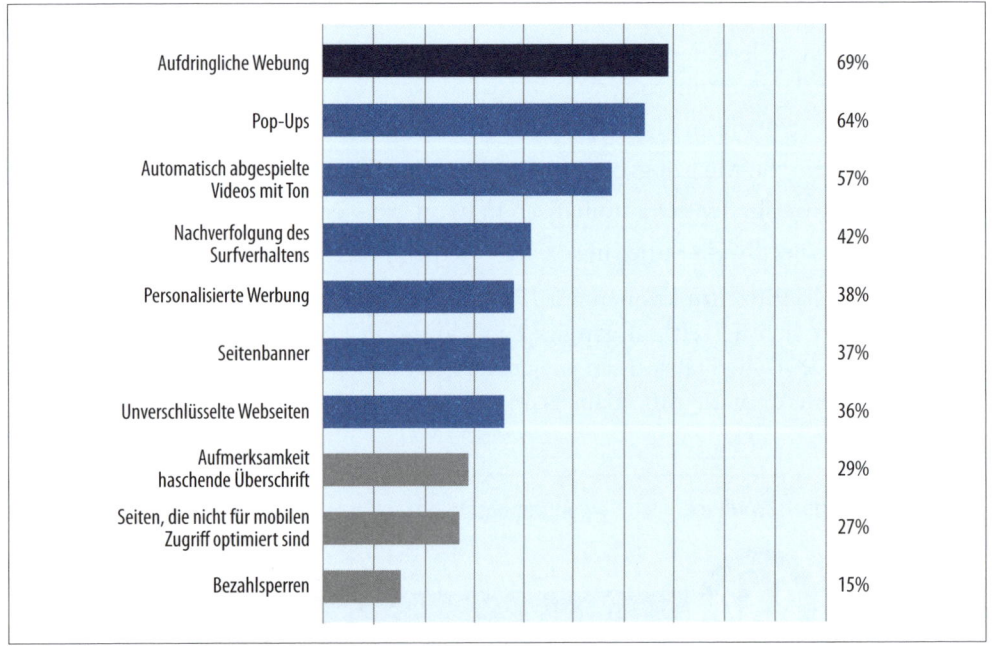

Abbildung 7-6: Das nervt Nutzer im Internet.[224]

Deshalb gilt auch für die Automatisierung im Content-Marketing: Weniger ist mehr. Nutzer, die laufend von Pop-ups, automatischen Tweets und Nachrichten belästigt werden, wehren sich über kurz oder lang gegen diese Art von »Unterbrechungsmarketing«. Automatisierung wird dann zu einem Risiko für Unternehmen. Zwei Beispiele sollen dies im Folgenden erläutern.

Twitter-Bots

Schätzungsweise 15 Prozent aller Twitter-Accounts werden heute nicht von Menschen, sondern von einer Software, einem sogenannten Twitter-Bot, gesteuert.[225] Das sind etwa 48 Millionen Accounts. Betrachtet man die Anzahl der Tweets, zeigt sich ein ähnliches Bild: Bots sind beispielsweise in politischen Debatten für ein Viertel aller Tweets verantwortlich. Im Klartext bedeutet das: Jeder vierte Tweet, den wir lesen, kommt von einer Maschine.[226] Den Betreibern der Bots geht es dabei oft nur darum, den Informationsmarkt mit eigenen Botschaften zu dominieren, und zwar mit Masse statt mit Klasse. In der Fachsprache nennt man das treffend »Social Noise«, sozialer Krach.

Ein gutes Beispiel für sozialen Krach ist die automatische Antwort, die viele Twitter-Nutzer einsetzen, um sich bei neuen Followern zu bedanken. Derjenige, der einem anderen Nutzer folgt, erhält innerhalb von Sekunden eine Direktnachricht. Was zunächst nett klingt, erweist sich in der Praxis als äußerst oberflächlich. Denn eine automatische Antwort bedankt sich zwar formal, zwischen den Zeilen liest der Empfänger jedoch zu Recht: »Du bist es nicht wert, dass ich dir persönlich antworte.« Ein schlechtes Signal.

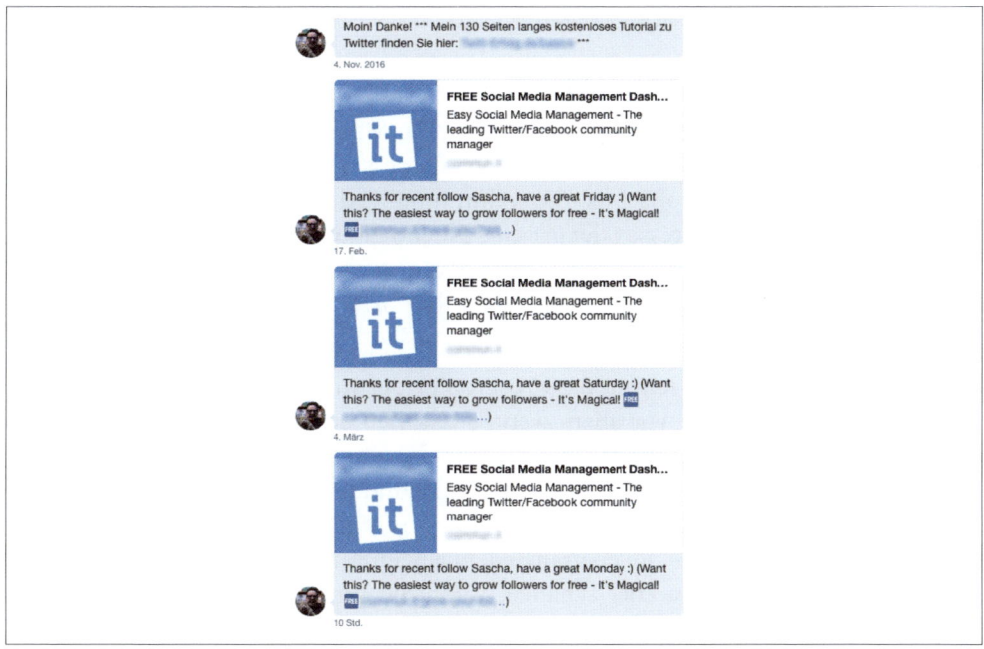

Abbildung 7-7: Beispiel für automatisierte Antwortnachrichten auf Twitter[227]

Den Tools, die diese automatisierten Antworten ermöglichen, z.B. Crowdfire oder Justunfollow, kann man keinen Vorwurf machen. Sie tun nur ihren Job. Die Marketer dahinter sollten sich jedoch der Wirkung dieser Art von Automatisierung bewusst sein. Dabei hilft es, sich einfach einmal in die Rolle des Lesers zu versetzen: Dieser kann sehr wohl eine automatische Nachricht von einer persönlichen unterscheiden. Das Gleiche gilt im Übrigen für Tweets, die zum Beispiel über Buffer veröffentlicht werden. Auch dabei entscheidet neben der inhaltlichen Relevanz vor allem die persönliche Note darüber, ob ein Tweet gelesen wird oder nicht. Hier sind Geist und Witz eines Menschen gefragt.

> **Tipp:**
> Wenn Sie sich gern auf Twitter mit automatisierten Nachrichten bei neuen Followern für das Folgen bedanken wollen, dann tun Sie das, wie der Nutzer in Abbildung 7-8 mit Witz und einem Schuss Selbstironie.

Abbildung 7-8: Twitter-Automatisierung wird mit etwas Selbstironie sympathisch.[228]

Pop-ups und Hover-Ads

Beim Lesen am Bildschirm ruht die Maus, das Auge jedoch nicht. Das leuchtet jedem Leser ein, nicht aber der Software, die das Verhalten des Nutzers beobachtet: Sie wähnt hinter jedem reglosen Cursor ein latentes Desinteresse oder gar eine Fluchtneigung, der man mit einem schrillen Weckruf in Form einer Werbeanzeige entgegentreten muss. Der Inhalt von Interesse wird dann blitzartig von einem sogenannten Pop-up verdeckt.

Umfragen zeigen, dass 70 Prozent der Internetnutzer von Pop-ups genervt sind, vor allem wenn sie keinen echten Nutzen bieten.[229] Ruhe beim Lesen ist in jeder Bibliothek heilig, doch offensichtlich nicht im Netz: Was zählt schon das Wohlbefinden des Lesers, wenn der Verkauf durch den Einsatz von Pop-ups um 162 Prozent gesteigert werden kann?[230] Doch Penetranz allein gewinnt nicht immer. Im Gegenteil: Sie kann Ihnen eher schaden, wenn Sie Ihren Website-Besuchern damit keinen Nutzen bieten. Dies gilt übrigens nicht nur für Pop-ups, sondern auch für sogenannte Hover-Ads, auch Layer-Ads genannt: Anzeigen, die über dem eigentlichen Inhalt einer Website angezeigt werden. Im Gegensatz zum Pop-up handelt es sich dabei nicht um eigenständige Browserfenster, sondern um direkt auf der Seite eingebettete Ebenen. Sie finden derzeit zunehmend Verbreitung, da sie sich nicht von Pop-up-Blockern unterbinden lassen.

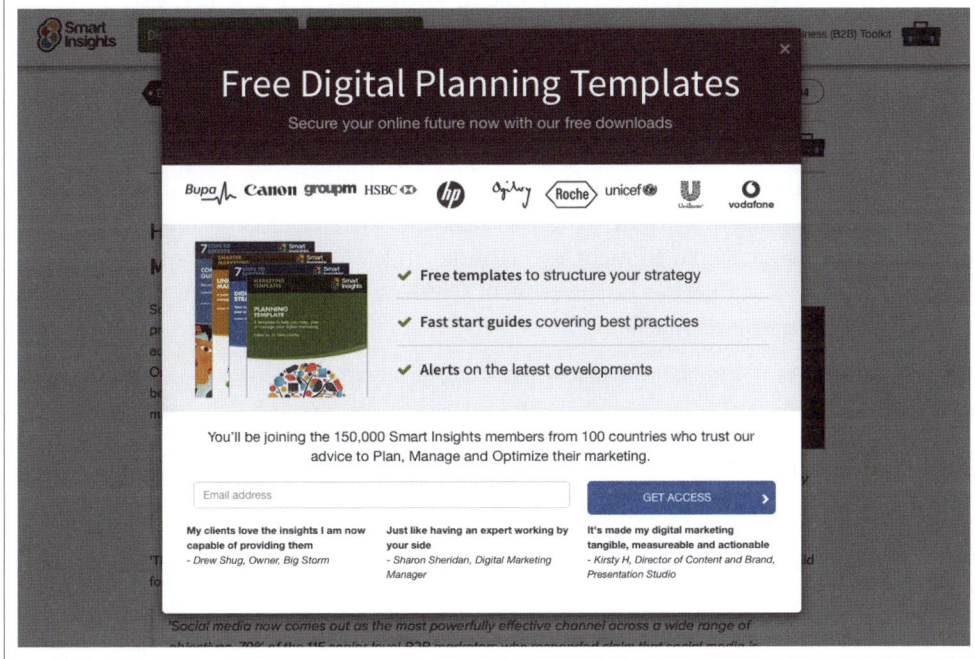

Abbildung 7-9: Beispiel für ein typisches Website-Pop-up[231]

Tipps für den Einsatz von Pop-ups und Hover-Ads

Wenn Sie die folgenden Tipps beachten, wird das nicht nur Ihre Besucher erfreuen, sondern auch Suchmaschinen. Denn die Art und Weise, wie Werbung auf Ihrer Website geschaltet wird, wirkt sich auch auf Ihre SEO aus.[232]

- Geben Sie Ihren Lesern Zeit, sich auf Ihrer Seite zu orientieren, bevor Ihre Werbung erscheint.
- Werben Sie mit Ihrem Pop-up für Inhalte, die zur aufgerufenen Seite passen.
- Stellen Sie sicher, dass Ihre Pop-ups auch auf mobilen Endgeräten funktionieren.
- Gestalten Sie Ihren Call-to-Action zurückhaltend sachlich.

- Schalten Sie nur eine Werbeanzeige pro Nutzer und Sitzung.
- Bieten Sie eine gut sichtbare Möglichkeit, das Pop-up zu schließen.
- Verzichten Sie auf sogenannte *Inline Interstitials*: Anzeigen, die das Navigationsverhalten des Nutzers unterbrechen und die sich, ähnlich der TV-Werbung, nicht ausschalten lassen.

Automatisierung richtig planen und umsetzen

Ohne Zweifel kann Automatisierung dabei unterstützen, den richtigen Content zur richtigen Zeit am richtigen Ort zu platzieren. Deshalb setzen Marketer vor allem bei Leadgenerierung, Leadqualität und der Effizienz von Prozessen auf Automatisierung. Bei all den Vorteilen und Chancen darf man jedoch nicht vergessen, dass die Werkzeuge allein keinen Erfolg bringen. Entscheidend ist, dass man sie zielgerichtet und maßvoll einsetzt. Dazu braucht es Planung und Wissen. Zudem muss auch eine Maschine mit hochwertigem Content gefüttert werden, um gutes Marketing zu machen.

> »Ein Narr mit einem Werkzeug bleibt ein Narr.«
> – *Grady Booch, Informatiker*[233]

Tipps für den Einstieg in die Automatisierung

1. Nehmen Sie sich Zeit für die Planung und Vorbereitung.

Unternehmen neigen dazu, jedem Marketingtrend nachzujagen, ohne zuvor die nötigen Voraussetzungen für eine erfolgreiche Umsetzung zu schaffen. Marketingautomatisierung ist mehr als »noch eine weitere Software«. Automatisierte Kommunikation, die von Ihrer Zielgruppe nicht als solche erkannt werden soll, braucht vorausschauende Planung und eine ausgefeilte Strategie, die nicht von heute auf morgen realisierbar ist.

2. Steuern Sie Ihre Kampagnen gezielt.

Die Verlockung ist groß, der Einfachheit halber alle Interessenten über einen Kamm zu scheren. Sie werden jedoch Leads von deutlich höherer Qualität gewinnen, wenn Sie Ihre Zielgruppen segmentieren und differenziert bearbeiten. Auch dazu können Sie Automatisierung nutzen.

3. Decken Sie den kompletten Kaufprozess ab.

Marketingautomatisierung sollte sich nicht auf die Gewinnung und Qualifizierung von Leads beschränken. Wenn Sie Ihre Leads nach dem Kauf aus Ihren automatisierten Prozessen »entlassen«, verpassen Sie die

Chance, zusätzliche Umsätze im After-Sales zu sichern. Denken Sie bei der Automatisierung daher auch an die Kundenbindung.

4. Überprüfen und optimieren Sie Ihre Kampagnen.

Ihre Marketingprozesse zu automatisieren, ist aufwendig: Ein passendes System muss gefunden werden, Mitarbeiter müssen geschult und Marketingkampagnen zum Laufen gebracht werden. Schalten Sie nach dem Start dennoch nicht zu früh auf Autopilot, sondern planen Sie in den ersten Monaten genügend Zeit ein, um Ihre Kampagnen laufend zu überprüfen und manuell zu justieren.

5. Nutzen Sie alle »Touch Points«.

Beschränken Sie die Automatisierung Ihrer Marketingkommunikation nicht auf einen Kanal. Je nachdem, wo im Vertriebstrichter (Sales Funnel) sich Ihre Interessenten befinden, können weitere Distributionskanäle sinnvoll sein. Nutzen Sie neben der E-Mail auch Instrumente, die es Ihnen ermöglichen, im direkten Dialog mehr über Ihre Zielgruppen zu erfahren, beispielsweise im Bereich Social Media Monitoring.

6. Binden Sie Ihren Vertrieb mit ein.

In vielen Unternehmen operieren Marketing und Vertrieb in Parallelwelten, obwohl beide grundsätzlich die gleichen Ziele verfolgen. Nutzen Sie die Chance, Marketingautomatisierung als Bindeglied zwischen Marketing und Vertrieb zu installieren und gemeinsame Prozesse mit abgestimmten Zuständigkeiten aufzusetzen.

7. Finden Sie das richtige Maß.

Marketingautomatisierung braucht Inhalte. Sie werden überrascht sein, wie viel Content Sie benötigen, um Ihre Interessenten in allen Phasen des Kaufprozesses adäquat bearbeiten zu können. Die Menge und Frequenz des automatisch ausgelieferten Contents sollte so eingestellt sein, dass Ihre Leads im Kaufprozess weder »veröden« noch »überhitzen«.

8. Schöpfen Sie die Funktionen voll aus.

Systeme für die Marketingautomatisierung sind komplex und bieten viele Funktionen, die auf den ersten Blick möglicherweise irrelevant erscheinen. Wenn Sie sich allerdings aus Zeitgründen zu sehr auf die Basisfunktionen Ihres Systems beschränken, werden Sie nur einen Teil der Möglichkeiten ausschöpfen.

9. Zentralisieren Sie Ihre Daten.

Der Erfolg von Content-Marketing und damit auch der Erfolg der Automatisierung von Marketingprozessen steht und fällt mit einem 360-Grad-Blick auf den potenziellen Kunden. Das ist nur dann möglich, wenn alle Informationen über Zielpersonen an einem Ort zur Verfügung stehen. Die Herausforderung liegt also darin, Datensilos im Unternehmen aufzubrechen und zusammenzuführen, sodass alle Daten für die Planung und Steuerung von Kampagnen in Echtzeit zur Verfügung stehen. Marketingautomatisierung ist mit Daten in Excel-Tabellen nicht möglich.

Datengetriebenes Content-Marketing

Kein Content-Marketing ohne Daten! Egal ob Sie wissen wollen, wie Ihr Content wirkt oder für welche Themen sich die Nutzer gerade interessieren – Datenanalysen liefern Ihnen Antworten und helfen dabei, Ihre Marketingaktivitäten zu optimieren und werthaltiger zu gestalten. Dabei geht es im Lean-Content-Marketing weniger um »Big Data« als vielmehr um »Smart Data«, also um Anwendungen, die sich mit wenig Aufwand schrittweise ins Marketing implementieren lassen.

> »Im Marketing redet man gerne über Daten, genutzt werden sie nicht.«
> – *FAZ*[234]

In einer Studie von T-Systems[235] gaben zwei Drittel der befragten Unternehmen an, Datenanalysen nur bei Bedarf, also nicht regelmäßig, durchzuführen. Und das, obwohl die großen Herausforderungen im Content-Marketing ohne die Analyse und Verwertung von Daten kaum zu bewältigen sind:

Wer sogenannten *Engaging Content* entwickeln will, der Kaufentscheider aktiviert, muss wissen, mit welchen Themen diese sich gerade beschäftigen. Aus Daten über das Nutzerverhalten lässt sich das ableiten. Ebenso finden Marketer damit heraus, ob ihr Content im Markt funktioniert. An diesen Erkenntnissen können sie sich bei künftigen Entscheidungen orientieren. Das Marketing folgt dann nicht mehr nur einem Bauchgefühl, sondern dem tatsächlichen Bedarf der Nutzer. Das nennt man datengetriebenes Marketing.

Die Realität der Content-Entwicklung sieht in Unternehmen jedoch anders aus. Von datengetriebenem Marketing keine Spur – stattdessen entstehen Inhalte und Konzepte auch heute noch vorwiegend in Meetings, Brainstorms und in Einzelarbeit, wie die folgende Abbildung zeigt.

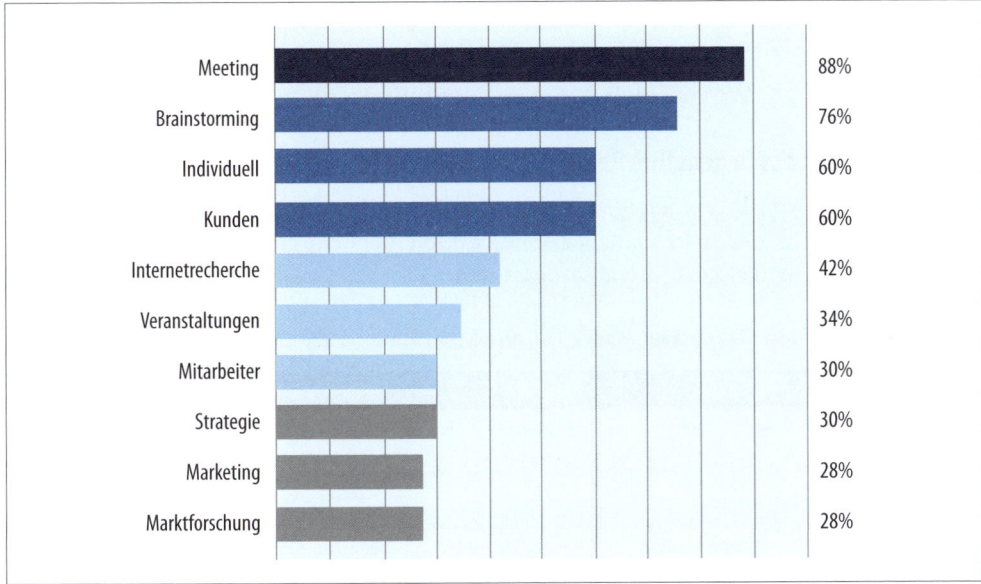

Meeting	88%
Brainstorming	76%
Individuell	60%
Kunden	60%
Internetrecherche	42%
Veranstaltungen	34%
Mitarbeiter	30%
Strategie	30%
Marketing	28%
Marktforschung	28%

Abbildung 7-10: Wo entstehen Ideen für Inhalte und Konzepte für Content?[236]

Das Verhalten der Kunden und die Prinzipien des Marketings verändern sich. Um darauf richtig reagieren zu können, wird es immer wichtiger, Daten konsequent zu sammeln und auszuwerten. Das heißt nicht, dass Intuition und Kreativität künftig überflüssig werden. Vielmehr geht es darum, beides am Kundenverhalten zu orientieren.

So gelingt der Einstieg ins »Smart-Content-Marketing«

Modernes Marketing ist nicht statisch, sondern muss sich laufend an eine sich schnell verändernde Umgebung anpassen können. Es empfiehlt sich daher, das Marketing (wie auch jeden anderen Bereich im Unternehmen) als dynamischen Prozess zu betrachten, der den Prinzipien des Lean-Startups folgt. Das gilt sowohl für die Einführung eines datengetriebenen Marketings als auch für die Umsetzung einzelner datengetriebener Kampagnen.

Wo steht Ihr Unternehmen?

Bestimmen Sie zunächst den Status quo in Ihrem Unternehmen anhand von Kriterien, die im datengetriebenen Marketing von Bedeutung sind:

- Welche Bedeutung hat das Thema Daten im Unternehmen?
- Wer ist für Datenanalysen und -auswertungen verantwortlich?
- Welche Ziele werden verfolgt?

- Wie wird die Qualität von Daten gemessen?
- Wer nutzt die Daten für welche Zwecke?
- Welche Tools kommen zum Einsatz?

Wohin geht Ihre Reise?

Von Ihrem jetzigen Status aus können Sie dann den nächsten Entwicklungsschritt planen. Die folgende Übersicht zeigt die wichtigsten Parameter und Entwicklungsstufen.

Tabelle 7-4: Checkliste: Wo steht Ihr Unternehmen im datengetriebenen Marketing?[237]

	Anfänger	Praktiker	Fortgeschrittener	Profi
Datenqualität: Wie sind Daten aufbereitet?	Ad-hoc-Daten	Strukturierte Daten	Integrierte Daten	Businesswissen
Organisation: Wer nutzt Daten?	Einzelne Nutzer, die sich untereinander nicht austauschen.	Einzelne Abteilungen, die im engen Austausch stehen.	Integrierte Anwendung im gesamten Unternehmen.	Das gesamte Unternehmen sowie darüber hinaus externe Partner.
Motivation: Warum werden Daten genutzt?	Reaktiv, um einzelne Probleme zu lösen	Um Kennzahlen auszuwerten und die Effizienz zu steigern	Um Prozesse abteilungsübergreifend zu optimieren und Geschäftsziele zu erreichen	Um sich mit Wettbewerbern zu messen
Kultur: Wie werden Daten genutzt?	Für Einzelthemen, Nutzung muss genehmigt werden	Für Marketingthemen, um daraus zu lernen, allerdings ohne Einbindung ins Unternehmen	Datennutzung ist Alltag, das gesamte Unternehmen agiert datengetrieben	Daten leisten einen Beitrag zur Wertschöpfung und bringen einen Wettbewerbsvorteil
Qualität: Wie werden Daten validiert?	Durch punktuelle Checks	Durch regelmäßige Checks	Durch eine standardisierte Qualitätsprüfung	Durch Benchmark und Vergleichsgruppen
Steuerung: Wie wird das Thema geregelt?	Keine Steuerung, keine Regeln für Datenprojekte	Projektmanagement, Regeln für die Datenerfassung	Prozessmanagement, Regeln für die Anreicherung von Daten	C-Level Management, laufende Überwachung und Steuerung auf Leitungsebene
Messgrößen: Wie wird der Erfolg gemessen?	Volumen (Klicks, Shares)	Conversion (Leads, Sales)	Umsatz, ROI	Prognose: Daten ermöglichen prospektives Monitoring
Technologie: Welche Tools werden genutzt?	Insellösungen, Excel, lokale Daten	Datenbank, Marketing-Automation, CRM	Datawarehouse, operative Systeme, externe Daten	Wissensmanagement, unstrukturierte Daten

Wie wir oben gesehen haben, führen zwei Drittel der Unternehmen Datenanalysen nur bei Bedarf oder nicht regelmäßig durch. Das bedeutet, sie nutzen Daten nur sporadisch, nicht systematisch – das entspricht dem Status des »Anfängers« in der obigen Übersicht. Datengetriebenes Management auf Profiebene findet dagegen in allen Bereichen des Unternehmens und über Unternehmensgrenzen hinweg statt. Daten dienen hier nicht nur dazu, Aktivitäten im Unternehmen zu bewerten. Sie versetzen Unternehmen auch in die Lage, künftige Aktivitäten zu planen und den Erfolg zu prognostizieren. Doch bis dahin sind einige Schritte zu gehen.

Tipp:

Wenn Sie frisch in das Datenmanagement einsteigen, ist es wenig sinnvoll, sofort *Data Excellence* anzusteuern. Vielmehr sollten Sie Ihren jetzigen Status quo realistisch ermitteln und von dort aus schrittweise weiterentwickeln. Dabei hilft Ihnen die obige Checkliste.

Kampagnen nach dem Lean-Prinzip umsetzen

Im Lean-Content-Marketing geht es darum, die eingesetzten Maßnahmen schrittweise weiterzuentwickeln. Der entscheidende Treiber dafür sind Daten, die im Live-Betrieb gesammelt und ausgewertet werden. Hier erkennen Marketer, wie ihre Inhalte ankommen, über welche Kanäle sie ihre Zielpersonen erreichen und wo es gegebenenfalls noch Informationsbedarf gibt. Diese Erkenntnisse können sie nutzen, um ihre Inhalte ebenso wie die Wahl der Kanäle weiterzuentwickeln. Entscheidungen trifft das Marketing also nicht aus dem Bauchgefühl heraus, sondern auf Basis von gesicherten Erkenntnissen.

Weiterlesen:

Mehr über die Content-Entwicklung nach dem Lean-Prinzip erfahren Sie im Abschnitt *Inhalte nach dem Lean-Prinzip entwickeln* auf Seite 59 ff.

Ziel des datengetriebenen Content-Marketings ist es, die eigenen Aktivitäten möglichst genau auf die der Zielpersonen auszurichten. Im Ergebnis soll der gezielte Einsatz von Daten zu einem besseren Nutzungserlebnis führen.

Im Folgenden werden einige Datenquellen beschrieben, die für die Auswertung und Optimierung Ihrer Kampagnen wesentlich sind. Besonders relevant sind dabei Daten aus Suchmaschinen, Social Media und Google Analytics. Sie zeigen beispielsweise auf: Wie viel Interesse besteht für ein Thema? Welche Bedürfnisse herrschen im Markt? Was sind mögliche Kaufhürden beim Kunden? Wie stark haben Wettbewerber ein Thema besetzt? Deshalb empfiehlt es sich, Google-Suchanfragen und andere Daten regelmäßig zu analysieren und die Erkenntnisse in die Planung von Content einzubeziehen. Das geschieht in vier Schritten:

1. Relevanz eines Themas anhand des Suchvolumens ermitteln

Je häufiger ein Begriff in Suchmaschinen angefragt wird, desto relevanter ist das Thema. Für die Ermittlung des Suchvolumens stehen verschiedene Tools zur Verfügung, darunter Google Keyword Planner, Sistrix, Xovi, SEMRush und KWFinder.

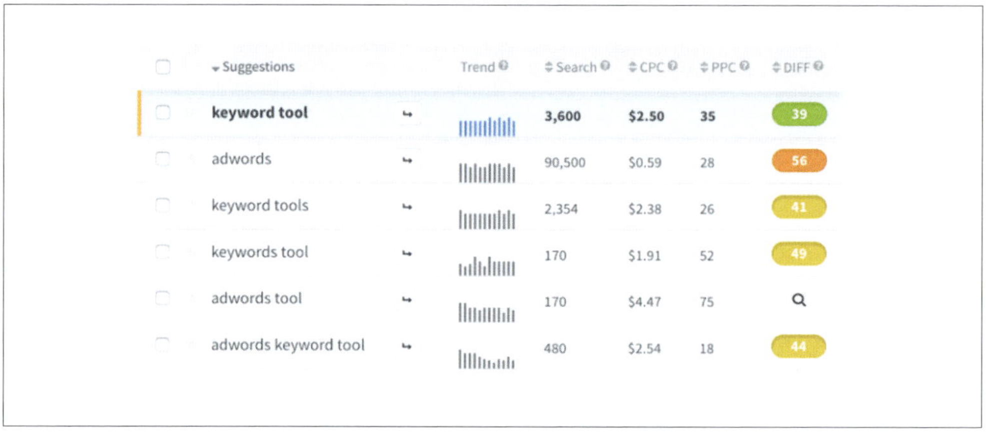

Suggestions	Trend	Search	CPC	PPC	DIFF
keyword tool		**3,600**	**$2.50**	**35**	39
adwords		90,500	$0.59	28	56
keyword tools		2,354	$2.38	26	41
keywords tool		170	$1.91	52	49
adwords tool		170	$4.47	75	
adwords keyword tool		480	$2.54	18	44

Abbildung 7-11: Analyse von Suchdaten mit KWFinder[238]

2. Aktivität von Wettbewerbern ermitteln

Wenn ein Thema bereits stark vom Wettbewerb bearbeitet wird, sollten Sie kritisch prüfen, ob es Sinn ergibt, hier mitzumischen. Eine Nische, in der es noch wenig gute Inhalte gibt, bietet in der Regel bessere Chancen, Aufmerksamkeit für die eigenen Inhalte zu bekommen.

3. Resonanz auf Themen analysieren

Die *Engagement Rate* oder auch Interaktionsrate ist eine wichtige Messgröße, um die Relevanz bestimmter Themen oder Inhalte zu bewerten. Sie wird zum Beispiel in sozialen Medien wie Twitter oder Facebook berechnet, indem die Summe an Interaktionen, wie Likes, Kommentare, Klicks oder Shares, durch die Anzahl der Follower geteilt wird. Mit dieser Kennzahl können Sie das Interesse an Ihren Inhalten sehr gut bewerten. Verfolgt man die Summe der Interaktionen pro Tag über einen gewissen Zeitraum, lassen sich Trends erkennen, wie sich die Resonanz auf einzelne Inhalte entwickelt.

> **Tipp:**
>
> Mit entsprechenden Tools können Sie bei Bedarf auch die Engagement Rates der Wettbewerber analysieren und diese mit den eigenen Inhalten vergleichen.

4. Inhalte mit dem Content-Score bewerten und vergleichen

Was macht guten Content aus? Eine Antwort auf diese Frage ist nicht einfach. Jeder hat persönliche Vorlieben und Erwartungen. Um den subjektiven Präferenzen ein objektives Bezugssystem zu geben, sollten Bewertungskriterien standardisiert werden. Viele Publisher verwenden für die Bewertung der Content-Qualität ein Scoring-Verfahren, bei dem verschiedene Metriken in der Summe betrachtet werden. Bei Blogartikeln eignen sich beispielsweise quantitative Metriken wie Seitenaufrufe, Verweildauer pro Seite oder die Anzahl der Likes, Shares und Kommentare. Diese Metriken werden im Scoring-Verfahren normiert und unterschiedlich gewichtet.

Tabelle 7-5: Beispiel für die Bewertung von Blogartikeln mittels Scoring

	Seitenaufrufe	Verweildauer	Social Score	Artikel-Score (gesamt)
Normiert durch	Gesamtzahl	Maximaldauer	Gesamtzahl	
Gewichten mit Faktor	2	3	1	
URL 1	0,8	0,9	0,3	2,0
URL 2	0,8	0,2	0,5	1,5
URL 2	0,2	0,4	0,4	1,0

Nutzer mittels Lead-Scoring segmentieren

Webanalysesysteme wie Google Analytics ermöglichen es, auf sehr einfache Weise die Besucher Ihrer Internetseite und deren Verhalten zu beobachten. Solche Verhaltensdaten oder sogar Transaktionsdaten sind sehr viel aussagekräftiger als zum Beispiel demografische Daten, da Sie von ihnen auf den konkreten Informationsbedarf des Nutzers und sein Potenzial schließen können.

Indem Sie verschiedene Kriterien über ein Scoring-System bewerten, lassen sich die Nutzer verschiedenen Kategorien zuordnen: Wer lädt welche Dokumente herunter? Wer reagiert wie auf E-Mails? Wie häufig kommt ein Leser zurück? Welche Inhalte konsumiert er? Für jede dieser Aktivitäten werden entweder verschiedene Punktzahlen oder sogenannte

Labels vergeben. Die Summe der Punkte ergibt eine Kennzahl für die Aktivität eines Nutzers.

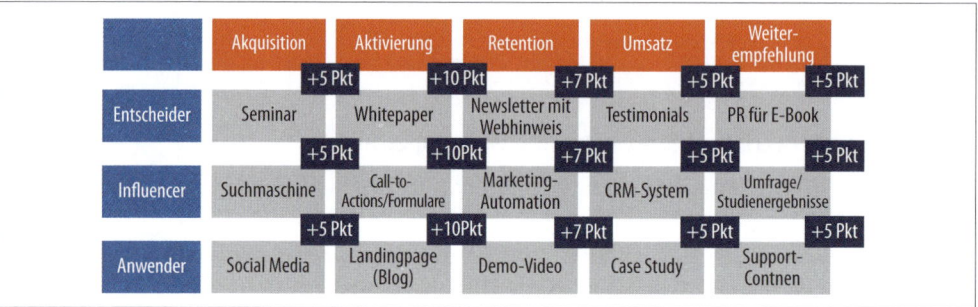

Abbildung 7-12: Beispiel für das Lead-Scoring entlang der Customer Journey[239]

Das *Labeling* ermöglicht Ihnen, einen Nutzer besser einzuschätzen und beispielsweise die E-Mail-Kommunikation genauer auf seine Bedürfnisse zuzuschneiden: entweder inhaltlich oder nach dem Maß seiner Aktivität. Viele moderne CRM- oder Marketing-Automatisierungslösungen bieten eine solche Funktion an und erleichtern das Segmentieren von Nutzern.

Herausforderungen beim Umgang mit Daten und Technologien

Die Einführung datengetriebener Arbeitsweisen stellt Unternehmen vor große Herausforderungen. Dabei geht es vor allem um die Qualität der Daten, die für den Erfolg eines datengetriebenen Marketings entscheidend ist. Aber auch die Auswertung der Daten und das Zusammenführen von Daten aus verschiedenen Unternehmensbereichen sehen Unternehmen als wichtige Herausforderungen im Alltag. Um diese erfolgreich zu meistern, spielt zwangsläufig auch das Thema Technologie eine zentrale Rolle.

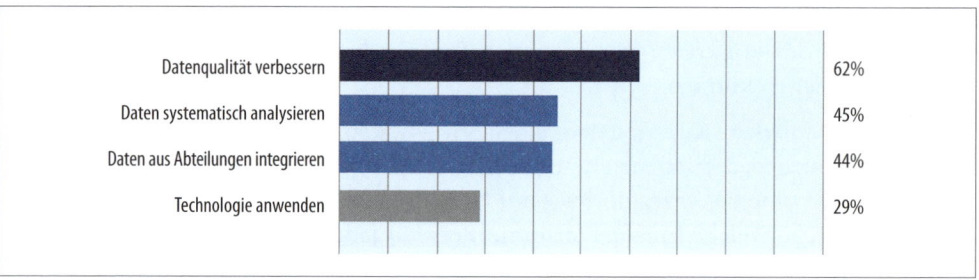

Abbildung 7-13: Herausforderungen im datengetriebenen Marketing[240]

Diesen Schwierigkeiten liegen unserer Erfahrung nach zwei typische Spannungsfelder zugrunde, die in jedem Unternehmen anzutreffen sind: zum einen das traditionell komplizierte Verhältnis von Technologie und Kreativität: Welche Rolle spielen Daten in kreativen Prozessen? Und zum anderen die Frage der Zuständigkeiten im Unternehmen: Wer ist verantwortlich für das Thema Daten?

Spannungsfeld »Technologie vs. Kreation«

70 Prozent aller Inhalte, die aus dem Marketing kommen, werden nicht genutzt – weder von potenziellen Kunden noch vom eigenen Vertrieb oder sonstigen Abteilungen im Unternehmen.[241] Daten über die Zielgruppe und entsprechende Technologien für deren Analyse können helfen, die Rate des Scheiterns zu senken. Auch mit Testszenarien, wie zum Beispiel A/B-Testings, lassen sich frühzeitig im Kreationsprozess nützliche Einblicke in den Bedarf der Nutzer gewinnen. So können Inhalte gezielt verbessert oder verschiedene Konzepte systematisch miteinander verglichen werden.

Technologie kann die Qualität der Inhalte und die Effektivität des Marketings somit wesentlich erhöhen – vorausgesetzt, sie unterstützt die Kreation, statt sie einzuschränken. Inhalte mit einem hohen Content-Score sind gut. Doch datengetriebenes Marketing sollte nicht dazu führen, dass nur noch Inhalte zu »abgesicherten« Themen in einem Format ohne kreative Note produziert werden, denn dann wird die Qualität und Attraktivität der Inhalte über kurz oder lang abnehmen.

Verantwortlichkeiten und Ressourcen

Die schöne neue Datenwelt mit ihren technischen Möglichkeiten ist nur so gut, wie sie auch in der Organisation bzw. im Team integriert ist. Für den Einstieg ins datengetriebene Content-Marketing ist es deshalb entscheidend, zu klären, wer sich um Daten und Technologien kümmert. Wer implementiert die Analysesysteme? Die IT? Das Marketing? Ein Dienstleister? Und wer macht die Analysen und generiert Insights? Die Kreativabteilung? Der Content-Manager? Eine Agentur?

Fest steht: Nur wer Daten und Technologie inhouse beherrscht, ist langfristig in der Lage, das datengetriebene Management über die Grenzen einzelner Abteilungen hinweg im Unternehmen zu etablieren. Deshalb empfiehlt es sich, Fähigkeiten im Unternehmen aufzubauen, klare Verantwortlichkeiten zu benennen und Ressourcen in ausreichendem Maße zur Verfügung zu stellen. In den USA verbreiten sich bereits neue Berufsbilder, die genau an der Schnittstelle von Content, Technologie und

Daten angesiedelt sind: der Marketing Analyst, der Marketing Techno-
logist und der Growth Hacker. Diese neuen Berufsbilder zeigen, wohin
die Reise im Marketing geht.

> **Tipp:**
>
> Starten Sie mit einem unternehmensweiten Datenaudit, indem Sie schritt-
> weise sämtliche Datensilos in Ihrem Unternehmen identifizieren und diese
> in einer zentralen Datenbank zusammenfügen. Dazu brauchen Sie jeman-
> den, der sich über technische Fragen hinaus mit dem Modellieren von
> Datenarchitekturen auskennt.

Künstliche Intelligenz im Content-Marketing

Die Regeln im Content-Marketing ändern sich schneller, als die Unternehmen sich diesen anpassen können. Von Content, der gestern noch
kurz und kompakt sein musste, wird heute Informationstiefe verlangt.
Gleichzeitig muss er immer gezielter auf den konkreten Bedarf der Nutzer zugeschnitten werden. Dazu braucht es umfangreiche Daten über
diesen. Analyse- und Automatisierungstools können Unternehmen dabei unterstützen, solche Daten zu erfassen, auszuwerten und zu nutzen.
Künstliche Intelligenz (KI) geht noch einen Schritt weiter – mit Anwendungen, die ein gewisses Maß an maschineller Intelligenz mitbringen.

Vieles von dem, was mit KI theoretisch möglich wäre, ist allerdings von
der Praxis noch weit entfernt. Das liegt zum einen daran, dass die Technologie entweder noch nicht ausreichend entwickelt oder für Unternehmen kaum erschwinglich ist. Zum anderen müssen auch intelligente
Maschinen mit Daten gefüttert werden, über die die meisten Unternehmen gar nicht verfügen.

Bevor Sie sich also auf die Suche nach konkreten Anwendungsmöglich-
keiten von künstlicher Intelligenz machen, sollten Sie folgende Punkte
berücksichtigen.

1. Künstliche Intelligenz steckt noch in den Kinderschuhen.

Software mit kognitiven Fähigkeiten, die das Marketing bei zentralen
Aufgaben wie der Planung oder Entwicklung von Content vollwertig
unterstützen könnten, sind noch reine Theorie. Viele Anbieter locken
zwar mit »intelligenten« Lösungen, jedoch entpuppen sich diese nicht
selten als einfache Automatisierungsanwendungen, die bestenfalls über
Funktionen für die Erfassung und Auswertung von Daten verfügen.

Wer echte künstliche Intelligenz erwartet, wird enttäuscht. KI, die nach menschlichen Maßstäben in der Lage ist, Kreativität, Gefühle, moralische Entscheidungen oder Interaktion in die Marketingkommunikation einzubringen, wird es bis auf Weiteres nicht geben.

2. Künstliche Intelligenz braucht große Mengen an Daten.

Technologisch hält künstliche Intelligenz heute noch bei Weitem nicht das, was sie verspricht. Und selbst wenn es in naher Zukunft entsprechende Lösungen geben sollte, bleibt in vielen Unternehmen noch zu klären, woher die Daten kommen sollen, die diese Systeme benötigen, um selbstständig Entscheidungen treffen zu können. Die meisten Unternehmen verfügen heute nicht einmal über ein systematisches Datenmanagement, geschweige denn über grundlegende Verfahren, um Daten auszuwerten und aufzubereiten.

3. Künstliche Intelligenz wird nur langsam verfügbar.

Große Technologieunternehmen wie Facebook, Google, Microsoft, Amazon oder IBM arbeiten mit Hochdruck daran, ihre KI-Technologie verfügbar und vor allem bezahlbar zu machen. Analysten sehen jedoch die notwendigen Voraussetzungen für den Einsatz von KI in den Unternehmen – dazu zählt etwa die Lernfähigkeit, das sogenannte Machine Learning – erst in fünf bis zehn Jahren gegeben.[242]

Mögliche Einsatzgebiete im Content-Marketing

»Content-Marketing stirbt wahrscheinlich in den Händen von Robotern, aber bis dahin hat es noch ein langes Leben.«
– *Jayson DeMers, AudienceBloom*[243]

Konkrete Einsatzszenarien für künstliche Intelligenz zeichnen sich vor allem in den Bereichen Content-Erkennung, Sprachsteuerung, Nutzeranalyse und Marktprognosen ab.[244] Im Folgenden werden denkbare Anwendungen in diesen Bereichen sowie Nutzen und Herausforderungen für Unternehmen beschrieben.

Inhalte erkennen und verwalten

KI für die Bild- und Videoerkennung

Visuelle Inhalte dominieren das Internet. Dementsprechend groß ist das Interesse von Unternehmen, die darüber transportierten Themen und Botschaften zu analysieren – sei es, um mehr über die Interessen potenzieller Kunden zu erfahren oder um rechtzeitig zu erkennen, welche Meinungen über das eigene Unternehmen kursieren. In beiden Fällen greift das Beobachten und Analysieren von Textinhalten allein zu kurz. Intelligente Tools sollen dabei unterstützen, automatisch Muster in visuellen Inhalten zu erkennen und daraus in Echtzeit nützliche Informationen zu ziehen.

Beispiel: »Intelligente« Bilderkennung im B2B-E-Commerce

Die Plattform architizer.com verbindet Architekten mit Anbietern von Produkten rund ums Planen und Bauen. Jeden Monat veröffentlichen Anbieter bis zu 300.000 Bilder auf der Plattform, die heute 1,8 Millionen Bilder verwaltet.[245] Künstliche Intelligenz trägt hier wesentlich dazu bei, dass aus der Vielzahl der Bilder die herausgefiltert werden, die zu den Anfragen von Architekten passen. Der Suchalgorithmus berücksichtigt also nicht nur Textinhalte, sondern auch Bildinformationen.

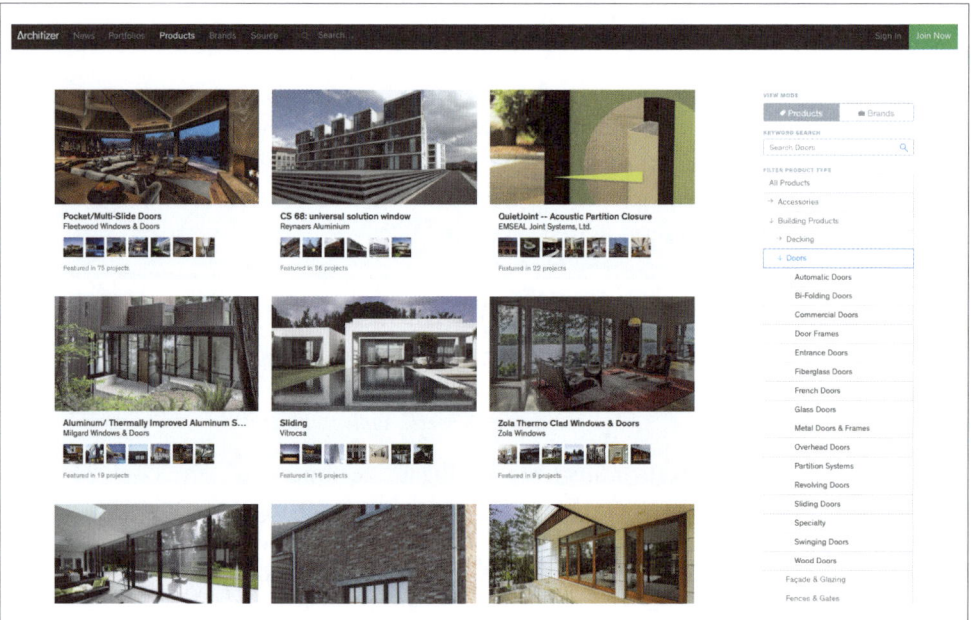

Abbildung 7-14: Intelligente Bilderkennung auf architizer.com[246]

KI im Digital Asset Management

Auch bei der Verwaltung von digitalen Inhalten, den sogenannten *Digital Assets*, kann künstliche Intelligenz Unternehmen unterstützen. Hier dient sie dazu, Muster in Inhalten zu erkennen und nach bestimmten Kriterien zu organisieren. Moderne DAM-Lösungen sind heute schon in der Lage, Inhalte im System mit semantischen Metadaten automatisch zu verschlagworten. Dadurch werden sowohl die Erfassung als auch das Auffinden von Content im Gegensatz zur manuellen Verwaltung deutlich schneller und effizienter. Künstliche Intelligenz wird die Erkennung von Inhalten vor allem dann deutlich verbessern, wenn diese sich kaum voneinander unterscheiden.

Dialog und Content

KI im Kundendialog und Chatbots

Nicht nur jüngere Nutzer verbringen einen großen Teil ihrer Zeit online in Nachrichten-Apps wie WhatsApp oder dem Facebook Messenger. Für Unternehmen stellen diese Kanäle neue Schnittstellen zu B2B-Entscheidern dar – und neue Einsatzgebiete für eine intelligente Automatisierung des Kundendialogs. Die Entwicklung geht dabei in zwei Richtungen: Text und Sprache. Während Chatbots für Nachrichten-Apps auf Text setzen, nutzen Systeme wie Amazon Alexa, Apple Siri oder Google Assistant die Sprache als Medium für den Dialog.

KI für die Entwicklung von Marketinginhalten

Marketer stehen vor der großen Herausforderung, eine Vielzahl an Inhalten zu produzieren, die möglichst auf den Bedarf des einzelnen Nutzers zugeschnitten sind – und das quasi in Echtzeit. Der Einsatz von künstlicher Intelligenz könnte hierbei wesentlich unterstützen. Gartner prognostiziert, dass etwa 20 Prozent aller Businessinhalte im Jahr 2018 von Maschinen erstellt werden.[247] Tools wie Wordsmith oder Quill generieren schon heute sehr passable Texte aus Daten, die man ihnen liefert. Kreative Textarbeit oder gar emotionales Storytelling kann man jedoch noch nicht erwarten.

KI in der Sentiment-Analyse

Im automatisierten Kundendialog kommt es sehr darauf an, Stimmungen beim Gegenüber zu erkennen, um darauf adäquat reagieren zu können. Hier ist die künstliche Intelligenz schon recht weit fortgeschritten. Bots sind beispielsweise in der Lage, Nachrichten und Inhalte von Nutzern auf Facebook oder Twitter auf Stimmungen, Kritik oder Aggression hin zu analysieren. Diese Funktion ist vor allem im Bereich des Media Monitoring hilfreich, um zu erfassen, wie über Unternehmen oder Produkte gesprochen wird.

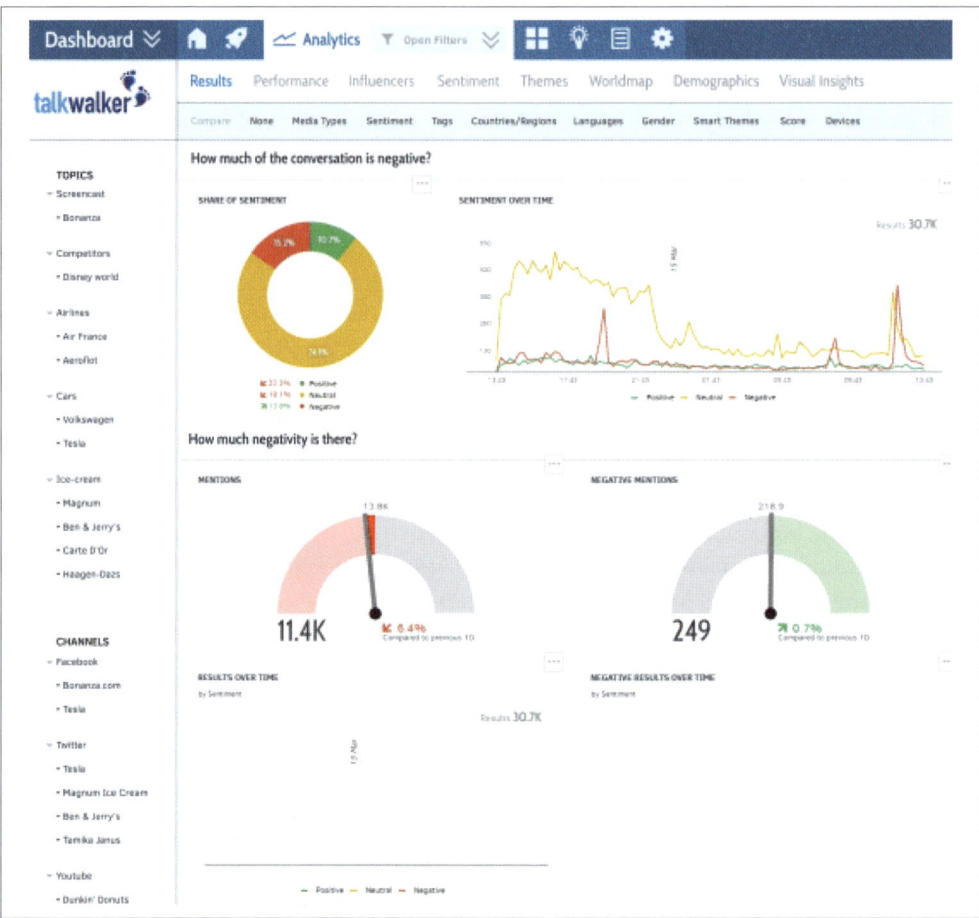

Abbildung 7-15: Unternehmen wie Talkwalker setzen auf die »Intelligenz« ihrer Sentiment-Analyse.[248]

Insights und Analyse

KI in der programmatischen Werbung

Programmatic Advertising bezeichnet den vollautomatischen und indi-vidualisierten Ein- und Verkauf von Werbeflächen in Echtzeit.[249] Dahinter stecken schon heute Anwendungen, die in der Lage sind, selbst zu lernen und Entscheidungen auf Basis von Erfahrungen zu treffen. Unternehmen, die ihre Werbeausgaben optimieren wollen, kommen an künstlicher Intelligenz im Einkauf von Medialeistung heute kaum noch vorbei.

KI im Lookalike Audience Modeling

Unternehmen sind interessiert daran, im Markt weitere Personen zu finden, die bestehenden Interessenten und Kunden ähnlich sind. Denn auch diese könnten ein Interesse an ihren Produkten haben oder in Zukunft noch entwickeln. Man nennt diese Gruppe von Zielpersonen *Lookalike Audience*. Sind die Eigenschaften dieser Gruppe bekannt, lassen sich Werbemaßnahmen sehr viel zielgenauer ausrichten, als dies bei einer generischen Zielgruppe möglich wäre. Die Menge der Daten und die Geschwindigkeit, in der diese Daten verarbeitet werden müssen, machen eine intelligente Automatisierung notwendig.

> **Tipp:**
> Für das Advertising auf Facebook lassen sich schon heute Lookalike Audiences erstellen. Dazu genügen die Daten von 100 Nutzern aus Ihrer Datenbank. Je höher die Nutzerzahl, desto gezielter werden Werbeanzeigen ausgespielt.[250]

KI für die Personalisierung von Content in Echtzeit

75 Prozent der Besucher einer Webseite reagieren negativ, wenn die Inhalte auf der Seite nicht auf ihre Person zugeschnitten sind.[251] Die Personalisierung von Inhalten gehört deshalb zu den großen Herausforderungen im Content-Marketing. Künstliche Intelligenz soll Unternehmen dabei unterstützen, individuelle Kundenerlebnisse zu schaffen, indem Inhalte auf den persönlichen Bedarf zugeschnitten werden. »Engaging Content statt Verkaufsphrasen«, so lautet das Prinzip – und zwar nicht nur auf der Website, sondern auch in sozialen Netzwerken, auf Businessplattformen oder im E-Mail-Newsletter.

Planung und Prognose

KI zur Steuerung des Cross-Sellings

Produktempfehlungen sind im E-Commerce nichts Neues. Onlineshops beobachten das Verhalten ihrer Nutzer und schlagen Produkte vor, die zu ihrem Bedarf passen könnten. Voraussetzung dafür ist, dass genügend Daten über Nutzer zur Verfügung stehen, um daraus Nutzertypologien zu entwickeln. Das ist jedoch gerade beim Start eines E-Shops nicht der Fall. Künstliche Intelligenz verspricht hier den Vorteil, sehr viel mehr Daten und Erfahrungswerte aus Quellen außerhalb des eigenen Shops für personalisiertes Cross-Selling heranziehen und verarbeiten zu können.

KI für die Prognose der Markt- und Nachfrageentwicklung

Predictive Analytics gehört zu den Top-Themen in Marketing und Vertrieb. Denn Unternehmen wollen auf Entwicklungen und Trends im

Markt nicht nur reagieren, sondern sie möglichst frühzeitig erkennen, um die Entwicklung mitgestalten zu können. KI-gestützte Systeme wie etwa *Salesforce Einstein* sollen dabei unterstützen, das Verhalten potenzieller Kunden vorherzusehen, etwa um den Zeitpunkt zu ermitteln, an dem eine Kontaktaufnahme durch den Vertrieb eines Unternehmens Erfolg verspricht. So können Unternehmen potenzielle Kunden proaktiv statt nur reaktiv ansprechen, und zwar genau dann, wenn das Interesse am Produkt oder auch am Content am größten ist. Für den Content-Marketer ergibt sich damit die Möglichkeit, beispielsweise vorherzusagen, wie oft eine E-Mail zu einem geplanten Thema geöffnet oder angeklickt werden wird.

Künstliche Intelligenz in der Praxis: Chatbots

Softwareanwendungen, die mit Menschen in deren Sprache kommunizieren, werden heute bereits in vielen Unternehmen eingesetzt. Sogenannte Chatbots übernehmen hier einfache Aufgaben in der Eins-zu-eins-Kommunikation wie etwa im Kundenservice. Technologisch unterscheidet man dabei zwischen Bots mit echter künstlicher Intelligenz und Bots, die lediglich auf Basis von Regeln funktionieren. Die meisten Anwendungen, die heute im Einsatz sind, dürften wohl zur zweiten Gruppe gehören, was sich im Verlauf eines »Gesprächs« schnell an einer etwas holprigen Sprache und dem eingeschränkten Wissen bemerkbar macht.

> »Die menschliche Sprache ist kognitiv eine sehr komplexe Aufgabe, wenn nicht die komplexeste. Gehen ist komplex, aber Sprache geht weit darüber hinaus. Und es gab bisher noch nicht viele Durchbrüche beim Verstehen natürlicher Sprache.«
>
> – *Lauren Kunze, Pandorabots*[252]

Selbstlernende Systeme mit echter künstlicher Intelligenz werden seit einiger Zeit getestet. In die Schlagzeilen geraten sind dabei oft die Versuche, die zeigen, dass man von echter Intelligenz noch weit entfern ist – wie etwa ein Prototyp von Microsoft, der 2016 unter dem Namen »Tay« auf Twitter getestet wurde. Das System war so programmiert, dass es im Dialog mit Nutzern lernen und seine sprachlichen Fähigkeiten selbstständig weiterentwickeln sollte. »Je mehr du redest, desto schlauer wird Tay«, versprach Microsoft. Jedoch entpuppte sich das System schnell als »Roboter-Papagei mit Internetverbindung«, wie The Verge titelte.[253] Innerhalb von 24 Stunden war es Twitter-Nutzern gelungen, dem Chatbot eine Vielzahl von rassistischen, menschenverachtenden Phrasen beizubringen, die er unreflektiert in seinen Sprachschatz aufnahm. Microsoft brach das Projekt daraufhin ab.

Der Fall des Chatbots »Tay« zeigt anschaulich, dass es sehr wohl technisch möglich ist, Software in den Dialog mit Menschen einzubinden. Allerdings braucht es bis auf Weiteres den Menschen im Hintergrund, der die Funktion kontrolliert und Reaktionen im Markt beobachtet.

Abbildung 7-16: Der Microsoft-Bot »Tay« erntet auf Twitter Hohn und Spott.[254]

Tipps für den Einstieg in die Kommunikation mit Chatbots

Technologie, die es ermöglicht, den Dialog mit dem Kunden zu automatisieren, ist für viele Unternehmen noch Neuland. Und der Dialog als solcher ist ein sensibles Gebiet: Wer spricht schon gern mit einer Maschine, die über die sprachlichen Fähigkeiten eines Kleinkindes verfügt? Technologie kann und darf hier nicht zum Selbstzweck werden. Deshalb sollten Sie beim Einstieg einige Punkte beachten.

1. Entwickeln Sie Ihre Chatbot-Strategie schrittweise.

Marketer sind gut beraten, sich im technologischen Neuland möglichst »agil« zu bewegen und ihre Chatbot-Strategie schrittweise zu entwickeln. Wie bei allen Maßnahmen im Marketing sollten Sie sich zunächst Klarheit darüber verschaffen, wer Ihre Zielpersonen sind. Im nächsten Schritt entwickeln Sie einen Prototyp für das Kommunikationsdesign, der dann im Live-Betrieb getestet und iterativ weiterentwickelt wird.

2. Starten Sie mit vorhandenen Technologien.

Zu Beginn wissen Sie noch wenig darüber, wie Ihr Chatbot beschaffen sein muss, um Ihrer Zielgruppe ein zufriedenstellendes Kommunikationserlebnis zu bieten. Deshalb ist es aus wirtschaftlichen Gründen sinnvoll, Investitionen in Ihren Prototyp möglichst klein zu halten. Um erste Erfahrungen mit geringem Risiko zu sammeln, lassen sich mit sogenannten Chatbot-Creator-Apps erste Bots erstellen – und zwar sowohl für Business-Apps wie Slack, Help Scout, Front oder Zendesk als auch für Messaging-Apps wie Facebook Messenger, Kik oder WeChat. Aber auch Chatbots für die Kommunikation per SMS oder einen Besucher-Chat für Ihre Website lassen sich mit geringem Aufwand erstellen.

3. Setzen Sie Chatbots für einfache Kommunikationsaufgaben ein.

Bezahlbare KI-Technologien sind noch selten. Es empfiehlt sich deshalb, Chatbots vor allem beim Einstieg in das Thema für möglichst simple Kommunikationsaufgaben einzusetzen, zum Beispiel um einfache Fragen Ihrer Website-Besucher zu beantworten. Erst wenn sich die Technologie im kleinen Rahmen bewährt hat und Sie genügend Informationen über den Informationsbedarf Ihrer Zielgruppe gesammelt haben, sollten Sie sich auf die große Bühne wagen. Und auch dann braucht es immer die Menschen im Hintergrund, die die Chatbots überwachen und steuern.

> **Lesetipp:**
> Über die neuesten Trends und Entwicklungen rund um Chatbots berichtet laufend das Chatbot-Magazin unter *chatbotmagazine.com*.

Glossar

B2B-Content-Marketing Content-Marketing im B2B-Bereich unterscheidet sich im Hinblick auf die Ziele, Themen, → Formate und → Kanäle vom B2C-Content-Marketing. Wesentlicher Grund hierfür ist der meist höhere Erklärungsbedarf der Produkte und Dienstleistungen sowie der komplexere Entscheidungsprozess aufseiten der Zielgruppen, in den meist mehrere Personen im Unternehmen involviert sind. Primäres Ziel des B2B-Content-Marketings ist die Generierung und Qualifizierung von → Leads.

Bots Computerprogramme, die weitgehend automatisch sich wiederholende Aufgaben abarbeiten, ohne dabei auf eine Interaktion mit einem menschlichen Benutzer angewiesen zu sein. In sozialen Medien werden Social Bots eingesetzt, um automatische Antworten zu setzen. Twitter-Bots beispielsweise reagieren auf spezifische Hashtags und setzen dann vorher programmierte Tweets oder Posts ab.

Buyer Persona Bezeichnung für den typischen Vertreter einer Zielgruppe, den man anhand relevanter Merkmale möglichst genau beschreibt: Alter, Geschlecht, Ausbildung, berufliche Position, Aufgaben im Alltag, Motivation, Mediennutzung etc. Entscheidend ist, dass man ein möglichst gutes Verständnis für die Bedürfnisse und Interessen der Zielpersonen entwickelt.

Call-to-Action Eine konkrete Handlungsaufforderung an einen Nutzer wie etwa einen Besucher einer Internetseite oder den Leser eines Whitepapers. Ein Call-to-Action soll zu weiteren Aktionen animieren.

Content-Audit Eine Bestandsaufnahme aller bereits vorhandenen Inhalte. Bei Content-Audits geht es in erster Linie um die Inhalte auf der Unternehmenswebsite, die quantitativ erfasst und qualitativ bewertet werden. Ziel ist es, einen Überblick über den Status quo zu bekommen, um auf dieser Grundlage eine Content-Strategie entwickeln zu können.

Content Curation Unter Content Curation versteht man das Sammeln, Sortieren, Aufbereiten und Weiterverbreiten von Inhalten zu einem bestimmten Thema. Dabei werden insbesondere auch Inhalte aus externen Quellen verbreitet, die zu den eigenen Zielen und Themen passen.

Content-Lebenszyklus Ein Modell, das die Arbeitsschritte bei der Erstellung und Publikation von Inhalten in einem Kreislauf beschreibt. Der Content-Lebenszyklus bildet alle Phasen der Bearbeitung von Content ab: von der Strategie über die Planung, Kreation und Distribution bis zur Erfolgsmessung.

Content Mapping Der Prozess der Analyse und Organisation des Content-Flusses auf eigenen Medien – wie der Website, dem Blog oder dem Social-Media-Profil – mit dem Ziel, jedem Nutzer den Content zur Verfügung zu stellen, der inhaltlich zu seinen Bedürfnissen und zur jeweiligen Stufe im Kaufprozess passt.

Content-Marketing Eine Marketingtechnik, bei der es darum geht, Zielgruppen mit nützlichen Inhalten anzusprechen, um sie vom Unternehmen und seinem Leistungsangebot zu überzeugen und sie als Kunden zu gewinnen. Content-Marketing steht im Gegensatz zu klassischen, eher werblichen Formen des Marketings.

Content-Strategie Die Grundlage für Content-Marketing. In der Content-Strategie sind Ziele, Zielgruppen, Botschaften, Formate, Kanäle und Metriken zur Erfolgsmessung festgelegt.

Conversion-Rate Die Conversion-Rate (Konversionsrate) gibt an, wie viele der Besucher einer Webseite eine gewünschte Aktion ausführen. Diese Aktion kann der Kauf eines Produkts sein, das Abgeben eines Kommentars, die Registrierung für einen Newsletter, der Download eines bestimmten Dokuments oder das Klicken eines Banners.

Corporate Blog Eine Art Onlinemagazin, in dem Unternehmen selbst Beiträge veröffentlichen, die dann in chronologischer Reihenfolge erscheinen. Ein Corporate Blog ist für viele Unternehmen der Dreh- und Angelpunkt ihrer Content-Marketing-Aktivitäten. Es lässt sich kostengünstig einrichten und ist daher ein ideales Instrument für den Einstieg ins Content-Marketing.

CRM (Customer-Relationship-Management) Das Kundenbeziehungsmanagement eines Unternehmens umfasst die Planung, Steuerung und Durchführung aller Prozesse und Maßnahmen, die den Kundenlebenszyklus beeinflussen und steuern. Zu den wichtigsten Instrumenten der

Analyse und Steuerung gehören das Database-Marketing und eine CRM-Software.

Distribution   Im Content-Marketing alle Aktivitäten und Prozesse, um Inhalte zur Zielgruppe zu bringen. Dazu stehen eigene, fremde und verdiente Kanäle bzw. Medien zur Verfügung.

Earned Media   Kanäle und Medien für die Content-Distribution, über die das Unternehmen keine Kontrolle hat. Earned Media, auch verdiente Medien genannt, werden von Dritten betrieben, die Inhalte aus eigener Initiative aufgreifen und weiterverbreiten, beispielsweise in Form von Medienberichten, Blogartikeln, Social-Media-Kommentaren, Facebook-Likes, Retweets etc. (siehe → Paid Media, → Owned Media).

Erklärvideo   Eine Form des Video-Contents, bei der die Erklärung und die plastische Darstellung von logischen Zusammenhängen im Mittelpunkt stehen.

Formate   Formate und → Inhalte werden oft nicht trennscharf definiert. In diesem Buch wird die Art der Informationsaufbereitung als Format bezeichnet. So können Informationen, die einen Nutzer erreichen sollen, als Blogartikel, als Beitrag in einem Fachforum, als Video oder als Präsentation auf SlideShare konzipiert sein. Der gleiche → Inhalt kann auch in anderen Formaten angeboten werden. Welches Format passt, ist abhängig von der Zielgruppe und deren bevorzugten → Kanälen.

Inbound-Marketing   Ein Marketingansatz, der darauf abzielt, dass ein Unternehmen vom Kunden gefunden wird. Inbound-Marketing steht im Gegensatz zum klassischen Outbound-Marketing, bei dem potenzielle Kunden ungefragt werbliche Nachrichten erhalten. Da sich Kunden über klassische Werbung jedoch immer schlechter erreichen lassen, versucht Inbound-Marketing, mit nützlichen Informationen dort in Erscheinung zu treten, wo Kunden sich informieren – in erster Linie also im Internet.

Influencer-Marketing   Ein Marketingansatz, bei dem gezielt Meinungsmacher mit einer reichweitenstarken Community als Multiplikatoren für Marketing- und Kommunikationszwecke eingesetzt werden. Ziel ist es, das Vertrauen, das Influencer genießen, zu nutzen, um den Wert und die Glaubwürdigkeit der eigenen Inhalte und Botschaften zu steigern.

Inhalte   In der Regel zählen Texte, Bilder, Videos und Präsentationen zu den Inhalten. Diese Zuordnung ist allerdings nicht trennscharf, denn sie vermischt → Formate und Inhalte. Inhalte orientieren sich an den Informationsbedürfnissen der Nutzer: Hintergrundinformationen werden in der ersten Phase des Kaufzyklus eingesetzt, technische Spezifikationen, Produktvorteile und Nutzenargumentationen in der Entscheidungsphase und Anleitungen in der Nutzungsphase. Wie diese Informationen aufbereitet werden, ist dann eine Frage des → Formats.

Infografik   Ein Grafikformat, das Inhalte und Zusammenhänge visualisiert und einen strukturierten Zugang zu einer Thematik schaffen soll. Infografiken zeichnen sich durch eine hohe Informationstiefe und Dichte aus und sind dennoch einfach zu konsumieren.

Internet der Dinge   Im Internet der Dinge werden Objekte und technische Geräte über das Internet miteinander verbunden und können Informationen untereinander austauschen. So werden virtuelle und reale Welt zunehmend verknüpft.

Kanäle   Unter Kanälen versteht man im Content-Marketing die Orte, an denen Inhalte publiziert werden. Das Spektrum reicht von den eigenen Kanälen (→ Owned Media), also der Unternehmenswebsite, dem eigenen Blog oder den Profilen in sozialen Netzwerken, über Plattformen wie SlideShare oder YouTube bis hin zu bezahlten Platzierungen (→ Paid Media) auf Nachrichtenportalen oder in Fachforen. Auch Push-Medien wie E-Mail-Newsletter sind wichtige Kanäle im → B2B-Content-Marketing.

KPI   Ein Key Performance Indicator (KPI) ist eine Kennzahl, mit der sich die Erreichung bestimmter Ziele messen lässt. Im B2B-Content-Marketing sind die Anzahl der Website-Besucher, Klickraten von E-Mail-Kampagnen, Downloads, Newsletter-Anmeldungen oder Leads gängige KPIs.

Lead   Ein Lead ist ein qualifizierter Interessent, der sich für ein Unternehmen bzw. ein Produkt interessiert und dem Unternehmen aus eigenem Antrieb seine Kontaktdaten für einen weiteren Dialogaufbau überlässt (siehe auch → Lead-Management).

Lead-Management   Lead-Management umfasst alle Maßnahmen, die ein Unternehmen ergreift, um aus potenziellen Kunden tatsächliche Käufer zu machen. Dazu zählt insbesondere die Erfassung, Bearbeitung und Weiterqualifizierung von Kontaktdaten der Interessenten (→ Leads). Ziel des Lead-Managements ist es, jeden Interessenten entsprechend seinen Bedürfnissen optimal zu betreuen, um das vorhandene Potenzial auszuschöpfen.

Lean-Content-Marketing   Eine Form des Content-Marketings, bei der Unternehmen mit geringen Ressourcen (»schlank«) starten und ihre Marketingstrategie schrittweise auf die Erfordernisse der Märkte ausrichten. Lean-Content-Marketing basiert auf den Ideen des → Lean-Startup-Prinzips.

Lean-Startup-Prinzip Ein von Eric Ries entwickeltes Konzept für die Gründung eines Unternehmens oder den Launch eines Produkts. Beim Lean-Startup-Prinzip geht es darum, mit möglichst geringem finanziellem Aufwand und einem Minimum an Ressourcen ein erfolgreiches Start-up zu etablieren. Produkte oder Services werden so schnell wie möglich in den Markt gebracht, um möglichst früh Erfahrungen zu sammeln und Feedback von Kunden zu erhalten.

Medienkonvergenz Wenn sich die verschiedenen Kanäle zur Distribution von Content immer weiter annähern und bei Kampagnen eigene, verdiente und bezahlte Medien intelligent verzahnt werden, spricht man von konvergenten Medien (Converged Media).

Minimum Viable Product (MVP) Der Begriff entstammt dem → Lean-Startup-Prinzip und bedeutet wörtlich übersetzt »minimal überlebensfähiges Produkt«. Ein Minimum Viable Product ist die erste minimal funktionsfähige Iteration eines Produkts, mit der das Unternehmen Feedback möglicher Kunden einholen und so Klarheit über die Marktchancen einer Produktidee bekommen will.

Micro-Content Sehr kurze und daher leicht konsumierbare Inhalte, die sich besonders für die Verbreitung über soziale Netzwerke wie Twitter eignen. Dazu zählen kurze Texte, Bilder und visualisierte Botschaften z. B. in Form von animierten GIFs.

Native Advertising Eine Werbeform, bei der redaktionelle Unternehmensinhalte so aufbereitet und in eine Onlinepublikation integriert werden, dass sie nicht als Werbung wahrgenommen werden. Native Ads sind eine Weiterentwicklung des klassischen Advertorials.

Newsjacking Eine Form der Content-Distribution, bei der das Unternehmen eigene Botschaften in aktuelle Nachrichtenströme »injiziert«. So soll die Aufmerksamkeit für ein aktuelles Thema auf die eigene Marke gelenkt werden.

Outbound-Marketing Diese Form des Marketings setzt innerhalb eines großen Publikums auf die Verbreitung von rein werblichen Botschaften mit dem Ziel, potenzielle Kunden mit dieser Botschaft zu erreichen und zu gewinnen.

Owned Media Alle Kommunikationskanäle, über die das Unternehmen die volle Kontrolle hat. Dazu zählen die Unternehmenswebsite, das eigene Blog und Profile in den sozialen Netzwerken.

Paid Media Alle Kommunikationskanäle, für deren Nutzung das Unternehmen bezahlt, zum Beispiel klassische Printanzeigen, Onlinebanner, Google AdWords oder Facebook Ads.

Personalisierung   Besucher auf einer Website oder auf einem Blog haben einen individuellen Informationsbedarf, den sie mit wenig Aufwand decken möchten. Moderne Content-Management-Systeme (CMS) bieten die Möglichkeit, Inhalt diesem Bedarf anzupassen. Dabei werden Interessen und der Background des Nutzers erkannt und Inhalte in Echtzeit ausgesteuert.

Programmatic Advertising   Eine Form der datengetriebenen Werbung, bei der Anzeigen unabhängig vom Kanal automatisch dort geschaltet werden, wo sie dem Werbenden den meisten Nutzen bringen.

Realtime-Marketing   Alle Aktivitäten der Marketingkommunikation, die darauf abzielen, in Echtzeit auf Entwicklungen im Markt oder neue Kundenanforderungen zu reagieren.

ROI   Die Kennzahl des Return on Investment, im Marketing auch Return-on-Marketing-Investment (ROMI) genannt, beschreibt das prozentuale Verhältnis zwischen dem investierten Kapital und dem Gewinn, den das Unternehmen zum Beispiel durch bestimmte Marketingmaßnahmen erwirtschaften konnte.

Seeding   Der Begriff bedeutet übersetzt »Aussäen« und bezeichnet die erstmalige Platzierung einer Botschaft bzw. eines Themas im Netz. Dabei gilt es, zielgruppenrelevante und reichweitenstarke Kanäle zu finden, in denen die Inhalte von der Zielgruppe konsumiert und im besten Fall weiterverbreitet werden.

SEO   Unter SEO (Search Engine Optimization, Suchmaschinenoptimierung) versteht man alle Maßnahmen, die dazu dienen, die Position der eigenen Website in der Ergebnisliste der Suchmaschinen zu verbessern. Diese Position wird von vielen Faktoren beeinflusst. Zu den wichtigsten gehören gute Inhalte auf der Website und »soziale Signale«, die zeigen, dass Inhalte von Nutzern gelesen, kommentiert oder geteilt werden.

Google selbst betont immer wieder, dass guter Content das beste Mittel sei, um eine gute Platzierung in den Suchergebnissen zu erreichen. Allerdings bot der Google-Algorithmus bis vor einiger Zeit noch Schlupflöcher, die es erlaubten, ein gutes Ranking mit Tricks auch ohne gute Inhalte zu erreichen. Die Updates Panda und Penguin haben diese Ära beendet. Sie unterstützen Googles Ziel, den Nutzern auf den ersten Plätzen die besten Antworten auf seine Suchanfragen anzuzeigen.

Storytelling   Eine Erzählmethode, bei der eine Botschaft in Form einer Metapher bzw. Geschichte weitergegeben wird. Geschichten bewirken, dass die Zuhörer eingebunden werden und die Botschaft leichter verstehen. Sie unterhalten und wecken Emotionen, wodurch sie länger im Gedächtnis bleiben und sich leichter weitererzählen lassen.

Themenplan Im Rahmen der Content-Erstellung wird in einem Themenplan festgehalten, welche → Inhalte in welcher Form (→ Formate) über welche → Kanäle publiziert werden sollen.

Traffic Besucherverkehr auf einer Website. Gemessen wird Traffic anhand der transferierten Datenmenge oder durch die Anzahl der Page Impressions (PI).

Unified Content Inhalte, die in einer allgemeingültigen Form erstellt werden, die sich leicht an verschiedene → Kanäle und Ausgabegeräte anpassen lässt. Ziel ist es, die Zielpersonen überall optimal zu erreichen und dabei den Aufwand für die Produktion und Distribution der Inhalte so gering wie möglich zu halten.

User-generated Content Inhalte, die nicht vom Unternehmen selbst, sondern von Nutzern, Kunden oder Meinungsmachern erstellt werden.

Voice Search Die Abfrage von Inhalten aus dem Internet per Sprache. Voice Search gewinnt durch speziell entwickelte Endgeräte von Anbietern wie Amazon, Google und Apple an Bedeutung und eignet sich insbesondere für die Abfrage kompakter Informationen.

Whitepaper Ein im → B2B-Content-Marketing beliebtes → Format, das meist als PDF-Datei angeboten wird. Ein Whitepaper liefert auf mehreren Seiten eine fundierte Einführung in ein Thema. Es orientiert sich dabei eng an den Kundenbedürfnissen, das Produkt oder die Dienstleistung steht im Hintergrund. Whitepapers sind gut geeignet, um sich als Experte zu profilieren und neue → Leads für den Vertrieb zu generieren, sofern sich der Interessent für den Download registrieren muss.

Webinar Eine Form des Vortrags, der live über das Internet übertragen wird und die Möglichkeit der Interaktion zwischen Referent und Zuhörer bietet. Die wichtigsten Vorteile eines Webinars liegen darin, dass für die Teilnehmer lange Anfahrtswege entfallen und Vorträge auch nach der Veranstaltung als Aufzeichnung verfügbar gemacht werden können.

Endnoten

1   Zig Ziglar: Stop selling and start helping. In: The Ziglar Show,
    Podcast #322 vom 12.06.2015. *https://www.ziglar.com/show/
    helping*

2   Wikipedia, *http://de.wikipedia.org/wiki/Content_Marketing*
    (abgerufen am 29.08.2017)

3   Kantar TNS: Connected Life 2016. Zusammengefasst von Fabian
    Müller: »Deutsche Internetnutzer sind von Online-Werbung
    genervt / Influencer gewinnen«, in horizont.net, 28.09.2016.

4   Content-Marketing Institute: B2B Content-Marketing – 2017
    Benchmarks, Budgets, and Trends – North America, 2016. *http://
    contentmarketinginstitute.com/2016/09/content-marketing-
    research-b2b*

5   Content-Marketing Forum: CMF-Basisstudie V 2016. *http://content-
    marketing-forum.com/studien/cmf%e2%80%90basisstudie-v*

6   Statista: Umfrage zum Stellenwert von Content-Marketing in
    Unternehmen in Deutschland 2016. *https://de.statista.com/
    statistik/daten/studie/562614/umfrage/stellenwert-von-content-
    marketing-in-unternehmen-in-deutschland*

7   Jack Neff: Best Practices for Content-Marketing: How Kraft Gets
    Four Times Better ROI From Content Than Ads, in: Advertising
    Age, 2014. *http://adage.com/article/best-practices/kraft-content-
    drive-broader-marketing-effort/294892*

8   Marcus Sheridan: How Long Does It Truly Take For A Business
    Blog To Grow Big? In: The Sales Lion. *https://www.thesaleslion.com/
    long-take-business-blog-grow-big-success*

9   In Anlehnung an Martin Bredl: Wie viel kostet Content-Marke-
    ting? In: LinkedIn Pulse. *https://www.linkedin.com/pulse/wie-viel-
    kostet-content-marketing-martin-bredl*

10 Content-Marketing Institute: B2B Content-Marketing – 2017 Benchmarks, Budgets, and Trends – North America, 2016. *http:// contentmarketinginstitute.com/2016/09/content-marketing-research-b2b*

11 Accenture: 2014 State of B2B Procurement Study, 2015. *https:// www.accenture.com/t20150624T211502__w__/us-en/_acnmedia/ Accenture/Conversion-Assets/DotCom/Documents/Global/PDF/ Industries_15/Accenture-B2B-Procurement-Study.pdf*

12 Google Inc., Einführung in die Suchmaschinenoptimierung (SEO), 2011. *www.google.de/webmasters/docs/einfuehrung-in-suchmaschinenoptimierung.pdf*

13 Buljan & Partners: Customer Experience Management, 2012.

14 Zyklus in Anlehnung an den Lean-Startup-Prozess, vgl. Eric Ries: The Lean Startup Methodology, *http://theleanstartup.com/ principles*

15 Doug Kessler ist Gründer und Geschäftsführer der britischen Agentur Velocity Partners. Zitat: *https://www.sproutcontent.com/ blog/12-Inspiring-Content-Marketing-Quotes-From-the-Experts-and-a-Rockstar*

16 Siehe Jan Cerny: SWOT-Analyse im Content-Marketing, 2014. In: Ranking Check Blog. *www.ranking-check.de/blog*

17 Kerstin Hoffmann: Die Content-Ampel: Der schnelle und gründliche Qualitätscheck für Ihre Inhalte, in: PR-Doktor, Mai 2017. *https://www.kerstin-hoffmann.de/pr-doktor/content-ampel-qualitaetscheck-infografik*

18 Icon von Anna Litviniuk, Iconfinder, *http://iconfinder.com 26*

19 Content-Marketing Institute: B2B Content-Marketing – 2017 Benchmarks, Budgets, and Trends – North America. *http://content-marketinginstitute.com/2016/09/content-marketing-research-b2b*

20 Hotwire PR: Changing Face of Influence, 2016. Results discussed in B2B Marketing. *https://www.b2bmarketing.net/en-gb/resources/ news/facebook-ranks-ahead-twitter-and-linkedin-b2b-decision-makers*

21 Google/Millward Brown Digital: B2B Path to Purchase Study, 2014. *https://www.thinkwithgoogle.com/consumer-insights/ the-changing-face-b2b-marketing*

22 Joe Pulizzi: »Finding Your Sweet Spot – An Extreme Content Focus.« In: Content-Marketing Institute, 02.03.2016. *http:// contentmarketinginstitute.com/2016/03/extreme-content-focus*

23 Peter Economy: 5 Essential Questions for Entrepreneurs. In: Inc.com, 05.09.2103. *https://www.inc.com/peter-economy/ 5-essential-questions-entrepreneurs.html*

24 Jon Buscall: Content-Marketing is a Commitment, not a Campaign. In: Moondog Marketing, 11.08.2010. *https://moondogmarketing.com/ content-marketing-commitment-not-campaign*

25 Content-Marketing Institute: B2B Content-Marketing. 2017
    Benchmarks, Budgets, and Trends – North America. September
    2016. *http://contentmarketinginstitute.com/wp-content/uploads/*
    2016/09/2017_B2B_Research_FINAL.pdf

26 Christopher Klausnitzer: Mitarbeiter wollen mehr kreativen
    Freiraum, In: Human Resources Manager, 2014. *https://*
    www.humanresourcesmanager.de/news/mitarbeiter-wollen-
    mehr-kreativen-freiraum.html

27 Adria Saracino: How to Get Your Boss to Care About Content-
    Marketing, 2013. *https://moz.com/blog/how-to-get-your-boss-to-*
    care-about-content-marketing

28 Act-on: »Rethinking the Role of Marketing in B2B Customer
    Engagement«, Report 2015. *https://www.act-on.com/whitepaper/*
    gleanster-report-rethinking-the-role-of-marketing

29 In Anlehnung an: Sascha Tobias von Hirschfeld und Tanja Josche:
    »Lean Content-Marketing: Überzeugende Inhalte durch interne
    Zusammenarbeit« in: Absatzwirtschaft, 19.04.2016. *http://*
    www.absatzwirtschaft.de/lean-content-marketing-ueberzeugende-
    inhalte-durch-interne-zusammenarbeit-80181

30 Siehe Kerstin Hoffmann: Prinzip kostenlos, 2012. S. 119 ff.

31 www.bosch.de (abgerufen am 12.10.2017)

32 Bundesministerium für Wirtschaft und Technologie: Leitfaden
    CRM – Customer Relationship Management – eine Chance für
    den Mittelstand, 2014. *http://mittelstand-digital.de/DE/*
    Wissenspool/Kundenbeziehungen/publikationen,did=687932.html

33 *http://chiefmartec.com/2017/05/marketing-techniology-landscape-*
    supergraphic-2017

34 Agile Marketing Manifesto: »Agile Marketing Principles
    (proposed)«. In: agilemarketingmanifesto.org. *http://*
    agilemarketingmanifesto.org/principles (abgerufen am 09.08.2017)

35 Eric Ries, Pionier der Lean-Startup-Bewegung, in: The Lean
    Startup. *http://theleanstartup.com*

36 Steve Jobs, in: The Times, 26.08.2011: *https://www.thetimes.co.uk/*
    article/sometimes-people-dont-know-what-they-want-until-you-
    show-it-to-them-jsqmpd9nzcn

37 Edenspiekermann: »Zeit Online – News for the digital world.«
    https://www.edenspiekermann.com/projects/zeit-online

38 In einem Interview mit Berlin Valley: Design Thinking:
    Empathisch Probleme lösen, 9.11.2016. *https://berlinvalley.com/*
    design-thinking-empathisch-probleme-loesen

39 *https://www.interaction-design.org/literature/article/5-stages-in-*
    the-design-thinking-process

40 In Anlehnung an: Dave Landis: What does Lean UX have that I don't? In: LitheSpeed. *https://lithespeed.com/lean-ux-dont-part-1-3-2*

41 MicroTool: »Agiles Projektmanagement. Auf Änderungen schnell reagieren«. In: microtool.de. *https://www.microtool.de/was-ist-agiles-projektmanagement* (abgerufen am 11.08.2017)

42 In Anlehnung an: Pereira, Verus: »A Step-by-Step Guide to Agile Project Management for Marketers«. In: Blog.brightpod.com. Stand: 25.07.2013. *https://blog.brightpod.com/a-step-by-step-guide-to-agile-project-management-for-marketers-fe152f05c704*

43 Von Hirschfeld, Sascha; Josche, Tanja. »Was bringt Ihr Content-Marketing?«. In: kresse-discher.de. 31.08.2015. *http://kresse-discher.de/was-bringt-content-marketing*

44 Belle Beth Cooper: How Twitter's Expanded Images Increase Clicks, Retweets and Favorites. In: Buffer Blogm, 27.04.2016. *https://blog.bufferapp.com/the-power-of-twitters-new-expanded-images-and-how-to-make-the-most-of-it*

45 Mary Meeker: Internet Trends 2017, Präsentation auf der Code Conference, 31.05.2017. *http://www.kpcb.com/internet-trends*

46 Jochen Mai: Corporate Blog Studie 2014. *http://karrierebibel.de/studie-corporate-blogs-2014-falsche-themen-kaum-kommentare*

47 http://www.bluhmsysteme.com/blog

48 eCube: *https://www.ecube.de/themen/product-data-consolidation/whitepaper-pdc*

49 DemandWave: State of Digital Marketing 2017. *http://www.demandwave.com/resources/ebooks/2017-state-of-b2b-digital-marketing-report*

50 Paul Armstrong: Stop Using PowerPoint, Harvard University Says It's Damaging Your Brand And Your Company. In: Forbes.com, 05.07.2017. *https://www.forbes.com/sites/paularmstrongtech/2017/07/05/stop-using-powerpoint-harvard-university-says-its-damaging-your-brand-and-your-company/#6b2916e33e65*

51 *https://prezi.com/de/gallery*

52 Stockfotos sind vorproduzierte Bilder aus einem Fotoarchiv von Bildagenturen. Der Begriff »Stock« kommt aus dem Englischen und heißt hier so viel wie »Lager«. Je nach Qualität werden Stockfotos zu hohen Preisen oder auch kostenlos angeboten.

53 Nielsen, Jakob: »Photos as Web Content«. In: Nngroup.com. 01.11.2010. *https://www.nngroup.com/articles/photos-as-web-content*

54 Joe Puglisi, Creative Strategist bei BuzzFeed, zitiert von Andrew Coate im kapost-Blog: *https://marketeer.kapost.com/animated-gifs-belong-content-marketing-mix*

55 Aus einem kostenpflichtigen Vorlagenset der Fa. Jumsoft: Info-graphics Lab for Keynote – Templates. Im Mac App Store. *https://itunes.apple.com/de/app/infographics-lab-for-keynote-templates-bundle/id577411683?mt=12*

56 Wyzowl: The State of Video Marketing 2016. *https://www.wyzowl.com/video-marketing-statistics-2016.html*

57 Tim Peterson: LinkedIn starts letting people natively upload videos that play automatically. In: Marketing Land, 23.07.2017. *http://marketingland.com/linkedin-starts-letting-people-natively-upload-videos-play-automatically-219608*

58 Wyzowl: The State of Video Marketing 2016. *https://www.wyzowl.com/video-marketing-statistics-2016.html*

59 Kimbe Mac Master: 12 Perfect Video Types for the B2B Customer Lifecycle. In: Vidyard Blog. *https://www.vidyard.com/blog/12-types-video-b2b-business/ 94*

60 *https://www.youtube.com/user/kronestv*

61 *https://www.ledvance.de/news-und-stories/stories/light-guys/index.jsp*

62 *https://www.datev.de/web/de/top-themen/unternehmer/weitere-themen/datev-unternehmen-online/das-alles-ist-unternehmen-online*

63 *https://www.youtube.com/watch?v=tIIJME8-au8*

64 DemandWave: State of Digital Marketing 2017. *http://www.demandwave.com/resources/ebooks/2017-state-of-b2b-digital-marketing-report*

65 Eccolo Media: 2014 B2B Technology Content Survey. *http://eccolomedia.com*

66 Kirkpatrick, David: Webinar Marketing: Adobe revamps strategy and achieves a 500% lift in conversion to sale, 2013, in: *marketingsherpa.com.*

67 Burstein, Daniel; Britton, Shelby: »Lead Generation: How Adobe generated a 500% lift in conversion by changing its webinar strategy«. *http://content.marketingsherpa.com/heap/cs/adobe-webinar-final-deck.pdf* (abgerufen am 18.09.2017)

68 *https://www.apple.com/de/itunes/podcasts*

69 Fußnote ergänzen:Twitter testet derzeit eine Erweiterung auf 280 Zeichen pro Tweet.

70 Jesse Aarone: How to Drive Traffic and Leads with Microcontent, in: Buzzsumo, 15.10.2014. *http://buzzsumo.com/blog/drive-traffic-leads-microcontent*

71 *https://twitter.com/visually/status/455797644158578688*

72 Kelsey Snyder, Pashmeena Hilal: The Changing Face of B2B Marketing, Think with Google, März 2015. *https://www.*

thinkwithgoogle.com/consumer-insights/the-changing-face-b2b-marketing

73 Kevin McSpadden: You Now Have a Shorter Attention Span Than a Goldfish, in: Time.com, 14.05.2015. *http://time.com/3858309/attention-spans-goldfish*

74 Das Vine-Format wurde 2016 eingestellt.

75 Agentur Koelnkomm: Snack-Content im B2B – Fallstudie einer Fujitsu-Kampagne, 18.04.2016. *https://www.koelnkomm.de/vine/snack-content-im-b2b-fallstudie-einer-fujitsu-kampagne*

76 Demand Gen: 2015 Content Preference Survey, 2015. *http://www.demandgenreport.com/industry-resources/research/3141-2015-content-preferences-survey-buyers-value-content-packages-interactive-content-.html*

77 Demandmetric: Enhancing the Buyers Journey, 2014. *https://www.demandmetric.com/content/content-buyers-journey-benchmark-report*

78 Content-Marketing Institute: The Symphony of Connected Interactive Content-Marketing, 2017. *http://contentmarketinginstitute.com/2017/06/interactive-content-customer-experiences*

79 Ion Interactive: 2017 Interactive Content-Marketing Trends. *https://de.slideshare.net/ioninteractive/2017-interactive-content-marketing-trends*

80 *https://oring.fst.de*

81 Riekhof, Hans-Christian; Jacobi, Teresa: Content-Marketing-Strategien in der Unternehmenspraxis. Eine empirische Studie der PFH Göttingen, 2017. *https://www.pfh.de/fileadmin/Content/PDF/forschungspapiere/content-marketing-strategien-in-der-unternehmenspraxis-riekhof-jacobi.pdf*

82 *http://contentmarketinginstitute.com/plan*

83 Garrett Moon: How To Run The Perfect Content Planning Meeting. In: CoSchedule Blog, 23.10.2013. *https://coschedule.com/blog/content-planning-meeting* (zuletzt abgerufen: 21.08.2017) 112

84 Google: Schedule Your Content. *https://www.thinkwithgoogle.com/playbooks/schedule-your-content.html*

85 Content-Marketing Forum: Whitepaper »Content Promotion«, 2016. *http://content-marketing-forum.com/studien/cmf-whitepaper-content-promotion*

86 Content-Marketing Institute: B2B Small Business Content-Marketing Trends, 2014.

87 DPRG: Honorar- und Trendbarometer 2015. *http://www.dapr.de/das-dprg-honorar-und-trendbarometer-2015*

88 Robert Swisher: Fast, Good or Cheap. Pick Three? In: Business.com, 22.02.2017. *https://www.business.com/articles/fast-good-cheap-pick-three* (zuletzt aufgerufen am 21.08.2017)

89 Bjoern Bergslien: Create Better Content By Working in Pairs. UX Booth, 2012. *http://www.uxbooth.com/articles/write-better-content-by-working-in-pairs*

90 Farad, Manjoo: You Won't Finish This Article. In: Slate Magazin, 06.06.2013. *http://www.slate.com/articles/technology/technology/2013/06/how_people_read_online_why_you_won_t_finish_this_article.html*

91 Jacob Nielsen: Designing Web Usability, 1998.

92 Nielsen, Jakob; Kara Pernice: »Eyetracking Web Usability«, 2010. *https://www.nngroup.com/books/eyetracking-web-usability* (abgerufen am 09.08.2017)

93 Suzie Blaszkiewicz: 7 reasons your content is total garbage. In: GetApp, 08.09.2015. *http://lab.getapp.com/7-reasons-your-content-is-total-garbage*

94 Suzie Blaszkiewicz: 7 reasons your content is total garbage. In: GetApp, 08.09.2015. *http://lab.getapp.com/7-reasons-your-content-is-total-garbage*

95 Siehe Gordon Schönwälder: »7 starke Mittel, um einen spannenden Hauptteil für deinen Blogartikel zu schreiben.« Podcast Affen on Air. In: Chimpify. *https://chimpify.de/marketing/spannender-hauptteil-blogartikel*

96 *http://insightdemand.com/insightselling-through-storyselling/buyers-want-to-hear-about-more-than-features-gartner*

97 *https://www.brainyquote.com/quotes/quotes/m/marktwain133972.html*

98 In Anlehnung an »Seven Steps to the perfect story« (Infografik). *http://www.the-cma.com/images/openmagazine/201210/seven-steps.png 131*

99 Sheree Johnson: New Research Sheds Light on Daily Ad Exposures. In: SJ Insights, 29.09.2014. *https://sjinsights.net/2014/09/29/new-research-sheds-light-on-daily-ad-exposures*

100 *http://experience.bosch.com*

101 *http://tonyzambito.com/ge-human-connection-empower-b2b-corporate-storytelling*

102 Mary Meeker: Internet Trends. Vortrag auf der Code Conference 2017. 31.05.2017. *http://www.kpcb.com/internet-trends*

103 Jamie Heckler: Improve Your Visual Storytelling, One Step at a Time. In: Cision PR Newswire, 30.09.2015. *http://www.prnewswire.com/blog/how-to-improve-your-visual-storytelling-strategy-14514.html*

104 *http://reportage.wdr.de/onkel-willi*

105 *https://www.apple.com/de/mac-pro*

106 *http://everylastdrop.co.uk*

107 Siehe Seokratie: 15 Storytelling- und Scrollytelling-Tools: Mach mehr aus Deiner Geschichte! In Seokratie Blog, 22.03.2017. *https://www.seokratie.de/storytelling-tools*

108 Siehe Barbara Kraus: Social Media: Welche Story ist die beste? In: We love content, 04.08.2017. *https://www.welovecontent.de/content-marketing/snapchat-instagram-facebook-story*

109 Dieser Abschnitt erschien erstmals als Gastbeitrag im Online-Magazin Zielbar. Hirschfeld, Sascha Tobias und Tanja Josche: Was Content-Marketer von Journalisten lernen können. In: Zielbar Magazin, 21.1.2016. *https://www.zielbar.de/magazin/journalisten-im-content-marketing-7372*

110 Siehe Aaron Agius: 9 Lessons Content Marketers Can Learn from Traditional Journalism. In: ContentMarketingInstitute.com, 25.02.2015. *http://contentmarketinginstitute.com/2015/02/lessons-content-marketers-journalism*

111 Mirko Lange: Sieben Thesen, warum Content dringend Marketing braucht. In: Huffington Post, 04.08.2014. *http://www.huffingtonpost.de/mirko-lange/content-marketing-sieben-the-sen-warum-content-dringend-marketing-braucht_b_5645100.html*

112 Joe Pulizzi, Gründer des Content Marketing Institutes, zitiert in: The Guardian. *https://www.theguardian.com/media-network/2013/jul/16/content-marketing*

113 Beer, Jeff: 4 Lessons In Content-Marketing From Intel And The Creators Project. In: Fast Company, 2014.

114 *https://www.ibm.com/think/marketing*

115 Siehe Frank Bärmann, Sind Flipboard, Storify und Co. rechts-konform? In: IT-Zoom, 16.01.2014. *http://www.it-zoom.de/mobile-business/e/sind-flipboard-storify-und-co-rechtskonform-8255*

116 Dr. Ulbricht, Carsten: »Kuratierung und Recht – Rechtliche Grenzen für Newsrooms und Content Curation im Internet«. In: rechtzweinull.de. Am: 15.07.2015. *http://www.rechtzweinull.de/archives/1849-kuratierung-und-recht-rechtliche-grenzen-fuer-newsrooms-und-content-curation-im-internet.html*

117 ebenda

118 Amtsgericht Hamburg, Urteil vom 27.09.2010, AZ. 36A C 375/09

119 *https://vzaar.com/blog/2014/03/12/7-expert-quotes-inspire-video-marketing*

120 Lee Odden: Modular Content – Creative Repurposing for Content-Marketing, 2014. In: TopRankMarketingBlog. *http://www.toprankblog.com/2014/05/modular-content-repurposing*

121 Lee Odden: Modular Content – Creative Repurposing for Content-Marketing, 2014. In: TopRankMarketingBlog. *http://www.toprankblog.com/2014/05/modular-content-repurposing*

122 Mehr dazu in einem Blogbeitrag von Hubspot: 4 Ways to Use Audio in B2B Marketing. 22.03.2017. *https://blog.hubspot.com/marketing/use-audio-b2b-marketing*

123 *https://moz.com/blog/category/whiteboard-friday*

124 Siehe Rockley, Anne: »Managing Enterprise Content: A Unified Content Strategy (Voices That Matter)«. New Riders, 2012.

125 Skinner, Ryan: »Put Distribution At The Heart Of Content-Marketing«. In: forrester.com. 03.10.2013. *https://www.forrester.com/report/Put+Distribution+At+The+Heart+Of+Content+Marketing/-/E-RES101981*

126 Lange, Mirko: »Content-Marketing: das bessere Social Media?«. In: talkabout.de. 05.01.2015. *http://www.talkabout.de/content-marketing-das-bessere-social-media*

127 Siehe Corcoran, Sean: »Defining Earned, Owned, And Paid Media«. In: Forrester.com. 16.12.2009. *https://go.forrester.com/blogs/09-12-16-defining_earned_owned_and_paid_media 155*

128 In Anlehnung an Feldman, Berry: »Landing Page vs. Homepage« (Plus 11 Keys to Landing Page Conversions)«. In: Orbitmedia.com. *https://www.orbitmedia.com/blog/landing-page-vs-homepage 158*

129 ebenda

130 Econsultancy: Conversion Rate Optimization Report, 2016. *https://econsultancy.com/reports/conversion-rate-optimization-report*

131 Work, Sean: »How Loading Time Affects Your Bottom Line«. In: Blog.kissmetrics.com. *https://blog.kissmetrics.com/loading-time*

132 Stevens, John: »How Slow is Too Slow in 2016?«. In: Webdesignerdepot.com. Stand: 12.02.2016. *https://www.webdesignerdepot.com/2016/02/how-slow-is-too-slow-in-2016*

133 Eaton, Kit: »*How One Second Could Cost Amazon $1.6 Billion In Sales*«. 15.03.2012. *https://www.fastcompany.com/1825005/how-one-second-could-cost-amazon-16-billion-sales*

134 *https://medium.com/zendesk-engineering* (abgerufen am 08.08.2017)

135 Screenshot *https://medium.com/zendesk-engineering* (abgerufen am 17.09.2017)

136 Zhao, Jingcong: »Learn How Best in Class B2B Marketers Use Social Media [New Study]«. In: Blog.socedo.com. 21.09.2016. *http://blog.socedo.com/learn-how-best-in-class-b2b-marketers-use-social-media-new-study*

137 Siehe Content Marketing Institute: »B2B Content-Marketing: 2017 Benchmarks, Budgets, and Trends – North America«. XING wird nur im deutschsprachigen Raum genutzt und ist daher in den

meisten Studien nicht berücksichtigt. Man kann jedoch davon ausgehen, dass XING für die DACH-Region eine ähnliche Bedeutung hat wie LinkedIn im englischsprachigen Bereich.

138 Ebenda.

139 Pick, Tom: »33 Thought-Provoking B2B Social Media and Marketing Stats«. In: Business2community.com. 17.02.2016. *http://www.business2community.com/social-media/33-thought-provoking-b2b-social-media-marketing-stats-01457851# HjB6jKFfh5KEgd3g.99*

140 Sprout Social: Report 2016 – »Turned Off: How Brands Are Annoying Customers on Social«. *https://sproutsocial.com/insights/ data/q3-2016* Steven Macdonald: »9 B2B Email Marketing Examples«. In: Smartinsights.com. 24.03.2017. *http://www. smartinsights.com/b2b-digital-marketing/b2b-email-marketing/ 9-b2b-email-marketing-examples*

141 »Average Email Campaign Stats of MailChimp Customers by Industry«. In: Mailchimp.com. Stand: 11.10.2017. *www.mailchimp.com/resources/research/email-marketing-benchmarks*

142 In Anlehnung an van Rijn, Jordie: »How to lift email marketing conversion step-by-step«. In: Emailmonday.com. *http:// www.emailmonday.com/micro-yes-your-way-into-great-email-marketing*

143 Vgl. Dr. Haag, Nils Christian: »Newsletter und Datenschutz: E-Mail-Werbung rechtssicher gestalten«. *https://www.datenschutzbeauftragter-info.de/fachbeitraege/ newsletter-und-datenschutz*

144 We Are Social Singapore: »Digital in 2017 Global Overview«. In: Slideshare.net. 24.01.2017. *https://www.slideshare.net/wearesocialsg/ digital-in-2017-global-overview*

145 Watt, Nick: »ADI: Is Europe In The Middle Of A Smartphone Divide?«. In: Cmo.com. 27.02.2017. *http://www.cmo.com/adobe-digital-insights/articles/2017/2/20/adi-is-europe-in-the-middle-of-a-smartphone-divide.html*

146 Flyacts: »PTF-App: Präzisionsarbeit für viele Hände«. In: Flyacts.com. *http://www.flyacts.com/media/case-studies/ Case_Study_PTF.pdf* (abgerufen am 08.08.2017)

147 Screenshots: *play.google.com* (Mai 2017)

148 Hilfreiche Tipps zum Einsatz digitaler Technologien am Messestand mit Beispielen aus der Praxis finden B2B-Unternehmen in einem Whitepaper des Bundesverbands Industriekommunikation: »Messekommunikation im B2B - Im Spannungsfeld zwischen Live-Erlebnis und virtuellem Raum«, 2017. *https://www.bvik.org/ de/index/downloads/whitepaper.htm (wird auf Anfrage zugesandt).*

149 Ausstellungs- und Messe-Ausschuss der Deutschen Wirtschaft e. V. (AUMA): »AUMA MesseTrend 2017«. *http://www.auma.de/de/DownloadsPublikationen/Seiten/AUMA-MesseTrend.aspx*

150 Scott, David Meerman: »Think like a publisher«. In: Webinknow.com, 22.08.2006. *http://www.webinknow.com/2006/08/think_like_a_pu.html*

151 Barysevich, Aleh: »4 Most Important Ranking Factors, According to SEO Industry Studies«. In: Searchenginejournal.com, 03.02.2017. *https://www.searchenginejournal.com/4-important-ranking-factors-according-seo-industry-studies/184619*

152 Kunz, Christian: »Google rankt auch Seiten, die das gesuchte Keyword nicht enthalten«. In: Seo-suedwest.de, 04.07.2017. *https://www.seo-suedwest.de/2718-google-rankt-seiten-ohne-gesuchtes-keyword.html*

153 Dean, Brian: »Link Building Case Study: How I Increased My Search Traffic by 110% in 14 Days«. In: Backlinko.com, 02.09.2016. *http://www.backlinko.com/skyscraper-technique*

154 von Hirschfeld, Sascha; Josche, Tanja: »Content Marketing braucht Paid Media – oder sprinten Sie auf einem Bein?« *http://lean-content-marketing.com/inbound-marketing-braucht-paid-media-oder-laufen-sie-einen-sprint-mit-einem-bein*

155 Sills, Lisa: »How voice search is the new frontier of content marketing«. In: 256media.ie, 22.03.2017. *https://www.256media.ie/2017/03/voice-search-content-marketing 188*

156 Content Marketing Institute: »B2B Content Marketing: 2016 Benchmarks, Budgets, and Trends – North America.« *http://contentmarketinginstitute.com/research*

157 Kagan, Noah: »How to Create Viral Content: 10 Insights from 100 Million Articles«. In: Okdork.com. Stand: 30.07.2017. *http://www.okdork.com/why-content-goes-viral-what-analyzing-100-millions-articles-taught-us*

158 DeMers, Jayson: »59 Percent Of You Will Share This Article Without Even Reading It«. In: Forbes.com. Stand: 08.08.2016. *https://www.forbes.com/sites/jaysondemers/2016/08/08/59-percent-of-you-will-share-this-article-without-even-reading-it/#4af44ce82a64*

159 Müller, Harald: »Presseportale – noch ein SEO Tod mit Ansage«. In: Oplayo.com. Stand: 30.07.2013. *https://www.oplayo.com/blog/presseportale-seo-tod*

160 Wikipedia: »Influencer«. In: De.wikipedia.org. Stand: 08.08.2017. *https://de.wikipedia.org/wiki/Influencer*

161 In Anlehnung an: Augure Reputation Management: »State of Influencer Engagement 2015«. in: Slideshare.net. Stand: 18.07.2015.

https://www.slideshare.net/AugureReputation/infographic-influencerengagementreportaugure

162 Nach: Hostelley, Carter: »5 Types of Influencers B2B Marketers Need to Engage Now«. In: Cmswire.com. Stand: 29.05.2014. *http://www.cmswire.com/cms/digital-marketing/5-types-of-influencers-b2b-marketers-need-to-engage-now-025354.php*

163 Beispiel aus: Solis, Brian: »2.0: The Future of Influencer Marketing«. In: Toprankmarketing.com. *http://www.toprankmarketing.com/wp-content/uploads/2017/02/Influence_2.0_The_Future_of_Influencer_Marketing.pdf*

164 Odden, Lee: »5 Essential Insights on Influence and the Future of Customer Engagement«. In: Toprankblog.com, 16.05.2017. *http://www.toprankblog.com/2017/05/marketing-engagement-influential*

165 In Anlehnung an: Papadimitriou, Eva: »A Framework for Content Marketing & Influencer Strategy«. In: Traackr.com, 30.06.2014. *http://www.traackr.com/blog/content-influence-framework*

166 In Anlehnung an: Hostelley, Carter: »4 Rules of B2B Influencer Marketing«. In: Leadtail.com. Stand: 27.08.2016. *https://www.leadtail.com/b2b-influencer-marketing/4-rules-b2b-influencer-marketing*

167 Scott, David Meerman: »Marketing Mindfulness«. In: Webinknow.com. Stand: 18.04.2017. *http://www.webinknow.com/marketing-mindfulness*

168 Scott, David Meerman: »What happens when a news story breaks?«. In: Newsjacking.com. *http://www.newsjacking.com/what-is-newsjacking-newsjacking*

169 Sridhar, Sravish: »Backend as a Service Welcomes Vendor #32: Salesforce.com«. In: Kinvey.com. Stand: 09.04.2013. *https://www.kinvey.com/backend-as-a-service-welcomes-vendor-32-salesforce-com*

170 Brito, Michael: »The 2015 Real-Time Marketing Report«. In: Linkedin.com, 03.06.2015. *https://www.linkedin.com/pulse/2015-real-time-marketing-report-michael-brito*

171 Ascend2: »Content Marketing and Distribution«. Studie von Ascend2 und Research Partners«. Juni 2017. *http://ascend2.com/wp-content/uploads/2017/06/Ascend2-Content-Marketing-and-Distribution-Report-170612.pdf*

172 Siehe Treefish GmbH: »Effizienzboost für Adwords: 9 Tipps zum Quality Score«. *http://www.treefish.de/blog/effizienzboost-fuer-adwords-9-tipps-zum-quality-score*

173 Turi2. *http://www.turi2.de/aktuell/anzeige-katja-nettesheim-sieht-bei-innovation-in-fachverlagen-noch-viel-luft-nach-oben*

174 Automobil-Produktion: *https://www.automobil-produktion.de/ technik-produktion/produktionstechnik/he-spezialroboter-zur- teilereinigung-in-der-automobilindustrie-125.html*

175 In Anlehnung an Lieb, Rebecca: »The Converged Media Impera- tive«. In: Rebeccalieb.com, 19.07.2012. *http://www.rebeccalieb.com/ blog/2012/07/19/the-converged-media-imperative*

176 Vgl. Lieb, Rebecca: «[Report] The Converged Media Imperative: How Brands Must Combine Paid, Owned & Earned Media«. In: Slideshare.net. Stand: 18.07.2012. *https://www.slideshare.net/ Altimeter/the-converged-media-imperative*

177 Hanington, Jenna: »The Top 16 Content Marketing Quotes from #CMWorld 2013«. In: Pardot.com. Stand: 16.09.2013. *http:// www.pardot.com/content-marketing/top-16-content-marketing- quotes-cmworld*

178 Esch Brand Consultants: »Marken Insights – Nr. 15. April 2016.« *http://www.esch-brand.com/publikationen/magazin*

179 IDG Enterprise: »2017 Customer Engagement Research«, 08.03.2017. *https://www.idgenterprise.com/resource/research/ ce-2017-customer-engagement 221*

180 Abler, Carlos: »Content and Digital Transformation in the Enter- prise«. Präsentation auf Slideshare.net. 03.12.2015. *https://de. slideshare.net/emandelbaum/content-and-digital-transformation- in-the-enterprise-by-carlos-abler-leader-content-marketing- strategy-3m-contentisrael15*

181 Siehe Fuderholz, Jens: »Von der Zielgruppe zur Zielperson: Müssen wir eine Buyer Persona erstellen?«. In: Tbnpr.de. Stand: 08.02.2013. *https://www.tbnpr.de/2013/02/08/von-der-zielgruppe- zur-zielperson-brauchen-wir-wirklich-die-buyer-persona 224*

182 Miller, John: »42 Things I Learned At Content Marketing World«. In: Scribewise.com, 11.09.2013. *https://www.scribewise.com/ 42-Things-I-Learned-At-Content-Marketing-World*

183 Snyder, Kelsey; Hilal, Pashmeena: »The Changing Face of B2B Marketing«. In: thinkwithgoogle.com, März 2015. *https:// www.thinkwithgoogle.com/consumer-insights/the-changing- face-b2b-marketing*

184 Palter, Jay: »7 Ways To Be An Effective Social Seller«. In: Business2- Communitym 15.09.2015. *http://www.business2community.com/ social-selling/7-ways-to-be-an-effective-social-seller-01327543# fRjPeSZkFVeJEOVz.99 229*

185 Siehe Lipp, Brian: »The executive guide to social media success«. In: Slideshare.net, 02.04.2015. *https://www.slideshare.net/ BrianLipp/theexecutiveguidetosocialsellingsuccess-salesforlifecom/3*

186 Siehe CEB Marketing Leadership Council: »The Digital evolution in B2B Marketing«. In: cebglobal.com, 2012. *https://www.cebglobal.com/content/dam/cebglobal/us/EN/best-practices-decision-support/marketing-communications/pdfs/CEB-Mktg-B2B-Digital-Evolution.pdf*

187 Siehe Köhler, Karsten: »Was ist der Unterschied zwischen Zielgruppen und Buyer-Personas?«. In: Hubspot Blog, 04.11.2016. *https://blog.hubspot.de/marketing/was-ist-der-unterschied-zwischen-zielgruppen-und-buyer-personas*

188 Von Hirschfeld, Sascha; Josche, Tanja: »Engaging Content: So erstellen Unternehmen Inhalte, die Kunden begeistern«. In: Content4b2b.de. Stand: 30.05.2016. *https://www.content4b2b.de/marketing/engaging-content*

189 *https://www.cebglobal.com/sales-service/the-end-of-solution-sales.html*

190 Naujokat, Torben: »Wie lässt sich der klassische Leadfunnel auf das Content-Marketing im B2B übertragen?«. In: Blog.hubspot.de. 18.02.2016. *https://blog.hubspot.de/marketing/leadfunnel-im-b2b-marketing 239*

191 Siehe McDade, Dan: »How Much Do Your Leads Cost?«. In: Pointclear, 24.05.2016. *https://www.pointclear.com/blog/7-truths-sales-and-marketing-that-ceos-need-to-know-part-5 240*

192 Glynn, Fergal: »It Takes 6 to 8 Touches to Generate a Viable Sales Lead. Here's Why«. 16.04.2015. *https://www.salesforce.com/blog/2015/04/takes-6-8-touches-generate-viable-sales-lead-heres-why-gp.html*

193 Siehe Mawhinney, Jesse: »7 Amazingly Effective Lead Nurturing Tactics«. In: Hubspot Blog, 09.08.2017. *https://blog.hubspot.com/marketing/7-effective-lead-nurturing-tactics#sm.00011dihatxx qegbyhi2lvchv2c9u*

194 CSO Insights: »Sales Performance Optimization Study«, 2014. In: Velocify *http://pages.velocify.com/rs/leads360/images/2014-Sales-Performance-Optimization-Study-Find-More-Analysis.pdf https://www.csoinsights.com/sales-performance-optimization-study*

195 Rothman, Dayna: »New Lead Generation Plans: Align Your Sales and Marketing Teams«. In: Dummies. *http://www.dummies.com/business/marketing/lead-generation/new-lead-generation-plans-align-your-sales-and-marketing-teams*

196 Eccolo Media: 2015 B2B Technology Content Survey Report. *http://eccolomedia.com/eccolo-media-2015-b2b-technology-content-survey-report*

197 McKenzie, Patrick: »Designing first run experiences to delight users«. In: Intercom Blog. *https://blog.intercom.com/designing-first-run-experiences-to-delight-users*

198 Markidan, Len: »7 Customer Onboarding Email Templates That You Can Use«. In: Groovehq, 23.05.2017. *https://www. groovehq.com/support/customer-onboarding-email-templates*

199 Screenshot: *https://www.bosch-professional.com/de/de/community* (abgerufen am 10.08.2017)

200 Wikipedia: Gamification. *https://de.wikipedia.org/wiki/ Gamification*

201 Von Hirschfeld, Sascha; Josche, Tanja: »Gamification im B2B Marketing: Kaufentscheidungen spielerisch fördern«. In: Toushenne.de. 16.05.2016. *https://www.toushenne.de/newsreader/ gamification-b2b-marketing.html*

202 In Anlehnung an: Concur: »Gamifying Your Business«, 16.07.2014. *https://www.concur.com/newsroom/article/gamifying-your-business*

203 Winnett, Caroline; Pohlmann, Andrew: »Neuromarketing: Understanding the Subconscious Drivers«. In: Slideshare.net, 26.07.2011. *https://www.slideshare.net/ignasi.pardo/neuromarketing-nielsen-webinar-july11*

204 Gamewheel, *https://www.gamewheel.com/stories/oracle*

205 Screenshot der Seite *http://demo.gamewheel.com/stacker/oracle*

206 Callies & Schewe: »Gamification: Epic Win für die Geschäftswelt?« 10.02.2014. *https://www.calliesundschewe.de/blog/ gamification-epic-win-fuer-die-geschaeftswelt*

207 Screenshot der Seite *http://scn.sap.com/activity* (abgerufen am 06.04.2016)

208 Nix, Maya: »Another Win for Digital Marketing: 4 Gamification Methods That Increase Conversions«. In: Marketo Blog. *http:// blog.marketo.com/2015/06/another-win-for-digital-marketing-4-gamification-methods-that-increase-conversions.html*

209 Screenshot des eigenen LinkedIn-Profils (abgerufen am 15.10.2017)

210 Peter, Diamandis: »Why Billion-Dollar, 100-Year-Old Companies DIE«. In: Huffingtonpost, 19.02.2013. *http://www.huffington-post.com/peter-diamandis/why-billion-dollar-100-ye_b_ 2718262.html*

211 Schüür-Langkau, Anja: »B2B-Firmen haben Nachholbedarf bei der Marketing Automation«. In: Springer Professional, 16.08.2016. *https://www.springerprofessional.de/marketingstrategie/crm/b2b-firmen-haben-nachholbedarf-bei-der-marketing-automation/ 10213930*

212 Salesfusion: »The SMB Marketing Automation Blue Book«. *https://www.salesfusion.com/resource/smb-marketing-automation-blue-book-2* (abgerufen am 10.08.2017)

213 GetResponse: »Email Marketing & Marketing Automation Excellence 2017« *https://resources.getresponse.com/en/reports/ email-marketing-and-marketing-automation-excellence-2017.pdf*

214 Siehe Kuhlmann, Inken: »Der leichte Einstieg in die Content-Personalisierung«. In: Hubspot Blog, 01.11.2013. *https://blog.hubspot.de/marketing/der-leichte-einstieg-in-die-content-personalisierung*

215 Screenshot http://www.mentionlytics.com

216 Hines, Kristi: »What You Can (and Shouldn't) Automate for Social Media Success«. In: Salesforce, 22.06.2015. *https://www.salesforce.com/ca/blog/2015/06/automate-for-social-media-success.html*

217 Schaub, Kathleen: »Social Buying Meets Social Selling: How Trusted Networks Improve the Purchase Experience«. In: LinkedIn, April 2014. *https://business.linkedin.com/content/dam/business/sales-solutions/global/en_US/c/pdfs/idc-wp-247829.pdf*

218 Siehe Vogl, Michaela: »Auf den Punkt gebracht: Social Intelligence«. 15.10.2015. *https://www.brandwatch.com/de/2015/10/auf-den-punkt-gebracht-social-intelligence.*

219 Ewen, Ingrid: »4 Easy Ways to Fail at Online Reputation Management – And What To Do Instead«. In: Talkwalker Blog, 20.01.2016. *https://www.talkwalker.com/blog/4-easy-ways-to-fail-at-online-reputation-management-and-what-to-do-instead*

220 In Anlehnung an M-Brain: »Big Data in the Industry: Media and Market Intelligence«. In: Aalto University. *http://digi.aalto.fi/en/midcom-serveattachmentguid-1e59a7d9f6bb7529a7d11e58b6b4bbc95e4f608f608/valtonen_aalto_digi_breakfast_m-brain.pdf*

221 Horwitz, Lauren: »Five must-have features in a marketing automation platform«. In: Searchcrm.techtarget.com. *http://searchcrm.techtarget.com/tip/Five-must-have-features-in-a-marketing-automation-platform 275*

222 Malamut, Caroline: »Free and Open Source Marketing Automation Software«. In: Capterra Blog, 02.03.2017. *http://blog.capterra.com/free-marketing-automation-software 276*

223 Falls, Jason: »The Danger of Marketing Automation«. In: Social Media Explorer, 20.08.2013. *https://socialmediaexplorer.com/digital-marketing/the-danger-of-marketing-automation*

224 Brandt, Mathias: »Das nervt im Netz«. In: Statista, 21.04.2017. *https://de.statista.com/infografik/9047/das-nervt-die-deutschen-im-internet*

225 Varol, Onur, et al: »Online Human-Bot Interactions: Detection, Estimation, and Characterization«. In: Arxiv, 27.03.2017. *https://arxiv.org/pdf/1703.03107.pdf*

226 Dewey, Caitlin: »One in four debate tweets comes from a bot. Here's how to spot them«. In: Washingtonpost, 09.10.2016. *https://*

www.washingtonpost.com/news/the-intersect/wp/2016/10/19/one-in-four-debate-tweets-comes-from-a-bot-heres-how-to-spot-them

227 Screenshot von eigenen Twitter-Direktnachrichten

228 Screenshot von eigenen Twitter-Direktnachrichten

229 Glenn, Devon: »Revealed: The Most Annoying Types of Ads on the Internet [Infographic]«. In: Adweek, 10.04.2013. *http://www.adweek.com/socialtimes/revealed-the-most-annoying-types-of-ads-on-the-internet-infographic/124858*

230 Gehl, Derek: »12 Ways to Increase Online Sales«. In: Entrepreneur. *https://www.entrepreneur.com/article/79002*

231 Screenshot von *https://www.smartinsights.com* (abgerufen am 23.04.2017)

232 Fishkin, Rand: »Pop-Ups, Overlays, Modals, Interstitials, and How They Interact with SEO – Whiteboard Friday«. In: Moz, 28.04.2017. *https://www.moz.com/blog/popups-seo-whiteboard-friday*

233 Wikiquote. *https://en.wikiquote.org/wiki/Talk:Grady_Booch*

234 Knop. Carsten: »Man redet gerne über Daten, genutzt werden sie nicht«. In: Faz.net, 12.01.2016. *http://www.faz.net/aktuell/wirtschaft/unternehmen/im-marketing-redet-man-gerne-ueber-daten-genutzt-werden-sie-nicht-14008880.html*

235 T-Systems: »Strategische Bedeutung von Big Data ist ›Neuland‹ für Marketer«. 13.01.2016. *http://www.t-systems-mms.com/unternehmen/newsroom/detail/strategische-bedeutung-von-big-data-ist-neuland-fuer-marketer.html*

236 Rundown: »2016 Content Report«. *http://info.rundownapp.com/wp-content/uploads/2015/12/2016ContentReport_FULL.pdf*

237 In Anlehnung an Redder, Bart: »2017 – How to reach a culture for analytics?«. In: Linkedin.com. Stand: 09.06.2017. *https://www.linkedin.com/pulse/2017-how-reach-culture-analytics-bart-redder 288*

238 Von Hirschfeld, Sascha; Schmitt, Michael: »Smart Content Marketing: So schaffst du mit Nutzerdaten überzeugende Inhalte«. In: Zielbar.de. Stand: 13.04.2017. *https://www.zielbar.de/smart-content-marketing-datengetrieben-14975*

239 Von Hirschfeld, Sascha; Schmitt, Michael: »Smart Content Marketing: So schaffst du mit Nutzerdaten überzeugende Inhalte«. In: Zielbar.de. Stand: 13.04.2017. *https://www.zielbar.de/smartcontent-marketing-datengetrieben-14975*

240 Ascend2: »Marketing Data Quality Trends Survey Summary Report«, 2017. *http://ascend2.com/wp-content/uploads/2017/01/Marketing-Data-Quality-Trends-Survey-Summary-Report-Jan-2017.pdf*

241 Kopec, Marisa: »It's Not Content – It's a Lack of Buyer Insights That's the Problem«. In: Sirius Decisions, 29.01.2014. *https://www.siriusdecisions.com/blog/2014/jan/its-not-content-its-a-lack-of-buyer-insights-thats-the-problem*

242 Gartner: Hype Cycle for Emerging Technologies, 2016. *https://www.gartner.com/newsroom/id/3412017*

243 DeMers, Jayson: »Will Journalistic Robots Kill Content Marketing?«. In: Huffington Post, 30.07.2015. *http://www.huffingtonpost.com/jayson-demers/will-journalistic-robots-_b_7905088.html*

244 Prommer, Thomas: »A Starter Guide to AI in Marketing«. In: Huge Inc. 21.12.2016. *http://www.hugeinc.com/ideas/perspective/a-starter-guide-to-ai-in-marketing*

245 Liu, Amy: »Ho Architizer uses images recognition to unlock the potential of user-generated content.« *blog.clarifai.com/how-architizer-uses-image-recognition-to-unlock-the-potential-of-user-generated-content*

246 Screenshot architizer.com (abgerufen am 15.09.2017)

247 Gartner: »Top Strategic Predictions for 2016 and Beyond: The Future Is a Digital Thing«. *http://www.gartner.com/newsroom/id/3143718*

248 Screenshot Talkwalker (abgerufen am 15.09.2017)

249 Wikipedia: »Programmatic Advertising«. *https://de.wikipedia.org/wiki/Programmatic_Advertising*

250 Bork, Jannik: Schnelle Neukundengewinnung mit Lookalike Audiences – How to #4. *https://contxt-agentur.de/blog/social-media/neukundengewinnung-mit-lookalike-audiences*

251 Infosys: »Rethinking Retail. Insights from consumers and retailers into an omni-channel shopping experience« *https://www.infosys.com/newsroom/press-releases/Documents/genome-research-report.pdf*

252 Boutin, Paul: »The State of Chatbots 2017 — Part 3«. In: Chatbots Magazine, 28.02.2017. *https://www.chatbotsmagazine.com/the-state-of-chatbots-2017-33a90b7822bb*

253 Vincent, James: »Twitter taught Microsoft's AI chatbot to be a racist asshole in less than a day«. In: The Verge, 24.03.2016. *https://www.theverge.com/2016/3/24/11297050/tay-microsoft-chatbot-racist*

254 Screenshot: *https://twitter.com/geraldmellor/status/712880710328139776*

Alle Quellen zuletzt aufgerufen am 31.8.2017, sofern nicht anders angegeben.

Index

Über die Autoren

Sascha Tobias von Hirschfeld ist freiberuflicher Marketingarchitekt, Autor und Berater. Er unterstützt Unternehmen in den Bereichen B2B-Content-Marketing, Leadgenerierung und Social Selling mit den Schwerpunkten Strategieberatung, Ideen- und Content-Entwicklung. Wegen seiner Leidenschaft für Vertriebsthemen bezeichnet er sich selbst als »Vertriebler im Körper eines Marketers«. Zudem ist er Dozent für Content-Strategie. Vor seiner Selbständigkeit war er in Agenturen und Unternehmen aus der Software- und Pharmabranche tätig. Sascha Tobias von Hirschfeld lebt mit seiner Familie am Ammersee in Oberbayern.

Tanja Josche ist freiberufliche Texterin und seit fast 20 Jahren in der B2B-Kommunikation tätig. Sie ist Spezialistin für komplexe B2B-Themen, die sie verständlich und überzeugend auf den Punkt bringt. Tanja Josche unterstützt vor allem kleine und mittelständische Unternehmen mit Texten für Print und Online und berät sie bei der Strategieentwicklung und Content-Planung. Vor ihrer Selbständigkeit war Tanja Josche sowohl auf Agentur- als auch auf Unternehmensseite tätig, zuletzt leitete sie die PR und das Marketing eines international agierenden Beratungsunternehmens. Sie lebt mit ihrer Familie in einer fränkischen Gemeinde südlich von Nürnberg.

Kolophon

Das Tier auf dem Cover von »Lean Content Marketing« ist ein Gepard (*Acinonyx jubatus*). Dieses zu den Raubkatzen gehörende Säugetier gilt als schnellstes Landtier der Welt. Dies liegt an seiner Gestalt, die optimal an schnelle Laufbewegungen angepasst ist. Die langen, schlanken Beine, der schmale Körperbau und die fast windhundartige Silhouette machen es möglich, dass die Tiere in wenigen Sekunden auf 120 km/h beschleunigen können. Allerdings ist der schnelle Lauf nicht auf Ausdauer ausgerichtet – bereits nach 400 Metern muss der Gepard abbremsen, um nicht zu überhitzen. Die bevorzugten Beutetiere sind kleine Huftiere wie Impalas oder Gazellen, die niedergerissen und erstickt werden. Geparde jagen ausschließlich bei Tag, um ihren Konkurrenten – Löwen und Leoparden, die vorwiegend nachts jagen – aus dem Wege zu gehen.

Weibliche Geparde leben überwiegend solitär beziehungsweise im Familienverbund mit ihren Jungen, männliche Geparde bilden hingegen kleine

Gruppen und kommen nur zur Paarung mit den Weibchen zusammen. Ein Wurf kann aus bis zu fünf Jungtieren bestehen, die in einer Höhle zur Welt kommen. Hier bleiben sie mindestens acht Wochen, da sie sonst anderen Raubtieren zum Opfer fallen würden.

Geparde leben in den Steppen- und Savannenregionen Afrikas. Früher waren die Tiere über den gesamten Kontinent bis nach Asien hin verbreitet, doch heute gibt es nur noch Bestände von Namibia bis ins östliche Afrika. Eine winzige Population der asiatischen Unterart hat im Nordiran überlebt. Wie alle Raubkatzen sind die Tiere nach wie vor durch die Jagd gefährdet, da ihr Fell sehr begehrt ist.